轨道交通装备制造业职业技能鉴定指导丛书

送电、配电线路工

中国中车股份有限公司　编写

中国铁道出版社

2016年·北京

图书在版编目(CIP)数据

送电、配电线路工/中国中车股份有限公司编写.
—北京:中国铁道出版社,2016.3
(轨道交通装备制造业职业技能鉴定指导丛书)
ISBN 978-7-113-21372-5

Ⅰ.①送… Ⅱ.①中… Ⅲ.①输配电线路—
职业技能—鉴定—自学参考资料 Ⅳ.①TM726

中国版本图书馆 CIP 数据核字(2016)第 016113 号

书　　名:　轨道交通装备制造业职业技能鉴定指导丛书
　　　　　　送电、配电线路工
作　　者:中国中车股份有限公司

策　　划:江新锡　钱士明　徐　艳
责任编辑:张　瑜　　　　　　　　　编辑部电话:010-51873017
封面设计:郑春鹏
责任校对:孙　玫
责任印制:陆　宁　高春晓

出版发行:中国铁道出版社(100054,北京市西城区右安门西街8号)
网　　址:http://www.tdpress.com
印　　刷:北京市昌平百善印刷厂
版　　次:2016年3月第1版　2016年3月第1次印刷
开　　本:787 mm×1 092 mm　1/16　印张:12.75　字数:308千
书　　号:ISBN 978-7-113-21372-5
定　　价:40.00元

序

在党中央、国务院的正确决策和大力支持下,中国高铁事业迅猛发展。中国已成为全球高铁技术最全、集成能力最强、运营里程最长、运行速度最高的国家。高铁已成为中国外交的金牌名片,成为高端装备"走出去"的大国重器。

中国中车作为高铁事业的积极参与者和主要推动者,在大力推动产品、技术创新的同时,始终站在人才队伍建设的重要战略高度,把高技能人才作为创新资源的重要组成部分,不断加大培养力度。广大技术工人立足本职岗位,用自己的聪明才智,为中国高铁事业的创新、发展做出了杰出贡献,被李克强同志亲切地赞誉为"中国第一代高铁工人"。如今在这支近9.2万人的队伍中,持证率已超过96%,高技能人才占比已超过59%,有6人荣获"中华技能大奖",有50人荣获国务院"政府特殊津贴",有90人荣获"全国技术能手"称号。

高技能人才队伍的发展,得益于国家的政策环境,得益于企业的发展,也得益于扎实的基础工作。自2002年起,中国中车作为国家首批职业技能鉴定试点企业,积极开展工作,编制鉴定教材,在构建企业技能人才评价体系、推动企业高技能人才队伍建设方面取得明显成效。

中国中车承载着振兴国家高端装备制造业的重大使命,承载着中国高铁走向世界的光荣梦想,承载着中国轨道交通装备行业的百年积淀。为适应中国高端装备制造技术的加速发展,推进国家职业技能鉴定工作的不断深入,中国中车组织修订、开发了覆盖所有职业(工种)的新教材。在这次教材修订、开发中,编者基于对多年鉴定工作规律的认识,提出了"核心技能要素"等概念,创造性地开发了《职业技能鉴定技能操作考核框架》。试用表明,该《框架》作为技能人才综合素质评价的新标尺,填补了以往鉴定实操考试中缺乏命题水平评估标准的空白,很好地统一了不同鉴定机构的鉴定标准,大大提高了职业技能鉴定的公平性和公信力,具有广泛的适用性。

相信《轨道交通装备制造业职业技能鉴定指导丛书》的出版发行，对于推动高技能人才队伍的建设，对于企业贯彻落实国家创新驱动发展战略，成为"中国制造2025"的积极参与者、大力推动者和创新排头兵，对于构建由我国主导的全球轨道交通装备产业新格局，必将发挥积极的作用。

中国中车股份有限公司总裁：

二〇一五年十二月二十八日

前　言

鉴定教材是职业技能鉴定工作的重要基础。2002年,经原劳动保障部批准,原中国南车和中国北车成为国家职业技能鉴定首批试点中央企业,开始全面开展职业技能鉴定工作。2003年,根据《国家职业标准》要求,并结合自身实际,我们组织开发了《职业技能鉴定指导丛书》,共涉及车工等52个职业(工种)的初、中、高3个等级。多年来,这些教材为不断提升技能人才素质、满足企业转型升级的需要发挥了重要作用。

随着企业的快速发展和国家职业技能鉴定工作的不断深入,特别是以高速动车组为代表的世界一流产品制造技术的快步发展,现有的职业技能鉴定教材在内容、标准等诸多方面,已明显不适应企业构建新型技能人才评价体系的要求。为此,公司决定修订、开发《轨道交通装备制造业职业技能鉴定指导丛书》。

本《丛书》的修订、开发,始终围绕打造世界一流企业的目标,努力遵循"执行国家标准与体现企业实际需要相结合、继承和发展相结合、质量第一、岗位个性服从于职业共性"四项工作原则,以提高中国中车技术工人队伍整体素质为目的,以主要和关键技术职业为重点,依据《国家职业标准》对知识、技能的各项要求,力求通过自主开发、借鉴吸收、创新发展,进一步推动企业职业技能鉴定教材建设,确保职业技能鉴定工作更好地满足企业发展对高技能人才队伍建设工作的迫切需要。

本《丛书》修订、开发中,认真总结和梳理了过去12年企业鉴定工作的经验以及对鉴定工作规律的认识,本着"紧密结合企业工作实际,完整贯彻落实《国家职业标准》,切实提高职业技能鉴定工作质量"的基本理念,以"核心技能要素"为切入点,探索、开发出了中国中车《职业技能鉴定技能操作考核框架》;对于暂无《国家职业标准》、又无相关行业职业标准的38个职业,按照国家有关《技术规程》开发了《中国中车职业标准》。自2014年以来近两年的试用表明:该《框架》既完整反映了《国家职业标准》对理论和技能两方面的要求,又适应了企业生产和技术工人队伍建设的需要,突破了以往技能鉴定实作考核缺乏水平评估标准的"瓶颈",统一了不同产品、不同技术含量企业的鉴定标准,提高了鉴定考核的技术含量,提高了职业技能鉴定工作质量和管理水平,保证了职业技能鉴定的公平性和公信力,已经成为职业技能鉴定工作、进而成为生产操作者综合技术素质评价的新标尺。

　　本《丛书》共涉及 99 个职业(工种),覆盖了中国中车开展职业技能鉴定的绝大部分职业(工种)。《丛书》中每一职业(工种)又分为初、中、高 3 个技能等级,并按职业技能鉴定理论、技能考试的内容和形式编写。其中:理论知识部分包括知识要求练习题与答案;技能操作部分包括《技能考核框架》和《样题与分析》。本《丛书》按职业(工种)分册,已按计划出版了第一批 75 个职业(工种)。本次计划出版第二批 24 个职业(工种)。

　　本《丛书》在修订、开发中,仍侧重于相关理论知识和技能要求的应知应会,若要更全面、系统地掌握《国家职业标准》规定的理论与技能要求,还可参考其他相关教材。

　　本《丛书》在修订、开发中得到了所属企业各级领导、技术专家、技能专家和培训、鉴定工作人员的大力支持;人力资源和社会保障部职业能力建设司和职业技能鉴定中心、中国铁道出版社等有关部门也给予了热情关怀和帮助,我们在此一并表示衷心感谢。

　　本《丛书》之《送电、配电线路工》由原中国北车集团唐山轨道客车有限责任公司《送电、配电线路工》项目组编写。主编董全礼,副主编吴新国;主审张晓海,副主审李致平;参编人员魏亚莉、何良亭、刘超、高鹏飞、张月明。

　　由于时间及水平所限,本《丛书》难免有错、漏之处,敬请读者批评指正。

中国中车职业技能鉴定教材修订、开发编审委员会

二○一五年十二月三十日

目　　录

送电、配电线路工(职业道德)习题

一、填空题

1. 职业技能总是与特定的职业和岗位相联系,是从业人员履行特定职业责任所必备的业务素质,这说明了职业技能( )的特点。

2. 职业道德的根本是( ),是社会主义职业道德区别于其他社会职业道德的本质特征。

3. 第( )次社会大分工,即农业和商业、脑力和体力的分工,使职业道德完全形成。

4. 无产阶级世界观和马克思主义思想的基础是( )。

5. 建立在一定的利益和义务的基础之上,并以一定的道德规范形式表现出来的特殊的社会关系是( )。

6. 社会主义道德的核心是( )。

7. 职业是( )的产物。

8. ( )是指坚持某种道德行为的毅力,它来源于一定的道德认识和道德情感,又依赖于实际生活的磨炼才能形成。

9. 《劳动法》是国家为了保护( )的合法权益,调整劳动关系,建立和维护适应社会主义市场经济的劳动制度,促进经济发展和社会进步,根据宪法而制定颁布的法律。

10. 认真学习邓小平理论,树立正确的世界观、( )、价值观。

11. 在社会主义工业企业中,广大职工既是( ),又是管理者。

12. 环境包括以( )、水、土地、植物、动物等为内容的物质因素。

13. 集体主义原则体现了无产阶级大公无私的优秀品质和为人类彻底解放而奋斗的牺牲精神,集体主义精神的最高表现是( )。

14. 劳动法是指调整( )以及与劳动关系有密切联系的其他社会关系的法律规范的总和。

15. 企业劳动争议调解委员会由( )和企业代表组成。

16. 劳务派遣单位应当与被派遣劳动者订立( )以上的固定期限劳动合同。

17. 用人单位应当将本单位属于女职工禁忌从事的劳动范围的岗位( )告知女职工。

18. 劳动者连续工作( )以上的,享受带薪年休假。

19. 人们对未来的工作部门、工作种类、职责业务的想象、向往和希望称为( )。

20. 从业人员的职业责任感是自觉履行职业义务的前提,是社会主义职业道德的要求。职业道德的最基本要求是( )、为社会主义建设服务。

21. 树立"干一行,爱一行,钻一行,精一行"的良好( )道德,尽最大努力履行自己的职责。

22. 无论你从事的工作有多特殊,它总是离不开一定的( )的约束。

23. 贯彻正面引导原则,一个重要的方式就是利用(　　)来教育从业人员。

24. 企业的劳动纪律包括组织方面的劳动纪律、(　　)方面的劳动纪律、工时利用方面的劳动纪律。

25. 营造良好和谐的社会氛围,必须统筹协调各方面的利益关系,妥善处理社会矛盾,形成友善的人际关系,那么社会关系的主体是(　　)。

二、单项选择题

1. 下列不属于劳动合同必备条款的是(　　)。
(A)劳动合同期限　　　　　　　　(B)保守商业秘密
(C)劳动报酬　　　　　　　　　　(D)劳动保护和劳动条件

2. 下列不属于劳动合同类型的是(　　)。
(A)固定期限的劳动合同　　　　　(B)无固定期限的劳动合同
(C)以完成一定工作为期限的劳动合同　(D)就业协议

3. 劳动合同中关于试用期条款的说法,正确的是(　　)。
(A)试用期最长不得超过 3 个月　　(B)试用期最长不得超过 6 个月
(C)试用期最长不得超过 10 个月　　(D)试用期最长不得超过 12 个月

4. 爱岗敬业的基本要求是要做到乐业、勤业及(　　)。
(A)敬业　　　　(B)爱业　　　　(C)精业　　　　(D)务业

5. 职业道德的实质内容是(　　)。
(A)改善个人生活　　　　　　　　(B)增加社会财富
(C)树立全新的社会主义劳动态度　(D)增强竞争意识

6. 下列关于诚实守信的认识和判断,正确的是(　　)。
(A)诚实守信与经济发展相矛盾　　(B)诚实守信是工作中必备的品质
(C)是否诚实守信要视具体对象而定　(D)诚实守信应以追求利益最大化为准则

7. 萨珀将人生职业生涯发展划分为五个阶段,其中 15～24 岁为(　　)阶段。
(A)成长　　　　(B)探索　　　　(C)确定　　　　(D)维持

8. (　　)就是要求把自己职业范围内的工作做好。
(A)诚实守信　　(B)奉献社会　　(C)办事公道　　(D)忠于职守

9. 职业道德与人们的职业紧密相连,一定的职业道德规则只适用于一定的职业活动领域,这说明职业道德具有(　　)特点。
(A)实用性　　　(B)时代性　　　(C)行业性　　　(D)广泛性

10. 下列选项中不是职业兴趣的表现的是(　　)。
(A)某位学生痴迷电子游戏
(B)化学家诺贝尔冒着生命危险研制炸药
(C)水稻杂交之父袁隆平风餐露宿,几十年如一日研究水稻生产
(D)生物学家达尔文如痴如醉捕捉甲虫

11. 职业是人们从事的专门业务,一个人要从事某种职业,就必须具备特定的知识、能力和(　　)。
(A)职业道德品质　　　　　　　　(B)职业道德素质

(C)职业道德水平   (D)职业道德知识

12.《中华人民共和国职业分类大典》中将我国职业归为（　　）个大类，66 个中类，413 个小类，1 838 个细类（职业）。

(A)6   (B)8   (C)9   (D)10

13. 职业素质的特征有专业性、稳定性、内在性、（　　）及发展性。

(A)外在性   (B)整体性   (C)可靠性   (D)局限性

14. 职业素质的构成包括思想政治素质、职业道德素质、科学文化素质、专业技能素质及（　　）。

(A)身心健康素质   (B)心理健全素质

(C)道德修养素质   (D)法律知识素质

15. 职业理想是个人对未来（　　）的向往和追求。

(A)生活   (B)职业   (C)事业   (D)家庭

16. 面对市场竞争引起企业的破产、兼并和联合，（　　）才能使企业经济效益持续发展。

(A)追求企业利益最大化

(B)借鉴他人现成技术、经验获得超额利润

(C)减少生产成本

(D)同恪守产品信用的生产者联合起来，优胜劣汰

17. 具有高度责任心应做到（　　）。

(A)方便群众，注重形象   (B)光明磊落，表里如一

(C)工作勤奋努力，尽职尽责   (D)不徇私情，不谋私利

18. 劳动者在试用期内提前（　　）通知用人单位，可以解除劳动合同。

(A)三日   (B)五日   (C)七日   (D)十五日

19. 专利法是确认（　　）（或其权利继受人）对其发明享有专有权，规定专利权人的权利和义务的法律规范的总称。

(A)发明人   (B)工人   (C)技术人员   (D)科学家

20. 劳动者的权利不包括（　　）。

(A)平等就业的权利   (B)自由休假的权利

(C)取得劳动薪酬的权利   (D)接受职业技能培训的权利

21. 关于用人单位的权利的说法，正确的是（　　）。

(A)制定合法作息时间的权利   (B)无故解雇员工的权利

(C)要求员工加班的权利   (D)克扣员工工资的权利

22. 保护劳动者合法权益的原则不包括（　　）。

(A)偏重保护和优先保护   (B)平等保护

(C)全面保护   (D)特殊保护

23. 下列选项中属于职业道德范畴的是（　　）。

(A)企业经营业绩   (B)企业发展战略

(C)员工的技术水平   (D)人们的内心信念

24. 职业道德是一种（　　）的约束机制。

(A)强制性   (B)非强制性   (C)随意性   (D)自发性

25. 在市场经济条件下,职业道德具有( )的社会功能。
(A)鼓励人们自由选择职业 　　(B)遏制牟利最大化
(C)促进人们的行为规范 　　　(D)最大限度的克服人们受利益驱动

26. 在日常接待工作中,符合平等尊重要求的是根据服务对象的( )决定给予对方不同的服务方式。
(A)肤色 　　　(B)年龄 　　　(C)国籍 　　　(D)地位

27. 下列选项中属于职业道德作用的是( )。
(A)增强企业的凝聚力 　　　　(B)增强企业的离心力
(C)决定企业的经济效益 　　　(D)增强企业员工的独立性

28. 在市场经济条件下,下列观念不符合爱岗敬业要求的是( )。
(A)树立职业理想 　　　　　　(B)强化职业责任
(C)干一行爱一行 　　　　　　(D)多转行

29. ( )是公民道德建设的核心。
(A)集体主义 　　(B)爱国主义 　　(C)为人民服务 　　(D)诚实守信

30. 单位来了一位缺乏工作经验的新同事,如果你的工作经验比较丰富,你应该( )。
(A)如果领导让我帮助他,我就尽力去做,领导没有安排,我就不去干预别人
(B)各司其职,没必要对他人指手划脚
(C)在工作中遇到具体问题再提示他
(D)如果他主动询问,我会尽力帮助

31. 职业健康安全危险源是( )。
(A)可能导致伤害或疾病、财产损失、工作环境破坏或这些情况组合的根源或状态
(B)污染环境的风险
(C)造成死亡、疾病、伤害、损坏
(D)其他损失的意外情况

32. 根据国家现行职业卫生监管工作分工,作业场所职业卫生的监督检查由( )负责。
(A)国家安全生产监管总局 　　(B)卫生部
(C)人力资源和社会保障部 　　(D)工信部

33. 下列关于安装操作要求的描述,不正确的是( )。
(A)操作者上岗前必须取得操作资质
(B)严格按照工艺文件要求施工,如有异议,影响不大的地方可以自行更改文件
(C)工序进行时,严禁嬉戏打闹;无工序时,严禁在非休息区坐、卧、睡
(D)在工作区行走时,注意观察天车、气垫船、叉车、假台等工装设备,保证不被他人伤害并且不伤害他人

三、多项选择题

1. 职业理想的特征有( )。
(A)未来美好性和现实可能性 　　　(B)社会性
(C)个体性 　　　　　　　　　　　(D)发展性

2. 劳动者应尽的义务包括( )。

(A)完成劳动任务 (B)提高职业技能
(C)执行劳动安全卫生规程 (D)遵守劳动法律和职业道德

3. 职业兴趣的特点有( )。
(A)倾向性 (B)广泛性 (C)持久性 (D)可塑性

4. 下列属于职业的特性的是( )。
(A)专业性 (B)多样性
(C)技术性 (D)时代性
(E)有偿性

5. 爱岗敬业的基本要求是( )。
(A)要按时下班 (B)要勤业 (C)要乐业 (D)要精业

6. 职业道德的特点有( )。
(A)行业性 (B)广泛性 (C)实用性 (D)时代性

7. 职业道德的基本规范包括( )。
(A)爱岗敬业 (B)诚实守信
(C)办事公道 (D)服务群众
(E)奉献社会

8. 职业素质包括( )。
(A)心理素质 (B)自然生理素质 (C)受教育素质 (D)社会文化素质

9. 劳动合同解除的方式有( )。
(A)协商解除 (B)用人单位单方解除
(C)劳动者单方解除 (D)工会解除

10. 劳动合同终止的原因有( )。
(A)劳动合同期满 (B)当事人约定的劳动合同终止条件出现
(C)用人单位破产、解散或者被撤销 (D)劳动者退休、退职或死亡

11. 职业兴趣在职业活动中的作用有( )。
(A)影响职业定向和职业选择 (B)促进智力开发,挖掘潜能
(C)增进团队合作 (D)提高工作效率

12. 身在企业应自觉做到( )。
(A)情系企业 (B)奉献企业
(C)与企业精诚合作 (D)与自己无关的事不予理会

13. 服务群众的基本要求有( )。
(A)要热情周到 (B)要满足需要
(C)要有高超的服务技能 (D)要以自己的利益为先

14. 诚实守信的含义包括( )。
(A)真心诚意 (B)实事求是 (C)遵守承诺 (D)讲究信誉

15. 素质是指人在先天禀赋的基础上通过教育和环境的影响所形成和发展起来的比较稳定的基本品质,包括( )。
(A)心理素质 (B)自然生理素质 (C)社会文化素质 (D)先天素质

16. 职业理想在人生中的作用有( )。

(A)有利于确定人生发展的目标　　　　(B)有利于增强人生前进的动力

(C)有利于适应社会发展需要　　　　　(D)有利于激励人生价值的实现

17. 中国中车股份有限公司"人才强企"战略是(　　　)。

(A)坚持以人为本　　　　　　　　　　(B)坚持"实力、活力、凝聚力"的团队建设

(C)坚持尊重知识、尊重人才　　　　　(D)尊重人才成长规律

18. 中国中车核心价值观是(　　　)。

(A)诚信为本　　　(B)创新为魂　　　(C)崇尚行动　　　(D)勇于进取

19. 中国中车团队建设目标是(　　　)。

(A)实力　　　　　(B)活力　　　　　(C)创新力　　　　(D)凝聚力

20. 下列属于劳动合同必备条款的是(　　　)。

(A)劳动合同期限　　　　　　　　　　(B)工作内容

(C)劳动保护和劳动条件　　　　　　　(D)保守商业秘密

21. 职业生涯设计的内容有(　　　)。

(A)确定职业目标　　　　　　　　　　(B)分析自身条件

(C)规划发展阶段　　　　　　　　　　(D)制定实现措施

22. 劳动合同订立的原则是(　　　)。

(A)平等自愿原则　　　　　　　　　　(B)协商一致原则

(C)合法原则　　　　　　　　　　　　(D)强制原则

23. 职业素质的特征有(　　　)。

(A)专业性　　　　　　　　　　　　　(B)稳定性

(C)内在性　　　　　　　　　　　　　(D)整体性

(E)发展性

24. 专业技能素质是指人们从事某种职业时,在专业知识和专业技能方面所应具备的基本状况和水平,包括(　　　)。

(A)广泛了解各个行业的知识　　　　　(B)熟练专业技能

(C)了解社会科学　　　　　　　　　　(D)掌握专业基础知识

25. 有下列(　　　)情形之一的,用人单位可以终止劳动合同。

(A)用人单位与孕期、产期、哺乳期女职工的劳动合同到期

(B)劳动者开始依法享受基本养老保险待遇的

(C)用人单位被依法宣告破产的

(D)用人单位决定提前解散的

26. 失业类型主要包括(　　　)。

(A)摩擦性失业　　(B)技术性失业　　(C)结构性失业　　　(D)季节性失业

27. 具有高度责任心要求做到(　　　)。

(A)方便群众,注重形象　　　　　　　(B)责任心强,不辞辛苦

(C)尽职尽责　　　　　　　　　　　　(D)工作精益求精

28. 操作者在施工过程中发现问题时,下列做法不正确的是(　　　)。

(A)直接停工等待别人来处理　　　　　(B)先自己进行分析,找出问题的根源

(C)立即向上级领导汇报　　　　　　　(D)解决问题是技术人员的事,与我无关

29. 下列说法正确的是(　　)。

(A)企业的利益就是职工的利益

(B)每一名劳动者都应坚决反对玩忽职守的渎职行为

(C)为人民服务是社会主义基本职业道德的核心

(D)勤俭节约是劳动者的美德

30. 作为装配从业人员的基本素质应包括(　　)。

(A)具有良好的职业道德和敬业精神,对本职工作有强烈的责任感

(B)遵章守纪,严谨认真,坚持原则,敢于负责

(C)身体健康,能满足本职工作需要

(D)具有服务意识和团队精神

四、判 断 题

1. 在工作中我不伤害他人就是有职业道德。(　　)

2. 企业的利益就是职工的利益。(　　)

3. 每一名劳动者都应坚决反对玩忽职守的渎职行为。(　　)

4. 为人民服务是社会主义基本职业道德的核心。(　　)

5. 勤俭节约是劳动者的美德。(　　)

6. 职业只有分工不同,没有高低贵贱之分。(　　)

7. 铺张浪费与定额管理无关。(　　)

8. 企业职工应自觉执行本企业的定额管理,严格控制成本支出。(　　)

9. 搞好自己的本职工作,不需要学习与自己生活工作有关的基本法律知识。(　　)

10. 所谓职业道德,就是同人们的职业活动紧密联系的符合职业特点所要求的道德准则、道德情操与道德品质的总和。(　　)

11. 工资不包含福利。(　　)

12. 本人职业前途与企业兴衰、国家振兴毫无联系。(　　)

13. 社会主义职业道德的基本原则是用来指导和约束人们的职业行为的,需要通过具体明确的规范来体现。(　　)

14. 掌握必要的职业技能是完成工作的基本手段。(　　)

15. 职业道德与职业纪律有密切联系,两者相互促进、相辅相成。(　　)

16. 每一名劳动者都应提倡公平竞争,形成相互促进、积极向上的人际关系。(　　)

17. 劳动合同分为固定期限劳动合同、无固定期限劳动合同和以完成一定工作任务为期限的劳动合同。(　　)

送电、配电线路工(职业道德)答案

一、填 空 题

1. 专业性	2. 诚实守信	3. 三	4. 实事求是
5. 道德关系	6. 为人民服务	7. 经济发展	8. 道德意志
9. 劳动者	10. 人生观	11. 被管理者	12. 空气
13. 全心全意为人民服务		14. 劳动关系	
15. 职工代表、工会代表		16. 两年	17. 书面
18. 一年	19. 职业理想	20. 忠于职守	21. 职业
22. 岗位责任、规章制度		23. 职业道德榜样	
24. 生产技术(安全操作)		25. 人	

二、单项选择题

1. B	2. D	3. B	4. C	5. C	6. B	7. B	8. D	9. C
10. A	11. A	12. B	13. B	14. A	15. B	16. D	17. C	18. A
19. A	20. B	21. A	22. D	23. D	24. B	25. C	26. B	27. A
28. D	29. C	30. D	31. A	32. A	33. B			

三、多项选择题

1. ABCD	2. ACD	3. ABCD	4. ABDE	5. BCD	6. ABD
7. ABCDE	8. ABD	9. ABC	10. ABCD	11. ABCD	12. ABC
13. AC	14. ABCD	15. ABC	16. ABCD	17. ABCD	18. ABCD
19. ABD	20. ABC	21. ABCD	22. ABC	23. ABCDE	24. ABD
25. CD	26. ABCD	27. BCD	28. AD	29. ABCD	30. ABCD

四、判 断 题

1. ×	2. √	3. √	4. √	5. √	6. √	7. ×	8. √	9. ×
10. √	11. √	12. ×	13. √	14. √	15. √	16. √	17. √	

送电、配电线路工(初级工)习题

一、填 空 题

1. 静止电荷所产生的电场叫作（　　　）。

2. 存在于电荷周围空间对电荷有作用力的特殊物质叫（　　　）。

3. 位于电场中的任何带电体都会受到电场的作用力，称为（　　　）。

4. 带电体在电场中受电场力作用而移动时,电场要做功,说明电场具有（　　　）。

5. 电场强度是个矢量,它的方向就是（　　　）在该点的受力方向。

6. 电力线上的曲线的每一点的（　　　）方向都和该点电场强度方向一致。

7. 电路是由电源、（　　　）和连接导线组成的。

8. 在电力及一般用电系统中,电路起着（　　　）与转换电能的作用。

9. 习惯上规定（　　　）电荷流动方向为电流方向。

10. 电流的大小用单位时间内在导体截面上移动过的电量的多少来衡量,称为（　　　）,通常用符号 I 来表示。

11. 大小和（　　　）不随时间而变化的电流称为直流电流。

12. 电流的单位是（　　　）,简称安,记为 A。

13. 电路中任意两点间的（　　　）称为这两点间的电压。

14. 电源内部其他能量的作用在电源两极间产生的电位差称为电动势,用符号 E 表示,其方向从低电位指向（　　　）。

15. 通俗的说,电阻就是电流在流动时受到的（　　　）,电阻的单位是欧姆,通常用 Ω 来表示。

16. 一般金属导体的电阻随温度升高而（　　　）。

17. 物体按导电性能而论,大体上可分为导体、（　　　）和半导体三种。

18. 电导是用来衡量导体（　　　）能力的一个物理量,其数值等于电阻的倒数,用符号 G 来表示。

19. 将电气设备或装置一个个依次首尾串接起来,最后剩下一个首端和一个尾端,这种接法称为（　　　）。

20. 单位时间内电流所做的功称为（　　　）,其单位为瓦特。

21. 电流流过电阻所产生的热量与电流的（　　　）、电阻的大小及通电时间成正比。

22. 电气设备在（　　　）功率下运行,称为"满载"工作状态。

23. 节点电流定律指出:流入一个节点的电流之和等于从这个节点流出的（　　　）之和,根据这一定律列出的方程式称为电流方程。

24. 电路中任何两节点之间的路径,称为（　　　）。

25. 我们把（　　　）无限大,并能输出恒定电流的电源,称为理想电流源。

26. 将右手拇指伸直表示（　　　）的方向,将其余四指卷曲,好像握住导线的样子,这时四指所指向的方向就是磁力线的方向,这个方法也叫作右手螺旋定则。

27. 载流导体周围的磁场是由导线中通过的电流产生的,所以(　　)的大小决定磁场的强弱,电流的方向决定磁场的方向。

28. 平行导线中通过同向电流时,导线互相(　　)。

29. 自感电动势的大小和线圈中的磁通变化率成(　　)。

30. 磁场的能量与线圈(　　)的平方以及线圈电感成正比。

31. 电感线圈能储存磁场能量,电感线圈中的(　　)不能突变。

32. 电容器的极板面积越大,电容量越大;极板之间的距离越大,电容量(　　)。

33. 电容器能储存电场能量,电容器两端的(　　)不能突变。

34. 振幅、(　　)及初相称为正弦波的三个要素。

35. 三个振幅值和(　　)均相等,在相位上互差120°电角度的电动势称为三相对称电动势。

36. 星形连接的三相电源,线电压是相电压的(　　)倍,线电流等于相电流。

37. 发生串联谐振时,电路的电抗为零,其复阻抗是一个纯电阻,这时阻抗达到(　　)值。

38. 起吊重物时,其绳索间的夹角一般不得超过(　　),起吊后工作人员禁止在重物下停留或行走。

39. 在木板或泥地上使用梯子时,其下端须装有带尖头的(　　)物,或用绳索将梯子下端与固定物缚牢。

40. 靠在管子上使用的梯子,其上端须有挂钩或用(　　)缚住。

41. 重大物件的起重、搬运工作须由有经验的专人负责领导进行,参加工作的人员应熟悉起重、搬运方案和安全措施,起重、搬运时只能由(　　)指挥。

42. 钢丝绳或麻绳须在通风良好、不潮湿的室内保管,要放置在架上或悬挂起来,钢丝绳须定期上油,麻绳受潮后必须加以(　　),在使用中应避免碰到酸碱液或热体。

43. 在使用电气工具时,不准提着电气工具的导线或转动部分,在梯子上使用工具,应做好防止(　　)的安全措施。在使用电气工具工作中,因故离开工作场所或暂时停止工作以及遇到临时停电时,须立即切断电源。

44. 行灯电压不得超过36 V,在特别潮湿或周围均属金属导体的地方工作时,如在汽鼓、凝汽器、加热器、蒸发器、除氧器以及其他金属容器或水箱等内部,行灯的电压不准超过(　　)V。

45. 工作前应检查安全用具是否良好,禁止使用不合格工具,发现安全防护用品不合格,应立即停止使用,并及时予以(　　)或更换。

46. 立、撤杆工作要(　　),明确分工,密切合作,做好安全措施。

47. 立、撤杆要使用合格的起重设备,严禁(　　)使用,在光滑地面上应有防滑措施。

48. 已经立起的电杆,只有在(　　)牢固后可撤去叉杆和拉绳。

49. 在斜坡上立、撤杆,应采用必要的措施,以防止电杆伤人;在铁路附近立、撤杆,当火车临近时,应(　　)一切有碍行车安全的工作。

50. 登杆前必须检查杆眼、脚钉、铁梯、脚扣、腰绳、安全带等是否牢固可靠,杆上作业必须系(　　)。

51. 220 kV电力线路的最佳经济输送功率是100 000～500 000 kW,最佳经济输送距离是( )～300 km。

52. 紧急救护法的基本原则是在现场采取积极措施保护( ),减轻伤情,减少痛苦,并根据伤情需要迅速联系医疗部门救治。

53. 电力线路按用途可分为输电线路和( )。

54. 现场工作人员必须戴安全帽,杆上作业的工具、材料应使用( )传递,严禁上下抛掷,以防伤人。

55. 互感器的作用是将( )转换为低电压小电流。

56. 变压器油的主要作用是( )和冷却。

57. 在同一供电线路中不允许一部分电气设备采用( ),另一部分电气设备采用保护接零。

58. 在电气设备上工作,保证安全的组织措施有工作票制度,( )制度,工作监护制度,工作间断、转移和总结制度。

59. 变压器调压方式分为( )和无载调压。

60. 提高功率因数的目的是:减少( ),提高有功功率出力和电压。

61. 在电气设备上工作必须严格执行( ),值班人员和工作人员不得擅自对工作票进行更改。

62. 隔离开关不允许带( )进行合闸或分闸操作。

63. 对继电保护装置的基本要求是( )、快速性、灵敏性和可靠性。

64. 对称三相交流电路的总功率等于( )功率的3倍。

65. 接地电阻包括接地导线的电阻、接地体本身的电阻、( )和大地电阻四部分。

66. 高压断路器的操作机构有( )、弹簧式和液压式等几种形式。

67. 10 kV线路的过流保护是( )的后备保护。

68. 过流保护的动作电流按躲过( )来整定。

69. 功率表接入电路中,它的电压线圈与电路( )。

70. 单根通电导体周围磁场的方向由产生磁场的( )决定。

71. 当导体在磁场中做切割磁力线运动,或者线圈中的磁通发生变化时,产生感生电动势的现象称为( )。

72. 电流互感器二次接地属于( )接地。

73. 作业时间是指直接用于完成生产任务、实现工艺过程所消耗的时间。按其作用可分为基本时间与( )。

74. 电子计算机应有以下三种接地:逻辑接地、功率接地、( )。

75. 导体长期发热允许电流决定于导体表面的( )和导体电阻。

76. 三相变压器的额定电压,无论原方或副方均指其( )。

77. 变压器在正常过负荷情况下,夏季过负荷百分数最大为15%,冬季过负荷百分数最大为( )。

78. 变压器的有功损耗包括铜损和( )。

79. 由于变压器短路试验时( )较大,而所加电压却很低,所以一般在高压侧加压,使低压侧短路。

80. 三相异步电动机旋转磁场的转向是由( )决定的,运行中若旋转磁场的转向改变了,转子的转向随之改变。

81. Y 系列交流电机的绝缘等级为(　　)级。

82. 同步电机的转子有凸极式和隐极式两种,一般工厂用的柴油发电机和同步电动机的转子为(　　)式。

83. 接触器触点开距是接触点在(　　)分开时动、静触点之间的最短距离。

84. 三相负载接于三相供电线路上的原则是:若负载的额定电压等于电源线电压时,负载应作(　　)连接。

85. 三相负载接于三相供电线路上的原则是:若负载的额定电压等于电源相电压时,负载应作(　　)连接。

86. 最基本的逻辑运算是指与、或、(　　)三种运算。

87. 高压设备发生接地故障时,室内各类人员应距故障点(　　)以外。

88. 高压设备发生接地故障时,室外人员应距故障点(　　)以外。

89. 交流电机在空载运行时,功率因数很(　　)。

90. 需要频繁启动电动机时,应选用(　　)控制。

91. 频敏变阻器主要用于(　　)控制。

92. 高压汞灯要(　　)安装,否则容易自灭。

93. 接触器触头熔焊会出现(　　)。

94. 栅片灭弧适用于(　　)。

95. 三相异步电动机若要稳定运行,则转差率应(　　)。

96. 电压表的内阻越(　　)越好。

97. 分相式单相异步电动机改变转向的具体方法是(　　)。

98. 测量 1 Ω 以下的电阻应选用(　　)。

99. 晶闸管触发导通后,其控制极对主电路(　　)。

100. 常用的直流电桥是(　　)。

101. 为了降低铁芯中的(　　),叠片间要相互绝缘。

102. 三相半波可控整流电路带负载时,其触发脉冲控制角 α 的移相范围是(　　)。

103. 测量电压时,电压表应与被测电路(　　)联。

104. 指针式万用表实质上是一个(　　)。

105. 指针式万用表性能的优劣主要看(　　)。

106. 钳形电流表与一般电流表相比(　　)。

107. 人体只触及一根火线(相线),这是(　　)。

108. 一个 220 V、40 W 电烙铁的电阻值约为(　　)。

109. 电压互感器又叫(　　),主要用于高、低电压的变换,为电压测量、电能计量、继电保护、自动控制及报警设备提供电压样品。

110. 倒闸操作的五大步骤分别是:(　　)、通知及联系用户、填写倒闸票、核对模拟屏或图纸、实际操作。

111. 变电所的功能就是实现电压(　　)的转换,以使各电压等级与电力线路和用户的电压等级相匹配。

112. 倒闸操作前,值班人员必须明确操作的(　　),全面考虑可能发生的意外和后果,并做好准备。

113. 触电急救的方法有口对口人工呼吸法和（　　　）。

114. 电压和（　　　）是衡量电力系统电能质量的两个基本参数。

115. 过电压是指在电气设备上或线路上出现的（　　　）。

116. 在电力系统中,按过电压产生的原因不同,可分为（　　　）和雷电过电压两种。

117. 人工补偿是指采用能供应无功功率的设备,对用电设备所需（　　　）进行补偿的方法。

118. 瓦斯保护是根据变压器内部故障时会产生气体这一特点设置的。轻瓦斯保护应动作于信号,重瓦斯保护应动作于（　　　）。

119. 在 1 kV 以下的中性点接地系统中的电气设备均应采用（　　　）。

120. 为使晶体三极管工作在放大区,必须调节晶体三极管的（　　　）。

121. （　　　）是可编程序控制器的编程基础。

122. 选用仪表量程时,最好使被测量在满刻度值的（　　　）以上区域。

123. 电容器具有（　　　）的作用。

124. 电压互感器副边额定电压一般规定为（　　　）V。

125. 测量电流时,电流表与被测电路（　　　）。

126. 1 pF=（　　　）F。

127. 螺口灯头的开关必须接在（　　　）上。

128. L、C 串联电路中,当 $X_L = X_C$ 时,称电路为（　　　）。

129. 当与门所有输入均为高电平时,其输出是（　　　）电平。

130. 当非门的输入为低电平时,其输出是（　　　）电平。

131. 可编程序控制器的编程方式主要有指令字方式、流程图方式和（　　　）方式 3 种。

132. 在晶闸管可控整流电路中,导通角越大,则输出电压的平均值就越（　　　）。

133. KP10-20 表示晶闸管额定通态平均电流为（　　　）A。

134. 被测电流过小时,为了得到较准确的读数,若条件允许,可将被测导线（　　　）进行测量。

135. 线路金具按性能和用途可分为（　　　）、紧固金具、拉线金具、连接金具、接续金具、保护金具等六类。

136. 弧垂大小和导线的重量、空气温度、（　　　）及线路挡距等因素有关。

137. 人身与带电体的安全距离,10 kV 以下为（　　　）m。

138. 人身与带电体的安全距离,35 kV 为（　　　）m。

139. 悬垂线夹 XGU-4 适用的导线截面积为（　　　）。

140. 接地电阻值大小与（　　　）电阻率和接地电阻的形式有关。

141. 拉开跌落式熔断器时,应先拉开（　　　）,后拉两边相。

142. 杆塔基础坑深度的允许偏差为（　　　）。

143. 拉线基础坑深度的允许偏差为（　　　）。

144. 开口销可用作各种金具的（　　　）。

145. 杆塔按用途分为直线杆塔、（　　　）、转角杆塔、终端杆塔和特种杆塔。

146. 电杆拉线的种类有（　　　）、水平拉线、普通拉线和弓形拉线等。

147. 单横担直线杆,横担应一律安装在顺电路方向的( )。

148. 楞次定律指出:由感生电流产生的磁场总是( )原磁场的变化。

149. 钢绞线拉线端头露出的规定:上端头应为 300 mm,下端头为 500 mm、上下端绑扎长度一般为( )。

150. 拉线调好后,UT 型线夹露出的丝扣长度应为( )。

151. 在线路架设的放紧线工作中,对于跨越公路、通信电力线路时应在放线前搭好( )。

152. 在中性点不接地系统中发生单相接地故障时,允许短时运行,但不应超过( )。

153. 35～110 kV 导线对地面的最小允许距离,居民区为( )。

154. 35～110 kV 导线对地面的最小允许距离,非居民区为( )。

155. 球头挂环、碗头挂板属于( )金具。

156. UT 型线夹属于( )金具。

157. 接地棒打入地下的深度不得小于( )m。

158. 严禁( )停送电。

159. ( )还应增设内角临时拉线,临时拉线应安装在杆塔受力的反方向侧。

160. 电力系统发生短路时,通常有电流增大、电压降低及( )等现象。

二、单项选择题

1. 电路中并联的电阻越多,其等效电阻( )。
(A)越大 　　　(B)越小 　　　(C)不变 　　　(D)不能确定

2. 用万用表欧姆挡测量电阻时,要选择好适当的倍率挡,应使指针尽量接近( )处测量比较准确。
(A)高阻值一端 　(B)低阻值一端 　(C)在标尺中心 　(D)任意

3. 电容器串联,电容量越小的电容承受的电压越( )。
(A)低 　　　(B)高 　　　(C)相等 　　　(D)不能确定

4. 电气设备在额定工作状态下工作时,称为( )。
(A)轻载 　　　(B)满载 　　　(C)过载 　　　(D)超载

5. 10 kV 大容量变电站需要频繁操作时,多使用( )。
(A)六氟化硫断路器 　　　　(B)少油断路器
(C)真空断路器 　　　　　　(D)多油断路器

6. 测量电压的电压表内阻应该是( )。
(A)越小越好 　(B)适中 　(C)越大越好 　(D)A、B、C 均可

7. 钳形电流表使用时应先用较大量程,然后再视被测电流的大小变换量程。切换量程时应( )。
(A)直接转动量程开关 　　　　(B)先将钳口打开,再转动量程开关
(C)先转动量程开关,再将钳口打开 　(D)一边将钳口打开,一边转动量程开关

8. 钳形电流表用完后,应将调整量程的转换开关放在( )。
(A)电流最大位置 　　　　(B)电流最小位置
(C)中间位置 　　　　　　(D)任意点

9. 电压互感器的一次绕组的匝数(　　)二次绕组的匝数。

(A)远大于　　(B)略大于　　(C)等于　　(D)小于

10. 装设接地线时应先装(　　),拆除接地线时与此相反。

(A)三相线路端　　(B)接地端　　(C)接零端　　(D)K 端

11. 如果线路上有人工作,停电作业时应在线路开关和刀闸操作手柄上悬挂(　　)的标志牌。

(A)止步,高压危险　　　　(B)禁止合闸,有人工作

(C)在此工作　　　　(D)无需挂牌

12. 将额定电压同为 220 V 的 40 W 和 25 W 灯泡串联后接到 220 V 电源上,则(　　)。

(A)25 W 灯泡比 40 W 灯泡亮　　　　(B)40 W 灯泡比 25 W 灯泡亮

(C)两只灯泡一样亮　　　　(D)被烧毁、都不亮

13. 测量电流的电流表内阻应该是(　　)。

(A)越小越好　　(B)适中　　(C)越大越好　　(D)A、B、C 均可

14. 用万用表欧姆挡测量晶体管参数时,应选用(　　)挡。

(A)R×1 或 R×10　　　　(B)R×100 或 R×1k

(C)R×10k　　　　(D)R×1k

15. 对 10 kV 变配电所,应选用有功电度表准确度为 1 级,对应配用电压和电流互感器的准确度为(　　)。

(A)0.2 级　　(B)0.5 级　　(C)1 级　　(D)2 级

16. 如果功率表的接线是正确的,但发现指针反转,这表明负载向外输出功率,这时应将(　　)。

(A)电压端钮换接　　　　(B)电流端钮换接

(C)电压、电流端钮全换接　　　　(D)任意端换接

17. 常用 10 kV 的高压绝缘棒棒身全长为(　　)。

(A)2 m　　(B)3 m　　(C)3.5 m　　(D)4 m

18. 厂区 0.4 kV 户外架设的裸导线,根据机械强度允许的最小截面是:铜线为(　　),铝线为 16 mm²。

(A)2.5 mm²　　(B)4 mm²　　(C)6 mm²　　(D)10 mm²

19. 为满足负载对供电电压的要求,一般高压配电线路允许电压损失不超过额定电压的 5%,低压不超过(　　)。

(A)5%　　(B)4%～5%　　(C)2%～3%　　(D)5%～6%

20. 按经济电流密度选择导线截面积时,经济电流密度取值越小,所选导线截面积(　　)。

(A)越小　　(B)越大　　(C)不变　　(D)A、B、C 均可

21. 架空线路的电气故障中,出现概率最高的是(　　)。

(A)三相短路　　(B)两相短路　　(C)单相接地　　(D)断相

22. 架空线路分高压架空线路和低压架空线路两种,高于(　　)的是高压架空线路,低于 1 kV 的是低压架空线路。

(A)1 kV　　(B)10 kV　　(C)500 V　　(D)250 V

23. 夏季运行中的电力变压器油位应保持在油标指示器的 3/4 处,冬季在(   )处。

(A)1/4   (B)1/2   (C)3/4   (D)1/5

24. 并联补偿电容器在电网轻负荷时,允许电网电压升高达 1.2 倍额定电压,最大持续时间不超过(   )。

(A)1 min   (B)5 min   (C)30 min   (D)40 min

25. 装有电容储能装置的变电站,储能电容器是用于(   )。

(A)断路器跳闸   (B)事故信号   (C)事故照明   (D)信号指示

26. 当操作隔离开关的动闸刀未完全离开静触座时,即发现是带有负荷的,此时应(   )。

(A)继续拉闸   (B)停在原地   (C)立即合上   (D)向上级汇报

27. 当操作隔离开关的动闸刀已全部离开静触座,当发现是带负荷时,这时应(   )。

(A)立即重新闭合   (B)一拉到底,不许重新闭合
(C)停在原地   (D)向上级汇报

28. 直流母线涂漆颜色规定为:正极涂(   )。

(A)红色   (B)赭色   (C)黄色   (D)黑色

29. BLV 型导线是(   )。

(A)铜芯塑料线   (B)铝芯塑料线
(C)铜芯塑料绝缘软线   (D)铝线

30. 高压设备发生接地时,为了防止跨步电压触电,室外不得接近故障点(   )以内。

(A)3 m   (B)5 m   (C)8 m   (D)10 m

31. 三相断路器的额定开断容量等于额定电压乘以额定电流,还应乘以一个系数(   )。

(A)$\sqrt{2}$ (B)$\sqrt{3}$ (C)2   (D)3

32. 三相电力变压器的容量是指(   )。

(A)三相输出视在功率的总和   (B)三相中一相输出的视在功率
(C)三相输出有功功率的总和   (D)三相输出无功功率的总和

33. 35 kV 架空电力线路一般不沿全线装设避雷线,而只在首末端变电所进线段(   )内装设。

(A)1~1.5 km   (B)2~2.5 km   (C)1.5~2 km   (D)2.5~3 km

34. 若电源电压高于变压器的额定电压,则变压器的空载电流和铁损与原来的数值相比将(   )。

(A)变小   (B)不变   (C)增大   (D)不确定

35. 一台自耦变压器,若输出电压为 0~250 V,当需要输出 36 V 电压时,从安全角度考虑(   )。

(A)应从零线一侧输出   (B)应从相位一侧输出
(C)A、B 都行   (D)不确定

36. 若变压器的电源数值符合额定值,就是频率低于额定频率,那么在此情况下,变压器的空载电流将会(   )。

(A)减少   (B)不变   (C)增大   (D)不确定

37. 变压器的长期允许工作温度一般不超过(   )。

(A)85 ℃　　　　　(B)80 ℃　　　　　(C)90 ℃　　　　　(D)95 ℃

38. 一般电器仪表所指出的交流电压、电流的数值是(　　)。
(A)最大值　　　　(B)有效值　　　　(C)平均值　　　　(D)瞬时值

39. 电压互感器二次输出标定电压为(　　)。
(A)5 V　　　　　(B)50 V　　　　　(C)100 V　　　　(D)200 V

40. 对同杆架设的多层电线路,验电顺序应为(　　)。
(A)先低压后高压、先下层后上层　　　　(B)先高压后低压、先上层后下层
(C)先低压后高压、先上层后下层　　　　(D)先高压后低压、先下层后上层

41. 高压交流母线排列,如无设计规定,上下布置时,相序应为(　　)。
(A)a、b、c　　　(B)c、b、a　　　(C)b、c、a　　　(D)a、c、b

42. 铝母排与变压器连接时应(　　)连接。
(A)直接　　　　　　　　　　　　　(B)用铝设备线夹
(C)用铜铝过渡线夹　　　　　　　　(D)用铜设备线夹

43. 物体带电是由于(　　)。
(A)失去负荷或得到负荷的缘故　　　(B)既未失去负荷也未得到负荷的缘故
(C)物体是导体　　　　　　　　　　(D)物体是绝缘体

44. 我们把提供电能的装置叫作(　　)。
(A)电源　　　　　(B)电动势　　　　(C)发电机　　　　(D)电动机

45. 电流互感器二次侧不允许(　　)。
(A)开路　　　　　(B)短路　　　　　(C)接仪表　　　　(D)接保护

46. 变压器发生内部故障时的主保护是(　　)保护。
(A)瓦斯　　　　　(B)差动　　　　　(C)过流　　　　　(D)中性点

47. 在小电流接地系统中,发生金属性接地时接地相的电压(　　)。
(A)等于零　　　　(B)等于 10 kV　　(C)升高　　　　　(D)不变

48. 变压器在额定电压下,二次开路时在铁芯中消耗的功率为(　　)。
(A)铜损　　　　　(B)无功损耗　　　(C)铁损　　　　　(D)热损

49. 在纯电感电路中,电源与电感线圈只存在功率交换是(　　)。
(A)视在功率　　　(B)无功功率　　　(C)平均功率　　　(D)有功功率

50. 电流互感器的作用是(　　)。
(A)升压　　　　　(B)降压　　　　　(C)调压　　　　　(D)变流

51. 电流互感器的二次侧应(　　)。
(A)没有接地点　　　　　　　　　　(B)有一个接地点
(C)有两个接地点　　　　　　　　　(D)按现场情况不同,接地点不确定

52. 电流互感器二次侧接地是为了(　　)。
(A)测量用　　　　(B)工作接地　　　(C)保护接地　　　(D)节省导线

53. 变压器中性点接地属于(　　)。
(A)工作接地　　　(B)保护接地　　　(C)防雷接地　　　(D)安全接地

54. 电压互感器与电力变压器的区别在于(　　)。
(A)电压互感器有铁芯,变压器无铁芯

(B)电压互感器无铁芯,变压器有铁芯

(C)电压互感器主要用于测量和保护,变压器用于连接两电压等级的电网

(D)变压器的额定电压比电压互感器高

55. 电压互感器二次负载变大时,二次电压(　　)。
(A)变大　　(B)变小　　(C)基本不变　　(D)不一定

56. 判别感应电流方向的定则称为(　　)。
(A)电动机定则　　(B)发电机定则　　(C)左手定则　　(D)安培定则

57. 恒流源的特点是(　　)。
(A)端电压不变　　(B)输出功率不变
(C)输出电流不变　　(D)内部损耗不变

58. 电路中产生并联谐振时的总电流(　　)分支电流。
(A)大于　　(B)等于　　(C)小于　　(D)不确定

59. 口对口人工呼吸,吹气时如有较大阻力,可能是(　　),应及时纠正。
(A)头部前倾　　(B)头部后仰　　(C)头部垫高　　(D)吹气力度不当

60. 在将伤员由高处送至地面前,应先口对口吹气(　　)。
(A)2 次　　(B)3 次　　(C)5 次　　(D)4 次

61. 选择电压互感器二次熔断器的容量时,不应超过额定电流的(　　)。
(A)1.2 倍　　(B)1.5 倍　　(C)1.8 倍　　(D)2 倍

62. 下列接线方式,其电压互感器可测对地电压的是(　　)。
(A)Y,y　　(B)Y,yn　　(C)YN,yn　　(D)D,yn

63. 电压互感器二次熔断器的熔断时间应(　　)。
(A)小于 1 s　　(B)小于 0.5 s　　(C)小于 0.1 s　　(D)小于保护动作时间

64. 发生(　　)情况,电压互感器必须立即停止运行。
(A)渗油　　(B)油漆脱落　　(C)喷油　　(D)油压低

65. 电流互感器损坏需要更换时,(　　)是不必要的。
(A)变比与原来的相同　　(B)极性正确
(C)经试验合格　　(D)电压等级高于电网额定电压

66. 运行中的电流互感器二次侧,清扫时的注意事项错误的是(　　)。
(A)应穿长袖工作服　　(B)戴线手套
(C)使用干燥的清扫工具　　(D)单人进行

67. 运行中的电流互感器一次侧最大负荷电流不得超过额定电流的(　　)。
(A)1 倍　　(B)2 倍　　(C)5 倍　　(D)3 倍

68. 电力电容器在运行中,电压超过额定电压(　　)时应退出运行。
(A)5%　　(B)10%　　(C)15%　　(D)30%

69. 装拆接地线的导线端时,要对(　　)保持足够的安全距离,防止触电。
(A)构架　　(B)瓷质部分　　(C)带电部分　　(D)导线之间

70. 操作人、监护人必须明确操作目的、任务、作业性质、停电范围和(　　),做好倒闸操作准备。
(A)操作顺序　　(B)操作项目　　(C)时间　　(D)带电部位

71. 测量继电器绝缘电阻时,对额定电压小于 250 V(大于 60 V)的继电器,应使用(　　)的绝缘电阻表。

(A)60 V　　　　　(B)250 V　　　　　(C)500 V　　　　　(D)1 000 V

72. 三相电力系统中短路电流最大的是(　　)。

(A)三相短路　　　(B)两相短路　　　(C)单相接地短路　　　(D)两相接地短路

73. 阀型避雷器之所以称为阀型,是因为在大气压过电压时,它允许通过很大的(　　)。

(A)额定电流　　　(B)冲击电流　　　(C)工频电流　　　(D)短路电流

74. 变压器的主磁通是指(　　)。

(A)只穿过一次线圈,不穿过二次线圈的磁通

(B)只穿过二次线圈,不穿过一次线圈的磁通

(C)既不穿过一次线圈,也不穿过二次线圈的磁通

(D)既穿过一次线圈,也穿过二次线圈的磁通

75. 变压器的铁芯必须(　　)。

(A)一点接地　　　(B)两点接地　　　(C)三点接地　　　(D)多点接地

76. 额定电压为 1 kVA 以上的变压器绕组,在测量绝缘电阻时必须使用(　　)。

(A)1 000 V 兆欧表　　　　　　　　　(B)2 500 V 兆欧表

(C)500 V 兆欧表　　　　　　　　　　(D)200 V 兆欧表

77. 电压表的内阻为 3 kΩ,最大量程为 3 V,现给它串联一个电阻改装成一个 15 V 的电压表,则串联电阻的阻值为(　　)kΩ。

(A)3　　　　　　(B)9　　　　　　(C)12　　　　　　(D)24

78. 中性点接地系统比不接地系统供电的可靠性(　　)。

(A)高　　　　　　(B)低　　　　　　(C)相同　　　　　　(D)不一定

79. 电动机的轴承润滑脂应添满其内部空间的(　　)。

(A)1/2　　　　　(B)2/3　　　　　(C)3/4　　　　　(D)全部

80. 已知三相交流电源的线电压为 380 V,如果三相电动机每相绕组的额定电压是 380 V,则应(　　)。

(A)接成△形或 Y 形均可　　　　　　(B)只能接成△形

(C)只能接成 Y 形　　　　　　　　　(D)不确定

81. 我国现阶段所谓的经济型数控系统大多是指(　　)系统。

(A)开环数控　　　(B)闭环数控　　　(C)可编程控制　　　(D)PLC 控制

82. 变压器的接线组别表示的是变压器的高、低压侧(　　)间的相位关系。

(A)线电压　　　　(B)线电流　　　　(C)相电压　　　　(D)相电流

83. 电焊变压器的最大特点是具有(　　),以满足电弧焊接的要求。

(A)陡降的外特性　　　　　　　　　　(B)较硬的外特性

(C)上升的外特性　　　　　　　　　　(D)水平的外特性

84. 有一块内阻为 0.15 Ω,最大量程为 1 A 的电流表,现给它并联一个 0.05 Ω 的电阻,则这块电流表的量程将扩大为(　　)。

(A)3 A　　　　　(B)4 A　　　　　(C)2 A　　　　　(D)6 A

85. 正弦交流电的三要素是(　　)。

(A)电压、电动势、电位　　　　　　　　(B)最大值、频率、初相位

(C)容抗、感抗、阻抗　　　　　　　　　(D)平均值、周期、电流

86. 在运行中的电流互感器二次回路上工作时,正确的是(　　)。

(A)用铅丝将二次回路短接　　　　　　(B)用导线缠绕短接二次

(C)用短路片将二次回路短接　　　　　(D)将二次回路引线拆下

87. 由雷电引起的过电压称为(　　)。

(A)内部过电压　　(B)工频过电压　　(C)大气过电压　　(D)感应过电压

88. 产生串联谐振的条件是(　　)。

(A)$X_L < X_C$　　(B)$X_L = X_C$　　(C)$X_L > X_C$　　(D)X_L、X_C 关系不一定

89. 电容器中储存的能量是(　　)。

(A)热能　　　　(B)机械能　　　　(C)磁场能　　　　(D)电场能

90. 晶闸管要求触发电路的触发脉冲前沿要尽可能(　　),以便导通后阳极电流能迅速上升超过擎住电流而维持导通。

(A)平　　　　　(B)陡　　　　　(C)倾斜　　　　　(D)弯曲

91. 用于把矩形波脉冲变为尖脉冲的电路是(　　)。

(A)RC 耦合电路　(B)微分电路　　(C)积分电路　　　(D)稳压电路

92. 用工频耐压试验可以考核变压器的(　　)。

(A)层间绝缘　　(B)纵绝缘　　　(C)主绝缘　　　　(D)铜损

93. 功率放大器常用作多级放大器的(　　)。

(A)第一级　　　(B)第二级　　　(C)中级　　　　　(D)末级

94. 负反馈的特点是(　　)。

(A)提高放大倍数　　　　　　　　　　(B)增大非线性失真

(C)提高电路抗干扰能力　　　　　　　(D)增大噪声

95. 单相半波整流电路的直流输出电压值是交流电压值的(　　)倍。

(A)0.9　　　　　(B)0.5　　　　　(C)0.45　　　　　(D)0~0.45

96. 在三相半波可控整流电路中,每只晶闸管的最大导通角为(　　)。

(A)30°　　　　　(B)60°　　　　　(C)90°　　　　　(D)120°

97. 在三相半波可控整流电路中,当负载为电感性时,负载电感量越大,则(　　)。

(A)输出电压越高　　　　　　　　　　(B)导通角 θ 越小

(C)导通角 θ 越大　　　　　　　　(D)控制角越大

98. 铁磁物质的相对磁导率是(　　)。

(A)$\mu_r > 1$　　(B)$\mu_r < 1$　　(C)$\mu_r \gg 1$　　(D)$\mu_r \ll 1$

99. 当导线和磁场发生相对运动时,在导线中产生感生电动势,电动势的方向可用(　　)确定。

(A)右手定则　　(B)左手定则　　(C)右手螺旋定则　(D)磁路欧姆定律

100. 乙类功率放大器所存在的一个主要问题是(　　)。

(A)截止失真　　(B)饱和失真　　(C)交越失真　　　(D)零点漂移

101. 逻辑表达式 $A + AB$ 等于(　　)。

(A)A　　　　　(B)$1 + A$　　　(C)$1 + B$　　　　(D)B

102. 电感在直流电路中相当于( )。

(A)开路　　　　(B)短路　　　　(C)断路　　　　(D)不存在

103. 电流互感器的二次额定电流一般为( )。

(A)10 A　　　(B)100 A　　　(C)5 A　　　(D)0.5 A

104. 二进制数 1011101 等于十进制数的( )。

(A)92　　　　(B)93　　　　(C)94　　　　(D)95

105. 判别载流导体在磁场中受力方向的定则称为( )。

(A)发电机定则　(B)右手定则　(C)左手定则　(D)电动机定则

106. 可编程控制器的输入、输出、辅助继电器,计时、计数的触点是( )重复使用。

(A)无限的,能无限　　　　　　(B)有限的,但能无限

(C)无限的,但不能无限　　　　(D)有限的,不能无限

107. 直流电路中,我们把电流流出的一端叫电源的( )。

(A)正极　　　(B)负极　　　(C)端电压　　　(D)电动势

108. 甲类功率放大器的静态工作点应设于( )。

(A)直流负载线的下端　　　　(B)交流负载线的中心

(C)直流负载线的中点　　　　(D)直流负载线的上端

109. 良好晶闸管阳极与控制极之间的电阻应为( )。

(A)无穷大　　(B)较小　　(C)几千欧　　(D)零

110. 电压互感器的下列接线方式中,不能测量相电压的是( )。

(A)Y,y　　(B)YN,yn,d　　(C)Y,yn,d　　(D)Y,yn

111. 如果两个正弦交流电的初相角 $\varphi_1 - \varphi_2 > 0$,这种情况称为( )。

(A)第一个正弦量超前第二个　　(B)两个正弦量相同

(C)第一个正弦量滞后第二个　　(D)不一定

112. 三相对称负载三角形连接时,线电压最大值是相电压有效值的( )。

(A)1　　(B)$\sqrt{3}$　　(C)$\sqrt{2}$　　(D)$1/\sqrt{3}$

113. 无安全遮栏的情况下,人体与 6～10 kV 带电体之间的最小安全距离是( )m。

(A)2.0　　(B)1.5　　(C)1.0　　(D)0.7

114. 带上、下隔离开关的断路器,其合闸操作顺序是( )。

(A)负荷侧、电源侧、断路器　　(B)电源侧、负荷侧、断路器

(C)断路器、负荷侧、电源侧　　(D)断路器、电源侧、负荷侧

115. 当变电所内高压设备发生接地故障时,工作人员不得接近故障点( )以内。

(A)4 m　　(B)6 m　　(C)8 m　　(D)10 m

116. 变压器温度计所指示的温度是变压器( )。

(A)上部温度　　(B)中部温度　　(C)下部温度　　(D)外部温度

117. 遇到电气设备着火时,对带电设备灭火时应使用( )。

(A)干式灭火器和二氧化碳灭火器　　(B)泡沫灭火器

(C)砂子　　　　　　　　　　　　　(D)水

118. 绝缘子定期清扫每( )一次。

(A)一年　　(B)半年　　(C)两年　　(D)三年

119. 镀锌铁塔紧螺栓每( )年一次,新线路投入运行一年后须紧一次。

(A)五　　　　　　(B)三　　　　　　(C)一　　　　　　(D)半

120. 铁塔刷油每( )年一次,具体根据其表层状况而定。

(A)2~3　　　　(B)3~4　　　　(C)3~5　　　　(D)4~6

121. 进行焊接工作时,施焊应由经过( )考试合格的焊工进行。

(A)安全工作规程　　　　　　　　(B)焊接培训

(C)电工培训　　　　　　　　　　(D)钳工培训

122. 严禁在距易燃易爆物品( )范围内施焊。

(A)10 m　　　　(B)8 m　　　　(C)15 m　　　　(D)20 m

123. 钢丝绳压扁变形及表面起毛刺严重者应( )。

(A)报废或截断　　(B)降低使用标准　　(C)修复再使用　　(D)直接使用

124. 线路上的避雷线与导线应配合使用,导线采用 LGJ-(350−70)时,其避雷线为( )。

(A)GJ-35　　　　(B)GJ-25　　　　(C)GJ-50　　　　(D)GJ-70

125. 假设接地体为圆钢,若采用搭接焊接,应双面施焊,其搭接长度应为圆钢直径的( )。

(A)5 倍　　　　(B)6 倍　　　　(C)7 倍　　　　(D)8 倍

126. 带电作业绝缘工具定期机械试验的周期是( )。

(A)三个月一次　　(B)六个月一次　　(C)一年一次　　(D)两年一次

127. 口对口人工呼吸,救护人员先连续大口吹气两次,每次( )s,如两次吹气后试测颈动脉仍无搏动,可判断心脏已停止,要立即同时进行胸外按压。

(A)2~2.5　　　　(B)1~1.5　　　　(C)2~2.5　　　　(D)2.5~3

128. 胸外按压要以均匀速度进行,每分钟( )次左右,每次按压和放松的时间相等。

(A)60　　　　　　(B)80　　　　　　(C)100　　　　　(D)120

129. 胸外按压与口对口人工呼吸同时进行单人抢救时,每按压( )次以后,吹气 2 次,反复进行。

(A)15　　　　　　(B)20　　　　　　(C)45　　　　　　(D)30

130. 在一稳压电路中,电阻值 R 增大,电流随之( )。

(A)减小　　　　　(B)增大　　　　　(C)不变　　　　　(D)不一定

131. 兆欧表又称( )。

(A)摇表　　　　　(B)欧姆表　　　　(C)接地电阻表　　(D)电度表

132. 10 kV 配电线路 A、B、C 三相的相色漆规定涂为( )。

(A)红绿黄　　　　(B)绿黄红　　　　(C)黄绿红　　　　(D)黄红绿

133. 三相四线制供电线路,零相的相色漆规定涂为( )。

(A)黑色　　　　　(B)紫色　　　　　(C)蓝色　　　　　(D)黄绿色

134. 铝材料比铜材料的机械性能( )。

(A)好　　　　　　(B)差　　　　　　(C)一样　　　　　(D)不确定

135. 使用钳形电流表时,可先选择( ),然后再根据读数逐次切换。

(A)最高挡位　　　(B)最低挡位　　　(C)刻度一半　　　(D)A、B、C 都可以

136. 线路熔断器的熔丝熔化过程时间长短( )。

(A)与电压高低有关　　　　　　　　(B)与电流大小有关

(C)与安装地点有关　　　　　　　　(D)与以上条件都无关

137. 同一挡距内,同一根导线上的接头不应(　　)。

(A)超过 1 个　　　(B)超过 2 个　　　(C)超过 3 个　　　(D)超过 4 个

138. 两个电源引入的接户线(　　)。

(A)应该同杆架设　　　　　　　　　(B)不宜同杆架设

(C)未作要求　　　　　　　　　　　(D)根据用户要求定

139. 低压路灯在电杆上方位置(　　)其他相线和零线。

(A)不应高于　　　(B)不应低于　　　(C)应该水平于　　　(D)A、B、C 都可以

140. 作业现场除必要的施工人员外,其他人员应离开杆塔高度的(　　)距离以外。

(A)1 倍　　　(B)1.2 倍　　　(C)1.5 倍　　　(D)2 倍

141. 绝缘靴的耐压试验周期(　　)一次。

(A)每年　　　(B)六个月　　　(C)每一年半　　　(D)两年

142. 总容量为 100 kVA 及以下的变压器,其接地装置的接地电阻不应大于(　　)。

(A)3 Ω　　　(B)4 Ω　　　(C)10 Ω　　　(D)6 Ω

143. 焊接用的氧气软管为(　　)色,乙炔软管为红色,严禁将二者混用。

(A)黑　　　(B)白　　　(C)黄　　　(D)棕

144. 平行的两根载流直导体,当通过的电流方向相同时,两导体将呈现出(　　)。

(A)相互吸引　　　　　　　　　　　(B)相互排斥

(C)不产生力的作用　　　　　　　　(D)不确定

145. 弧垂过小,导线受力(　　)。

(A)增大　　　(B)减小　　　(C)不变　　　(D)不一定

146. 两只额定电压相同的电阻串联,则阻值较大的电阻发热(　　)。

(A)较大　　　(B)较小　　　(C)没有明显差别　　　(D)不一定

147. 载流导体周围的磁场方向与产生磁场的(　　)有关。

(A)电流强度　　　(B)电流密度　　　(C)电流方向　　　(D)A、B、C 都对

148. 10 kV 配电线路边线与永久建筑物之间的距离在最大风偏情况下,不应小于(　　)。

(A)1.5 m　　　(B)1.0 m　　　(C)2.0 m　　　(D)2.5 m

149. 10 kV 配电线路架设在弱电线路的上方,最大弧垂时对弱电线路的垂直距离不小于(　　)。

(A)1.5 m　　　(B)1.0 m　　　(C)2.0 m　　　(D)2.5 m

150. 焊接作业时,(　　)内的易燃易爆物应清除干净。

(A)3 m　　　(B)5 m　　　(C)6 m　　　(D)8 m

151. 裸铝导线在绝缘子或线夹上固定时应缠铝包带,缠绕长度应超出接触部分(　　)。

(A)30 mm　　　(B)50 mm　　　(C)20 mm　　　(D)60 mm

152. 当线路中的电流超过最大负荷以后,有一种反映电流升高而动作的保护装置叫作(　　)。

(A)电压保护　　　　　　　　　　　(B)过电流保护

(C)过电压保护　　　　　　　　　　　(D)速断保护

153. 水平拉线在跨越市内交通道路时,其对路面中心的垂直距离一般要求是(　　)。

(A)不应小于 6 m　　　　　　　　　　(B)不应小于 8 m

(C)不应小于 4 m　　　　　　　　　　(D)不应小于 10 m

154. 挂接地线时,若杆塔无接地引下线,可采用临时接地棒,接地棒在地面下深度不得小于(　　)。

(A)0.5 m　　　　(B)0.6 m　　　　(C)1.0 m　　　　(D)1.2 m

155. 金属导体的直流电阻与(　　)无关。

(A)导体长度　　　(B)导体截面积　　　(C)外加电压　　　(D)A、B、C 都对

156. 跌落式熔断器应安装牢固、排列整齐、高低一致,熔管轴线与地面的垂线夹角为(　　)。

(A)30°　　　　(B)30°～45°　　　　(C)15°～30°　　　　(D)45°

157. 10 km 配电线路导线紧好后,线上(　　)有树枝等杂物。

(A)不应　　　(B)可以　　　(C)只许一相　　　(D)只许两相

三、多项选择题

1. 具有储能功能的电子元件有(　　)。

(A)电阻　　　　(B)电感　　　　(C)三极管　　　　(D)电容

2. 简单的直流电路主要由(　　)这几部分组成。

(A)电源　　　　(B)负载　　　　(C)连接导线　　　　(D)开关

3. 导体的电阻与(　　)有关。

(A)电源　　　(B)导体的长度　　　(C)导体的截面积　　　(D)导体的材料性质

4. 正弦交流电的三要素是(　　)。

(A)最大值　　　(B)有效值　　　(C)角频率　　　(D)初相位

5. 下列能用于整流的半导体器件有(　　)。

(A)二极管　　　(B)三极管　　　(C)晶闸管　　　(D)场效应管

6. 下列可用于滤波的元器件有(　　)。

(A)二极管　　　(B)电阻　　　(C)电感　　　(D)电容

7. 在 R、L、C 串联电路中,下列情况正确的是(　　)。

(A)$\omega_L > \omega_C$,电路呈感性　　　　　　(B)$\omega_L = \omega_C$,电路呈阻性

(C)$\omega_L > \omega_C$,电路呈容性　　　　　　(D)$\omega_C > \omega_L$,电路呈容性

8. 功率因素与(　　)有关。

(A)有功功率　　　(B)视在功率　　　(C)电源频率　　　(D)电源电压

9. 基尔霍夫定律的公式表现形式为(　　)。

(A)$\sum I = 0$　　　(B)$\sum U = IR$　　　(C)$\sum E = IR$　　　(D)$\sum E = 0$

10. 电阻元件的参数可用(　　)来表达。

(A)电阻 R　　　(B)电感 L　　　(C)电容 C　　　(D)电导 G

11. 当线圈中磁通增大时,感应电流的磁通方向(　　)。

(A)与原磁通方向相反　　　　　　　(B)与原磁通方向相同

(C)与原磁通方向无关　　　　　　　　　(D)与线圈尺寸大小有关

12. 通电绕组在磁场中的受力不能用(　　)判断。

(A)安培定则　　　(B)右手螺旋定则　　(C)右手定则　　　(D)左手定则

13. 互感系数与(　　)无关。

(A)电流大小　　　　　　　　　　　　(B)电压大小

(C)电流变化率　　　　　　　　　　　(D)两互感绕组相对位置及其结构尺寸

14. 电磁感应过程中,回路中所产生的电动势是与(　　)无关的。

(A)通过回路的磁通量　　　　　　　(B)回路中磁通量变化率

(C)回路所包围的面积　　　　　　　(D)回路边长

15. 对于电阻的串、并联关系不易分清的混联电路,可以采用的方法有(　　)。

(A)逐步简化法　　(B)改画电路　　　(C)等电位　　　(D)直接化简

16. 自感系数 L 与(　　)无关。

(A)电流大小　　(B)电压高低　　　(C)电流变化率　　(D)线圈结构及材料性质

17. R、L、C 并联电路处于谐振状态时,电容 C 两端的电压不等于(　　)。

(A)电源电压与电路品质因数 Q 的乘积　　(B)电容器额定电压

(C)电源电压　　　　　　　　　　　(D)电源电压与电路品质因数 Q 的比值

18. 电感元件上电压相量和电流相量之间的关系不满足(　　)。

(A)同向　　　　　　　　　　　　(B)电压超前电流 90°

(C)电流超前电压 90°　　　　　　　(D)反向

19. 全电路欧姆定律中回路电流 I 的大小与(　　)有关。

(A)回路中的电动势 E　　　　　　(B)回路中的电阻 R

(C)回路中电动势 E 的内电阻 r_0　　(D)回路中的电功率

20. 实际的直流电压源与直流电流源之间可以变换,变换时应注意的是(　　)。

(A)理想的电压源与电流源之间可以等效

(B)要保持端钮的极性不变

(C)两种模型中的电阻 R_0 是相同的,但连接关系不同

(D)两种模型的等效是对外电路而言的

21. 应用叠加定理来分析计算电路时,应注意的是(　　)。

(A)叠加定理只适用于线性电路

(B)各电源单独作用时,其他电源置零

(C)叠加时要注意各电流分量的参考方向

(D)叠加定理适用于电流、电压、功率

22. 下列戴维南定理的内容表述中,正确的有(　　)。

(A)有源网络可以等效成一个电压源和一个电阻

(B)电压源的电压等于有源二端网络的开路电压

(C)电阻等于网络内电源置零时的入端电阻

(D)有源网络可以等效成一个电流源和一个电阻

23. 多个电阻串联时,下列特性正确的是(　　)。

(A)总电阻为各分电阻之和　　　　　(B)总电压为各分电压之和

(C)总电流为各分电流之和　　　　　(D)总消耗功率为各分电阻的消耗功率之和

24. 多个电阻并联时,下列特性正确的是(　　　)。

(A)总电阻为各分电阻的倒数之和　　(B)总电压与各分电压相等

(C)总电流为各分支电流之和　　　　(D)总消耗功率为各分电阻的消耗功率之和

25. 电桥平衡时,下列说法正确的有(　　　)。

(A)检流计的指示值为零

(B)相邻桥臂电阻成比例,电桥才平衡

(C)对边桥臂电阻的乘积相等,电桥也平衡

(D)四个桥臂电阻值必须一样大小,电桥才平衡

26. 电位的计算实质上是电压的计算,下列说法正确的有(　　　)。

(A)电阻两端的电位是固定值

(B)电压源两端的电位差由其自身确定

(C)电流源两端的电位差由电流源之外的电路决定

(D)电位是一个相对量

27. 求有源二端网络的开路电压,正确的方法可采用(　　　)。

(A)支路伏安方程　　　　　　　　(B)欧姆定律

(C)叠加法　　　　　　　　　　　(D)节点电压法

28. 三相电源连接方法可分为(　　　)。

(A)星形连接　　(B)串联连接　　(C)三角形连接　　(D)并联连接

29. 三相电源连接三相负载,三相负载的连接方法可分为(　　　)。

(A)星形连接　　(B)串联连接　　(C)并联连接　　(D)三角形连接

30. 电容器形成电容电流有多种工作状态,它们是(　　　)。

(A)充电状态　　(B)放电状态　　(C)稳定状态　　(D)断路状态

31. 电容器常见的故障有(　　　)。

(A)断线　　　　(B)短路　　　　(C)漏电　　　　(D)失效

32. 电容器的电容决定于(　　　)三个因素。

(A)电压　　　　　　　　　　　　(B)极板的正对面积

(C)极间距离　　　　　　　　　　(D)电介质材料

33. 多个电容串联时,其特性满足(　　　)。

(A)各电容极板上的电荷相等

(B)总电压等于各电容电压之和

(C)等效总电容的倒数等于各电容的倒数之和

(D)大电容分到高电压,小电容分到低电压

34. 每个磁铁都有一对磁极,它们是(　　　)。

(A)东极　　　　(B)南极　　　　(C)西极　　　　(D)北极

35. 磁力线的基本特性有(　　　)。

(A)磁力线是一条封闭的曲线

(B)对永磁体,在外部,磁力线由 N 极出发回到 S 极

(C)磁力线可以相交

(D)对永磁体,在内部,磁力线由 S 极出发回到 N 极

36. 电感元件具有的特性,正确的是( )。

(A)$(di/dt)>0$,$u_L>0$,电感元件储能   (B)$(di/dt)<0$,$u_L<0$,电感元件释放能量

(C)没有电压,其储能为零   (D)在直流电路中,电感元件处于短路状态

37. 正弦量的表达形式有( )。

(A)三角函数表示式   (B)相量图

(C)复数   (D)矢量图

38. R、L、C 电路中,其电量单位为 Ω 的有( )。

(A)电阻 R (B)感抗 X_L (C)容抗 X_C (D)阻抗 Z

39. 负载的功率因数低会引起( )问题。

(A)电源设备的容量过分利用   (B)电源设备的容量不能充分利用

(C)送、配电线路的电能损耗增加   (D)送、配电线路的电压损失增加

40. R、L、C 串联电路谐振时,其特点有( )。

(A)电路的阻抗为一纯电阻,功率因数等于 1

(B)当电压一定时,谐振的电流为最大值

(C)谐振时的电感电压和电容电压的有效值相等、相位相反

(D)串联谐振又称电压谐振

41. 与直流电路不同,正弦电路的端电压和电流之间有相位差,因而( )。

(A)瞬时功率只有正没有负   (B)出现有功功率

(C)出现无功功率   (D)出现视在功率和功率因数等

42. R、L、C 并联电路谐振时,其特点有( )。

(A)电路的阻抗为一纯电阻,阻抗最大

(B)当电压一定时,谐振的电流为最小值

(C)谐振时的电感电流和电容电流近似相等、相位相反

(D)并联谐振又称电流谐振

43. 正弦电路中的一元件,u 和 i 的参考方向一致,当 $i=0$ 的瞬间,$u=-U_m$,则该元件不可能是( )。

(A)电阻元件   (B)电感元件   (C)电容元件   (D)二极管元件

44. 三相正弦交流电路中,对称三相正弦量具有的特性有( )。

(A)三个频率相同   (B)三个幅值相等

(C)三个相位互差 120°   (D)它们的瞬时值或相量之和等于零

45. 三相正弦交流电路中,对称三角形连接电路具有的特性有( )。

(A)线电压等于相电压   (B)线电压等于相电压的 $\sqrt{3}$ 倍

(C)线电流等于相电流   (D)线电流等于相电流的 $\sqrt{3}$ 倍

46. 三相正弦交流电路中,对称三相电路的结构形式有( )。

(A)Y-△   (B)Y-Y   (C)△-△   (D)△-Y

47. 由 R、C 组成的一阶电路,其过渡过程时的电压和电流的表达式由( )三个要素决定。

(A)初始值   (B)稳态值   (C)电阻 R 的值   (D)时间常数

48. 点接触型二极管因其结电容小,适合于( )电路。

(A)高频　　　　　(B)低频　　　　　(C)小功率整流　　　　(D)整流

49. 稳压管的主要参数有( )等。

(A)稳定电压　　　(B)稳定电流　　　(C)最大耗散功率　　(D)动态电阻

50. 配电箱中的断路器在正常情况下可用于( )。

(A)接通与分断空载电路　　　　　　(B)接通与分断负载电路

(C)电源隔离　　　　　　　　　　　(D)电路的过载保护

(E)电路的短路保护

51. 总配电箱中的漏电断路器在正常情况下可用于( )。

(A)电源隔离　　　　　　　　　　　(B)接通与分断电路

(C)过载保护　　　　　　　　　　　(D)短路保护

(E)漏电保护

52. 开关箱中的漏电断路器在正常情况下可用于( )。

(A)电源隔离　　　　　　　　　　　(B)频繁通、断电路

(C)电路的过载保护　　　　　　　　(D)电路的短路保护

(E)电路的漏电保护

53. 照明开关箱中电气配置组合可以是( )。

(A)刀开关、熔断器、漏电保护器　　　(B)刀开关、断路器、漏电保护器

(C)刀开关、漏电保护器　　　　　　(D)断路器、漏电保护器

(E)刀开关、熔断器

54. 配电箱、开关箱的箱体材料可采用( )。

(A)冷轧铁板　　　　　　　　　　　(B)环氧树脂玻璃布板

(C)木板　　　　　　　　　　　　　(D)木板包铁皮

(E)电木板

55. 人工接地体材料可采用( )。

(A)圆钢　　　　　　　　　　　　　(B)角钢

(C)螺纹钢　　　　　　　　　　　　(D)钢管

(E)铝板

56. Ⅱ类手持式电动工具适用的场所为( )。

(A)潮湿场所　　　　　　　　　　　(B)金属构件上

(C)锅炉内　　　　　　　　　　　　(D)地沟内

(E)管道内

57. 150 W 以上的灯泡不应安装在( )上。

(A)瓷灯头　　　　(B)胶木灯头　　　(C)防水灯头　　　　(D)声光控灯头

58. 在金属罐内作业时,所使用的手提照明灯(即行灯)不应采用( )的交流电源。

(A)36 V　　　　　(B)24 V　　　　　(C)12 V　　　　　　(D)48 V

59. 家庭用的防止人身触电的漏电断路器不应选用( )的漏电动作电流值。

(A)不大于 30 mA　　　　　　　　　(B)不大于 50 mA

(C)不大于 75 mA　　　　　　　　　(D)不大于 90 mA

60. 在爆炸危险场所电气线路敷设可以采用( )。
(A)绝缘导线明敷
(B)绝缘导线穿钢管敷设
(C)电缆敷设
(D)槽板敷设

61. 单人对心跳、呼吸均停止的触电者采用心肺复苏法抢救时,挤压和吹气的比例错误的是( )。
(A)每挤压 5 次吹气 1 次
(B)每挤压 15 次吹气 2 次
(C)每挤压 10 次吹气 2 次
(D)每挤压 5 次吹气 2 次

62. 测量电阻通常用的电工仪表是( )。
(A)万用表   (B)兆欧表   (C)欧姆表   (D)双臂电桥

63. 设备采用安全电压时,以下必须采取直接接触电击的防护措施的电压是( )。
(A)24 V 以上   (B)36 V 以上   (C)42 V 以上   (D)12 V 以上

64. 下列电气线路故障可能会引发火灾的是( )。
(A)绝缘损坏造成短路
(B)接触不良
(C)断电
(D)断线

65. 低压配电器主要有( )。
(A)刀开关   (B)转换开关   (C)熔断器   (D)断路器

66. 低压控制电器主要有( )。
(A)接触器   (B)继电器   (C)主令电器   (D)断路器

67. 熔断器主要用作( )。
(A)电路的短路保护
(B)作为电源隔离开关使用
(C)正常情况下断开电路
(D)控制低压电路

68. 熔断器选择的主要内容有( )。
(A)熔断器的型式
(B)熔体的额定电流
(C)熔体选择性的配合以及熔断器额定电压
(D)额定电流的等级

69. 施工现场临时用电工程中,接地主要包括( )。
(A)工作接地   (B)保护接地   (C)重复接地   (D)防雷接地

70. 导体的选择主要是选择( )。
(A)导线的种类   (B)导线的长短   (C)导线的截面   (D)导线的颜色

71. 直击雷防护的主要措施有( )。
(A)装设避雷针   (B)装设避雷线   (C)装设避雷网   (D)装设避雷带

72. 在电气工程中,接零主要有( )两种。
(A)工作接零   (B)保护接零   (C)设备接零   (D)机械接零

73. 架空线路包括( )。
(A)电杆   (B)横担   (C)绝缘子   (D)绝缘导线

74. 继电器具有控制系统和被控制系统,在电路中起着( )等作用。
(A)自动调节   (B)安全保护   (C)转换电路   (D)控制回路

75. 低压空气断路器又称自动空气开关或空气开关,属开关电器,是用于当电路中发生( )等事故时,能自动分断电路的电器。
(A)过载   (B)短路   (C)欠压   (D)漏电

76. 异步电动机的优点是（　　　）。
(A)结构简单　　　(B)运行可靠　　　(C)使用方便　　　(D)价格较低

77. 供电系统分为（　　　）。
(A)二次变压供电系统　　　　　　　(B)一次变压供电系统
(C)低压供电系统　　　　　　　　　(D)高压供电系统

78. 接地线可分为（　　　）。
(A)自然接地线　　　(B)机械接地线　　　(C)人工接地线　　　(D)天然接地线

79. 施工现场与电气安全有关的危险环境因素主要有（　　　）等。
(A)外电线路　　　(B)易燃易爆物　　　(C)腐蚀介质　　　(D)机械损伤

80. 一般按钮开关的按钮帽颜色有（　　　）三种。
(A)红　　　　　　(B)黄　　　　　　(C)蓝　　　　　　(D)绿

81. 常用低压手动电器包括（　　　）。
(A)按钮　　　　　(B)刀开关　　　　(C)组合开关　　　(D)倒顺开关

82. 重复接地的作用有（　　　）。
(A)降低故障点对地的电压　　　　　(B)减轻保护零线断线的危险性
(C)缩短事故持续时间　　　　　　　(D)加大对电器的保护

83. 配电线路的结构形式有（　　　）。
(A)放射式配线　　　(B)树干式配线　　　(C)链式配线　　　(D)环形配线

84. 施工现场的配电装置是指施工现场用电工程配电系统中设置的（　　　）。
(A)总配电箱　　　(B)分配电箱　　　(C)开关箱　　　(D)机电设备

85. 临时用电施工组织设计的安全技术原则是（　　　）。
(A)必须采用 TN-S 接零保护系统　　(B)必须采用三级配电系统
(C)必须采用漏电保护系统　　　　　(D)必须采用安全电压

86. 施工现场检查、维修常用的电工仪表有（　　　）。
(A)万用表　　　　　　　　　　　　(B)兆欧表
(C)接地电阻测试仪　　　　　　　　(D)漏电保护器测试仪

87. 按照《施工现场临时用电安全技术规范》(JGJ 46—2005)的规定,临时用电组织设计及变更时,必须履行（　　　）程序。
(A)编制　　　　　(B)审核　　　　　(C)批准　　　　　(D)签字

88. 施工现场用电负荷计算主要根据现场用电情况,计算（　　　）负荷。
(A)用电设备　　　　　　　　　　　(B)用电设备组
(C)配电线路　　　　　　　　　　　(D)供电电源的发电机或变压器

89. 施工用电工程设计施工图包括（　　　）。
(A)总平面图　　　　　　　　　　　(B)变配电所布置图
(C)供电系统图　　　　　　　　　　(D)接地装置布置图

90. 在 TN-S 接零保护系统中接地分类主要有（　　　）。
(A)工作接地　　　(B)保护接地　　　(C)重复接地　　　(D)防雷接地

91. 电工每次在使用绝缘手套前应进行外部检查,查看表面有无（　　　）等。
(A)损伤　　　　　(B)磨损　　　　　(C)破漏　　　　　(D)划痕

92. 绝大部分触电事故是由电击造成的,按照人体触及带电体的方式和电流通过人体的途径,触电方式可分为(　　)。
(A)直接接触触电　　　　　　　(B)间接接触触电
(C)跨步电压触电　　　　　　　(D)单相触电

93. 现场救护,当判定触电者呼吸和心跳停止时,应立即按心肺复苏法就地抢救,所采用的基本措施是(　　)。
(A)通畅气道　　　　　　　　　(B)口对口(鼻)人工呼吸
(C)胸外按压　　　　　　　　　(D)采用药物

94. 电工作业人员在对电气故障检修时应遵循(　　)的原则。
(A)先看后想　　(B)先外后内　　(C)先简后繁　　(D)先静后动

95. 施工现场用电设备电气故障产生的原因很多,主要是(　　)。
(A)电源方面　　　　　　　　　(B)电气设备内部因素
(C)环境因素　　　　　　　　　(D)人为因素

96. 电工安全操作规程规定,电工工作前应对所有(　　)进行检查,禁止使用破损、失效的工具。
(A)绝缘用具　　(B)检测仪表　　(C)安全装置　　(D)各类工具

97. 电工仪表按测量方式不同可分为(　　)。
(A)直读指示仪表　　(B)比较仪表　　(C)图示仪表　　(D)数字仪表

98. 兆欧表又称绝缘摇表,主要用以测量(　　)的绝缘电阻。
(A)电机　　　　(B)电器　　　　(C)配电线路　　(D)机械

99. 电气故障是指由于直接或间接的原因使现场使用的(　　)损坏或不能正常工作,其电气功能丧失的故障。
(A)用电设备　　(B)配电设备　　(C)配电线路　　(D)机械设备

100. 漏电保护器按其动作速度分为(　　)。
(A)高速型　　　(B)低速型　　　(C)延时型　　　(D)反时限型

四、判 断 题

1. 电路的参数不随电流或电压的大小及方向改变的电路称为线性电路,否则称为非线性电路。(　　)
2. 电场中任意两点间的电位差叫电压。(　　)
3. 单位时间内通过导体横截面电荷量的多少叫电流强度。(　　)
4. 电阻与导线长度 L 成正比,与导体横截面积 S 成反比。(　　)
5. 串联电路中,电路两端的总电压等于各电阻的分电压差。(　　)
6. 并联电路中,通过各个电阻的电流强度跟它们的阻值成正比。(　　)
7. 正弦交流电的"三要素"是指用来描述交流电特征的三个最主要的因素:最大值(或有效值)、频率(或周期)及角频率。(　　)
8. 交流电路中,电感所消耗的功率叫有功功率。(　　)
9. 在交流电路中,电阻是不消耗功率的,它只是与电源之间进行能量交换而没有真正消耗能量,我们把与电源交换能量的功率叫无功功率。(　　)

10. 当电感一定时,频率越高,感抗越大,电流流过线圈所受到的阻力就越大。当线圈加以直流电时,频率 f 为零,则感抗也为零,线圈相当于短路。(　　)

11. 交流电流通过电容器时,电容有阻止交流流通的作用,我们把这种阻碍作用叫容抗。(　　)

12. 三个具有相同频率、相同振幅、但在相位上彼此相差 120° 的正弦交流电势、电流、电压称为三相交流电。(　　)

13. 三相电源中,任意两根相线间的电压为相电压。(　　)

14. 三相电源中,流过每一相线圈中的电流为相电流。(　　)

15. 导电性能良好的物体叫导体。(　　)

16. 不能传导电流的物体叫绝缘体。(　　)

17. 交流电在每一瞬间的数值叫交流电的瞬时值。(　　)

18. 在电流(或磁铁)的周围空间存在着一种特殊的物质称为磁场。(　　)

19. 电流互感器的二次侧可装开关。(　　)

20. 变压器铭牌所标的容量单位一般是 kW。(　　)

21. 电功率和电能没有区别。(　　)

22. 消除导线上的覆冰可用电流溶解法或机械打落法。(　　)

23. 变电所是连接电力系统的中间环节,用于汇集电源、升降电压和分配电力。(　　)

24. 电力线路主要担负着输送和分配电能的任务。(　　)

25. 兆欧表可以用来测量接地电阻。(　　)

26. 发现工作人员违反安规,危机人身和设备安全时应立即报告调度。(　　)

27. 任何时候都可进行倒闸操作和更换保险丝工作。(　　)

28. 已立起的电杆可撤去叉杆及拉绳,不必等杆基回土完全夯实。(　　)

29. 若杆塔无接地引下线时,可采用临时接地棒接地即可。(　　)

30. 使用梯子时要有人扶持或绑牢。(　　)

31. 配电线路的电压损失,高压不应超过 5%。(　　)

32. 在纯电感电路中,电流超前电压 90°。(　　)

33. 电流互感器又称 PT,是一种将高电位大电流变成低电位小电流的设备。(　　)

34. 挡距是指相邻两杆塔中心线(或导线悬挂点)之间的水平距离。(　　)

35. 高压配电线路导线与拉线、电杆构架间的最小净空距离是 0.2 m。(　　)

36. 对水泥杆的要求是不准有水泥层剥落、露筋、裂纹、酥松和杆内积水以及铁杆锈蚀等现象。(　　)

37. 弧垂的大小与线路的安全运行无关。(　　)

38. 变压器油每年都应进行耐压试验。(　　)

39. 有多根拉线时,做好一根正式拉线后,只可拆除一根临时拉线。(　　)

40. 立、撤杆要使用合格的起重设备,禁止过载使用。(　　)

41. 安全带的试验周期为一年一次。(　　)

42. 配电线路在土质松软地区以及承重较大的电杆底部常常加装底盘,以增加电杆的稳固性。(　　)

43. 在电源和负载都是星形连接的系统中,中性线上一定没有电流流过。(　　)

44. 弧垂的大小与空气温度、线路挡距无关。(　　)

45. 接地电阻愈大,雷击时引起的过电压愈小。(　　)

46. 线路的验电应逐相进行,联络用的开关或刀闸检修时应在两侧验电。(　　)

47. 同杆塔架设的多层电力线进行验电时,先验低压后验高压,先验下层后验上层。
(　　)

48. 电容器进行停电工作时,断开电源后,即可开始工作。(　　)

49. 配电线路的巡视分为定期巡视、特殊性巡视、夜间巡视、故障性巡视和监察性巡视。
(　　)

50. 直线跨越杆中相导线应面向负荷侧固定在右侧瓷瓶上。(　　)

51. 线路首端电压一般比额定电网电压高10%。(　　)

52. 导线的接头距导线的固定点不应小于0.5 m。(　　)

53. 在放线中,发现钢芯铝绞线的钢芯断一股,不必锯断重接。(　　)

54. 配电线路的电压损失,低压不应超过4%。(　　)

55. 10 kV 高压配电线路的挡距是:城区40~50 m,郊区60~100 m。(　　)

56. 楔型 UT 型耐张线夹既可用来固定拉线,又可用来调整拉线长度。(　　)

57. 施工验收时,导线截面损坏不超过导电部分截面积12%时可敷线补修。(　　)

58. 施工验收时,导线磨损的截面在导电部分截面积的5%以内,可不作处理。(　　)

59. 绑扎用的绑线应选用与导线同金属的单股线,直径不应小于2.0 mm。(　　)

60. 杆上避雷器的相间距离不小于350 mm。(　　)

61. 监察性巡视的目的是为了查明线路发生故障的地点和原因。(　　)

62. 配电变压器不可以使用隔离开关进行并列操作。(　　)

63. 变压器内部音响很大,有严重放电声或撞击声时,应立即限制负荷。(　　)

64. 使用兆欧表时,如指针指"0"应再摇半分钟进行核实。(　　)

65. 在潮湿天气测量设备绝缘电阻时应使用G端。(　　)

66. 白棕绳的破断拉力在潮湿状态下使用时将会略微增加。(　　)

67. 如拉线从导线之间穿过,应装设拉线绝缘子。断拉线时,拉线绝缘子对地距离不应小
于2.5 m。(　　)

68. 变压器防雷装置接地线不应与变压器外壳相连。(　　)

69. 导线连接前应清除表面污垢,清除长度应为连接部分的两倍。(　　)

70. 不同截面的导线连接时,绑扎长度以小截面导线为准。(　　)

71. 接户线不应从1~10 kV 引下线间穿过。(　　)

72. 两只阻值相同的电阻并联后,其阻值等于单只电阻值的1/2。(　　)

73. 风是使导线产生振动的主要原因。(　　)

74. 工作接地主要是为了保障工作人员的安全而进行的接地。(　　)

75. 柱上断路器的接地电阻每两年至少测量一次。(　　)

76. 接地电阻值的大小与接地体形状有关。(　　)

77. 内部过电压是由系统内部的电磁能量转换所引起的。(　　)

78. 可以在线路上加装并联电抗器来限制空载长线路的过电压。(　　)

79. 避雷器的保护比越大,说明其保护性能越好。(　　)

80. 接于中性点接地系统的变压器在进行冲击合闸试验时,其中性点必须接地。(　　　)

81. 配电线路应与变电站等部门划分明确的分界点。(　　　)

82. 磁力线是磁场中实际存在着的若干曲线,从磁极 N 出发而终止于磁极 S。(　　　)

83. 两根平行的直导线同时通入相反方向的电流时,相互排斥。(　　　)

84. 与 100 kVA 以上变压器连接的接地装置的接地电阻 $R \leqslant 10\ \Omega$。(　　　)

85. 对于"或非"来讲,当输入端全是高电压时,输出端才为低电平。(　　　)

86. 10 kV 线路一般采用中性点经消弧线圈接地。(　　　)

87. 室内配电母线一定要涂色,室外配电母线则不涂。(　　　)

88. 为了消除接触器、继电器等的直流线圈在断电后由自感电动势所引起的火花,通常用电容器作为线圈放电回路的元件。(　　　)

89. 电压互感器的短路保护是在原绕组和副绕组装设熔断器,其保护接地是将副绕组的一端与铁芯同时接地。(　　　)

90. 由于外界原因,正电荷可以由一个物体转移到另一个物体上。(　　　)

91. 载流导体在磁场中要受到力的作用。(　　　)

92. 铁芯绕组上的交流电压与电流的关系是非线性的。(　　　)

93. 硬磁材料的剩磁、矫顽磁力以及磁滞损失都较小。(　　　)

94. 绕组中有感应电动势产生时,其方向总是与原电流方向相反。(　　　)

95. 通电绕组的磁通方向可用右手定则判断。(　　　)

96. 铁磁材料被磁化的外因是有外磁场。(　　　)

97. 同步电动机的转速不随负载的变化而变化。(　　　)

98. 操作开关时,操作中操作人员要检查灯光、表计是否正确。(　　　)

99. 可使用导线或其他金属线作临时短路线。(　　　)

100. 用兆欧表测绝缘电阻时,在干燥气候下绝缘电阻不小于 1 MΩ。(　　　)

101. 用兆欧表测绝缘电阻时,E 端接导线,L 端接地。(　　　)

102. 使用万用表测回路电阻时,必须将有关回路电源拉开。(　　　)

103. 变压器过负荷时,应立即将变压器停运。(　　　)

104. 变压器事故过负荷可以经常使用。(　　　)

105. 在操作过程中,监护人在前,操作人在后。(　　　)

106. 操作时,如隔离开关没合到位,允许用绝缘杆进行调整,但要加强监护。(　　　)

107. 拉熔丝时,先拉负极后拉正极,合熔丝时与此相反。(　　　)

108. 拆除接地线要先拆接地端,后拆导体端。(　　　)

109. 准确度为 0.1 级的仪表,其允许的基本误差不超过±0.1%。(　　　)

110. 变压器空载时,一次绕组中仅流过励磁电流。(　　　)

111. 变压器铁芯损耗是无功损耗。(　　　)

112. 变压器每隔 1～3 年做一次预防性试验。(　　　)

113. 变压器净油器的作用是吸收油中水分。(　　　)

114. 仪表的误差有本身固有误差和外部环境造成的附加误差。(　　　)

115. 测量直流电压和电流时,要注意仪表的极性与被测量回路的极性一致。(　　　)

116. 隔离开关可以拉合负荷电流和接地故障电流。(　　　)

117. 装设接地线的顺序是先装接地端后装导体端,先装中相后装边相,拆除顺序相反。(　　)

118. 线路停电时,必须按照断路器、母线侧隔离开关、负荷侧隔离开关的顺序依次操作,送电时相反。(　　)

119. 熔断器熔断时,可以任意更换不同型号的熔丝。(　　)

120. 安装并联电容器的目的:一是改善系统的功率因数,二是调整网络电压。(　　)

121. 严禁工作人员在工作中移动或拆除围栏、接地线和标示牌。(　　)

122. 雷雨天巡视室外高压设备时,应穿绝缘靴,并不得靠近避雷器和避雷针。(　　)

123. 用电流表、电压表测负载时,电流表与负载串联,电压表与负载并联。(　　)

124. 熟练的值班员,简单的操作可不用操作票,而凭经验和记忆进行操作。(　　)

125. 执行一个倒闸操作任务,如遇特殊情况,中途可以换人操作。(　　)

126. 红灯表示跳闸回路完好。(　　)

127. 变压器的铁芯不能多点接地。(　　)

128. 事故检修可不用工作票,但必须做好必要的安全措施,设专人监护。(　　)

129. 电流互感器是用小电流反映大电流值,直接供给仪表和继电装置。(　　)

130. 叠加原理适用于各种电路。(　　)

131. 将检修设备停电,对已拉开的断路器和隔离开关取下操作电源,隔离开关操作把手必须锁住。(　　)

132. 电气上"地"的含义不是指大地,而是指电位为零的地方。(　　)

133. 交流铁芯绕组的主磁通由电压 U、频率 f 及匝数 N 决定。(　　)

134. 通电线圈产生磁场的强弱只与线圈的电流和匝数有关。(　　)

135. 分相式单相电动机的旋转方向是可以改变的。(　　)

136. 接地的中性点又叫零点。(　　)

137. 当磁力线、电流和作用力这三者的方向互相垂直时,可以用右手定则来确定其中任一量的方向。(　　)

138. 变压器铭牌上的阻抗电压就是短路电压。(　　)

139. 电工仪表准确度等级共分 7 级。(　　)

140. 改变励磁回路的电阻调速,只能是转速低于额定转速。(　　)

141. 变压器油泄漏会污染土地。(　　)

142. 漏电保护器不应装在高温、振动、粉尘等场所。(　　)

143. 1 mm² 铜导线连接时用手拧紧即可。(　　)

144. 晶体三极管的电流放大系数 β 值越大,说明该管的电流控制能力越强,所以三极管的 β 值越大越好。(　　)

145. 设计梯形图时,在一个程序中同一地址号的输出线圈只能有一次输出。(　　)

146. 电桥的灵敏度只取决于所用检流计的灵敏度,而与其他因素无关。(　　)

147. 电路中引入负反馈后,只能减小非线性失真,而不能消除失真。(　　)

148. 负反馈只能把输出信号的一部分送回输入端。(　　)

149. 在设计电动机的启动、制动、正反转、调速等控制线路时,应尽量采用比较典型的控制电路。(　　)

150. 两个固定的互感线圈,若磁路介质改变,其互感电动势不变。（　　）

151. 涡流产生在与磁通垂直的铁芯平面内,为了减少涡流,铁芯采用涂有绝缘层的薄硅钢片叠装而成。（　　）

152. 交流电压在每一瞬间的数值叫交流电的有效值。（　　）

153. 在通常情况下,对人体而言,安全电压值一般小于 36 V。（　　）

154. 用兆欧表测量电容器时,应先将摇把停下后再将接线断开。（　　）

155. 用伏安法可间接测电阻。（　　）

156. 变压器空载运行时,一次绕组中没有电流流过。（　　）

157. 使用钳形表时,钳口两个面应接触良好,不得有杂质。（　　）

158. 低电压带电作业时,应先断开零线,再断开火线。（　　）

159. 用万用表测量电阻时,测量前或改变欧姆挡位后都必须进行一次欧姆调零。（　　）

160. 只有当稳压电路两端的电压大于稳压管击穿电压时,才有稳压作用。（　　）

161. 交流电的特点是大小随时间变化。（　　）

162. 由于绕组自身电流变化而产生感应电动势的现象叫互感现象。（　　）

163. 电气设备的金属外壳接地属于工作接地。（　　）

五、简 答 题

1. 在全部停电或部分停电的电气设备上工作,如何实施保证安全的技术措施?

2. 什么是全电路欧姆定律?

3. 什么是三相电源的星形接线?

4. 什么是三相电源的三角形接线?

5. 什么是交流电的有功功率?

6. 什么是交流电的无功功率?

7. 三相电路的功率如何计算?

8. 油在开关中的主要作用是什么?

9. 变压器并联运行的条件是什么?

10. 变压器温度计所指示的温度是什么部位的温度? 运行中有哪些规定? 温度与温升有什么区别?

11. 什么是时限过流保护? 什么是电流速断保护?

12. 对继电保护装置的基本要求是什么?

13. 在电气设备上工作,保证安全的组织措施是如何规定的?

14. 电动势与电压有什么区别? 它们的方向是怎样规定的?

15. 变电所规定的"两票三制"的具体内容是什么?

16. 什么是反时限过电流保护?

17. 什么是定时限过电流保护?

18. 焦尔-楞次定律的内容是什么?

19. 什么是一次设备?

20. 什么是二次设备?

21. 什么是视在功率?

22. 什么是功率因数？

23. 负荷开关的作用是什么？

24. 无功补偿在电力系统中的作用是什么？

25. 交流接触器短路环的作用是什么？

26. 异步电动机的空载电流占额定电流的多大为宜？

27. 通常什么原因会造成异步电动机的空载电流过大？

28. 电气装置为什么常常出现过热故障？

29. 电缆头制作的基本要求是什么？

30. 工作接地起什么作用？

31. 为什么电压互感器和电流互感器的二次侧必须接地？

32. 何谓运用中的电气设备？

33. "禁止合闸,有人工作"标示牌挂在什么地方？

34. 交流回路熔丝、直流回路控制及信号回路的熔丝怎样选择？

35. 电容器发生哪些情况时应立即退出运行？

36. 断路器停电操作后应检查哪些项目？

37. 变压器大修后需要做哪些电气性能试验？

38. 如何挂、拆接地线？

39. 高压断路器有什么作用？

40. 套管裂纹有什么危害性？

41. 为什么电缆线路停电后用验电笔验电时短时间内还有电？

42. 线路工随身携带的工具包括哪几种？

43. 什么叫相位差？

44. 线路金具的作用是什么？

45. 巡线过程中发现导线落地时应怎样处理？

46. 电气设备交流耐压试验通电持续时间规定是多少？

47. 什么是直流？并画图说明。

48. 为什么要尽可能地降低接地电阻的数值？

49. 钢筋混凝土电杆有何缺点？

50. 线路缺陷记录的基本内容有哪些？

51. 消除导线覆冰有哪两种方法？

52. 对运行中的绝缘子有何要求？

53. 在架空线路上传递料具应注意哪些事项？

54. 对违反《电业安全工作规程》者如何处理？

55. 拉线的作用是什么？

56. 为什么铁塔地脚螺栓要浇制保护帽？

57. 什么叫架空电力线路的防护区？10 kV 线路的防护区是多少？

58. 钳形电流表的用途是什么？

59. 架空线路导线接头的机械强度和接头电阻有何要求？

60. 中性线的作用是什么？

61. 为什么要巡线？

62. 何为配电线路？

63. 停电操作柱上断路器的顺序是什么？

64. 运行中的避雷器应做哪些检查与维护？

65. 电阻与电阻率有什么区别？

66. 电力线路运行维护的工作方针是什么？

67. 什么是限距？有什么意义？

68. 导线接头过热检查的方法有哪几种？

六、综 合 题

1. 如何使触电者迅速脱离电源？

2. 试叙述交流电的周期、频率和角频率的定义。

3. 变压器的额定容量、额定电压、额定电流、变压比、空载电流各代表什么意义？

4. 变压器的巡视检查包括哪些项目？

5. 变压器在运行中补充油应注意哪些事项？

6. 什么是互感器？互感器如何分类？各自作用是什么？

7. 如何使用兆欧表测量绝缘电阻？

8. 闸刀操作注意事项有哪些？

9. 变配电所应配备哪些安全工具？其试验周期是如何规定的？

10. 高压停电后，验电有哪些注意事项？

11. 3～10 kV 变配电所常见的继电保护有哪几类？

12. 什么叫瓦斯保护？瓦斯保护的原理是什么？

13. 继电保护的任务是什么？

14. 电容器组在正常情况下应如何操作？

15. 简述无功功率补偿的原理。

16. 停电作业安全技术措施包括哪些内容？

17. 电压互感器在运行中，二次为什么不允许短路？

18. 倒闸操作中应重点防止哪些误操作事故？

19. 母线的巡视检查项目有哪些？

20. 变压器气体继电器的巡视项目有哪些？

21. 电压互感器正常巡视项目有哪些？

22. 避雷器有哪些巡视检查项目？

23. 变压器在运行中应该做哪几项测试？

24. 运行中的变压器在什么情况下应停止运行？

25. 变压器的油枕起什么作用？

26. 巡视杆塔有哪些内容？

27. 为什么导线落地后要防止行人靠近落地点 8 m 以内？

28. 有哪几种情况引起绝缘子串发生闪络放电？有什么现象？

29. 有一根 LGJ-150 铝导线，有效截面积为 134.12 mm²，长为 940 mm，问温度是 20 ℃

时,电阻是多少毫欧?（铝的电阻率 ρ 为 0.028 3 $\Omega \cdot mm^2/m$）

30. 在如图 1 所示的电路中,已知电压 $U=48$ V,电阻 $R=20$ Ω,问电路中的电流是多少?

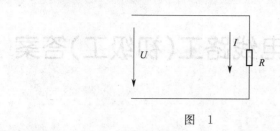

图　1

31. 在如图 2 所示的电路中,已知电动势 $E=220$ V,电流 $I=5$ A,电路中的内阻 r 等于 5 Ω,问电路的负载 R 是多少?

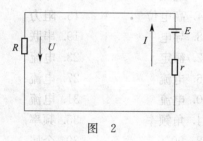

图　2

32. 在如图 3 所示的电路中,已知电阻 $R_1=6$ Ω,$R_2=4$ Ω,$R_3=0$ Ω,电压 $U=100$ V,试求电阻 R_1 和 R_2 上的电压各是多少?

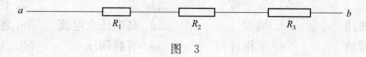

图　3

33. 有一日光灯电路,额定电压为 220 V,电路的电阻为 200 Ω,电感为 1.66 H,试计算这个电路的功率因数。

34. 负载为三角形接线的对称三相电路,电源电压为 380 V,负载每相阻抗 $Z=10$ Ω,求负载的相电流是多少?

35. 在架空线路巡视工作中应注意什么问题?

送电、配电线路工(初级工)答案

一、填 空 题

1. 静电场	2. 电场	3. 电场力	4. 能量
5. 正电荷	6. 切线	7. 负载	8. 传输
9. 正	10. 电流	11. 方向	12. 安培
13. 电位差	14. 高电位	15. 阻力	16. 增大
17. 绝缘体	18. 导电	19. 串联	20. 电功率
21. 平方	22. 额定	23. 电流	24. 支路
25. 内阻	26. 电流	27. 电流	28. 吸引
29. 正比	30. 电流	31. 电流	32. 越小
33. 电压	34. 角频率	35. 频率	36. 1.732
37. 最小	38. 90°	39. 金属	40. 绳索
41. 一人	42. 干燥	43. 感电坠落	44. 12
45. 修理	46. 统一指挥	47. 过载	48. 杆基
49. 停止	50. 安全带	51. 200	52. 伤员生命
53. 配电线路	54. 绳索	55. 高电压大电流	56. 绝缘
57. 保护接地	58. 工作许可	59. 有载调压	60. 无功损耗
61. 工作票制度	62. 负荷	63. 选择性	64. 单相
65. 接地体与大地间的接触电阻		66. 电磁式	67. 速断保护
68. 最大负荷电流	69. 并联	70. 电流方向	71. 电磁感应
72. 保护	73. 辅助时间	74. 安全接地	75. 放热能力
76. 线电压	77. 30%	78. 铁损	79. 电流
80. 电源的相序	81. B	82. 凸极	83. 完全
84. △	85. Y	86. 非	87. 大于 4 m
88. 大于 8 m	89. 低	90. 接触器	
91. 绕线转子异步电动机的启动		92. 垂直	93. 铁芯不释放
94. 交流电器	95. 小于临界转差率	96. 大	
97. 对调两绕组之一的首末端		98. 直流双臂电桥	99. 失去控制作用
100. 单臂电桥	101. 涡流损耗	102. 150°	103. 并
104. 带整流器的磁电式仪表		105. 灵敏度高低	106. 测量误差较大
107. 单线触电	108. 1 210 Ω	109. 仪用变压器	110. 审核工作票
111. 升、降	112. 目的和顺序	113. 胸外心脏挤压法	114. 频率
115. 超过正常工作要求的电压		116. 内部过电压	117. 无功功率

118. 跳闸　　　119. 保护接地　　120. 静态工作点　　121. 梯形图
122. 1/3～2/3　123. 隔直通交　　124. 100　　　　　125. 串联
126. 10^{-12}　　127. 相线　　　128. 串联谐振　　129. 高
130. 高　　　　131. 梯形图　　132. 大　　　　　133. 10
134. 绕几圈后套进钳口　　　　135. 支持金具　　136. 导线的张力
137. 0.4　　　138. 0.6　　　139. 185～240 mm²　140. 土壤
141. 中间相　　142. +100 mm、−50 mm　　　　143. −50 mm
144. 防送装置　145. 耐张杆塔　146. 人字拉线　147. 受电侧
148. 阻碍　　　149. 50 mm　　150. 10～30 mm　151. 跨越线架
152. 2 h　　　153. 7 m　　　154. 6 m　　　　155. 连接
156. 拉线　　　157. 0.6　　　158. 约时　　　　159. 转角杆塔
160. 电流与电压间相位角改变

二、单项选择题

1. B　2. C　3. B　4. B　5. C　6. C　7. B　8. A　9. A
10. B　11. B　12. A　13. A　14. B　15. B　16. B　17. A　18. D
19. B　20. A　21. C　22. A　23. A　24. B　25. A　26. C　27. B
28. B　29. B　30. C　31. B　32. A　33. C　34. B　35. A　36. C
37. A　38. B　39. C　40. A　41. A　42. C　43. A　44. A　45. A
46. A　47. A　48. C　49. B　50. D　51. B　52. C　53. A　54. C
55. C　56. B　57. C　58. B　59. B　60. D　61. B　62. C　63. D
64. C　65. D　66. D　67. B　68. B　69. C　70. C　71. C　72. A
73. B　74. B　75. A　76. B　77. C　78. A　79. B　80. B　81. A
82. A　83. A　84. B　85. B　86. C　87. C　88. B　89. D　90. B
91. B　92. C　93. D　94. C　95. C　96. D　97. C　98. C　99. A
100. C　101. A　102. B　103. C　104. B　105. C　106. A　107. A　108. C
109. A　110. A　111. A　112. C　113. D　114. B　115. C　116. A　117. A
118. B　119. A　120. C　121. B　122. A　123. C　124. B　125. B　126. C
127. B　128. B　129. A　130. A　131. A　132. C　133. A　134. B　135. A
136. B　137. A　138. B　139. A　140. B　141. C　142. C　143. A　144. A
145. A　146. A　147. C　148. A　149. C　150. B　151. A　152. C　153. A
154. B　155. C　156. C　157. A

三、多项选择题

1. BD　2. ABCD　3. BCD　4. ACD　5. AC　6. CD
7. ABD　8. AB　9. AC　10. AD　11. BCD　12. ABC
13. ABC　14. ACD　15. ABC　16. ABC　17. ABD　18. ACD
19. ABC　20. BCD　21. ABC　22. BC　23. ABD　24. BCD
25. ABC　26. BCD　27. ACD　28. AC　29. AD　30. AB

31. ABCD	32. BCD	33. ABC	34. BD	35. ABD	36. ABD
37. ABCD	38. ABCD	39. BCD	40. ACD	41. BCD	42. ABCD
43. AB	44. ABCD	45. AD	46. ABCD	47. ABD	48. AC
49. ABCD	50. ABDE	51. BCDE	52. CDE	53. ABC	54. ABE
55. ABD	56. AB	57. BCD	58. AB	59. BC	60. BC
61. ACD	62. AC	63. ABC	64. AB	65. ABCD	66. ABC
67. AB	68. ABCD	69. ABCD	70. AC	71. ABCD	72. AB
73. ABCD	74. ABC	75. ABC	76. ABCD	77. ABC	78. AC
79. ABCD	80. ABD	81. ABCD	82. ABC	83. ABCD	84. ABC
85. ABC	86. ABCD	87. ABC	88. ABCD	89. ABCD	90. ACD
91. ABCD	92. ABC	93. ABC	94. ABCD	95. ABCD	96. ABCD
97. ABCD	98. ABC	99. ABC	100. ACD		

四、判 断 题

1. √	2. √	3. √	4. √	5. ×	6. ×	7. ×	8. ×	9. ×
10. √	11. √	12. √	13. ×	14. √	15. √	16. √	17. √	18. √
19. ×	20. ×	21. ×	22. √	23. √	24. √	25. ×	26. ×	27. ×
28. ×	29. ×	30. √	31. √	32. √	33. ×	34. √	35. √	36. √
37. ×	38. √	39. √	40. √	41. √	42. √	43. √	44. √	45. ×
46. √	47. √	48. ×	49. √	50. √	51. √	52. √	53. ×	54. √
55. √	56. √	57. √	58. √	59. √	60. √	61. √	62. √	63. ×
64. ×	65. √	66. ×	67. √	68. √	69. √	70. √	71. √	72. ×
73. √	74. ×	75. √	76. √	77. √	78. √	79. √	80. √	81. √
82. √	83. √	84. ×	85. √	86. √	87. √	88. √	89. √	90. √
91. √	92. √	93. √	94. ×	95. √	96. √	97. √	98. √	99. √
100. √	101. ×	102. √	103. √	104. ×	105. ×	106. √	107. √	108. √
109. √	110. √	111. √	112. √	113. √	114. √	115. √	116. √	117. √
118. ×	119. ×	120. √	121. √	122. √	123. √	124. ×	125. ×	126. √
127. √	128. √	129. √	130. √	131. √	132. √	133. √	134. √	135. √
136. √	137. ×	138. √	139. √	140. √	141. √	142. √	143. √	144. √
145. √	146. ×	147. √	148. √	149. √	150. √	151. √	152. √	153. √
154. ×	155. √	156. ×	157. √	158. √	159. √	160. √	161. √	162. ×
163. ×								

五、简 答 题

1. 答:(1)停电(1分);(2)验电(1分);(3)装设接地线(1分);(4)悬挂标示牌(1分);(5)装设遮栏(1分)。

2. 答:通过全(闭合)电路的电流等于电路中的电源电动势除以电路中总电阻(5分)。

3. 答:如果把三相发电机的三个线圈的末端连接在一起,用三个首端向负载供电,这种接线就是三相电源的星形接线(5分)。

4. 答:把一相线圈的末端和另一线圈的首端依次连接形成一个闭合回路,再从三个连接点引出三根导线向外供电,这种接线就是三相电源的三角形接线(5分)。

5. 答:单位时间内所做的功叫有功功率,用 P 表示(5分)。

6. 答:在具有电感的电路里,电感在半周期的时间里把电源的能量变成磁场能还给电源。它们与电源只进行能量交换,并没有真正的消耗能量。我们把与电源交换能量的速率的振幅值叫作无功功率,用 Q 表示(5分)。

7. 答:当三相负载对称时,不论负载是星形接线还是三角形接线,三相电路的功率是3倍的单相功率(2分)。即:有功功率 $P=\sqrt{3}UI\cos\theta$(1分),无功功率 $Q=\sqrt{3}UI\sin\theta$(1分),视在功率 $S=\sqrt{3}UI$(1分)。

8. 答:油在开关中的作用主要是熄灭电弧(3分)。多油开关中的油除熄弧外,还有绝缘作用(2分)。

9. 答:(1)电压比相同,允许相差±0.5%(2分);(2)百分阻抗相等,允许相差±10%(1分);(3)接线组别相同(1分);(4)容量比不大于3:1(1分)。

10. 答:温度计所指示的温度是变压器的上层油温(2分)。一般不超过95 ℃,运行中的油温规定为85 ℃(2分)。温升是变压器的上层油温减去周围环境温度(1分)。

11. 答:时限过流保护:是按照过电流突然增大,在增大过程中超过规定时限值使电流继电器动作(2.5分)。电流速断保护:是按照短路电流来整定的保护装置(2.5分)。

12. 答:选择性、快速性、灵敏性、可靠性(5分)。

13. 答:(1)工作票制度(2分);(2)工作许可制度(1分);(3)工作监护制度(1分);(4)工作间断、转移和终结制度(1分)。

14. 答:电动势是反映外力克服电场力做功的概念(1.5分),而电压则是反映电场力做功的概念(1.5分)。电动势的正方向为电位升的方向(1分),电压的正方向为电位降的方向(1分)。

15. 答:两票:工作票、操作票(2分)。三制:巡回检查制、交接班制、设备缺陷制(3分)。

16. 答:在过电流保护中,动作时间随动作电流的大小而变化,电流越大,动作时间越短,由这种继电器构成的过电流保护装置称为反时限过电流保护(5分)。

17. 答:不管故障电流超过整定值多少,其动作时间总是一定的,由这种继电器构成的过电流保护装置称为定时限过电流保护(5分)。

18. 答:电流通过导体所产生的热量(Q)与电流强度(I)的平方、导体的电阻(R)和通电时间(t)成正比,其表达式为 $Q=I^2Rt$(5分)。

19. 答:发电厂和变配电所中直接与生产和输配电能有关的设备,称为一次设备(5分)。

20. 答:对一次设备进行监视、测量、操纵、控制和起保护作用的辅助设备,称为二次设备(5分)。

21. 答:视在功率可表示为有功功率和无功功率的均方根值,公式为 $S=\sqrt{P^2+Q^2}$(5分)。

22. 答:有功功率和视在功率之比称为功率因数(5分)。

23. 答:负荷开关在分闸状态时有明显的断口,可起到隔离开关的作用(3分),同时可切断和闭合额定电流以及规定的过载电流,与熔断器配合使用时可保护线路(2分)。

24. 答:(1)补偿无功功率,提高功率因数(2分);(2)提高设备出力(1分);(3)降低功率损耗和电能损失(1分);(4)改善电压质量(1分)。

25. 答:交流接触器短路环的作用是:在交变电流过零时,维持动、静铁芯之间具有一定的吸力,以清除动、静铁芯之间的振动(5分)。

26. 答:大、中型电机空载电流约占额定电流的 20%~35%(2.5分),小型电机空载电流约占额定电流的 35%~50%(2.5分)。

27. 答:(1)电源电压太高(1分);(2)空隙过大(1分);(3)定子绕组匝数不够(1分);(4)三角形、星形接线错误(1分);(5)电机绝缘老化(1分)。

28. 答:电气装置长期过负荷运行是过热的主要原因(2分);其次则是导线接头、设备接线接触不良,开关设备触头压力减小,接触电阻不符合要求等引起的(3分)。

29. 答:(1)密封良好(1分);(2)绝缘可靠(1分);(3)导体连接良好(1分);(4)足够的机械强度(1分);(5)良好的热性能(1分)。

30. 答:(1)降低人体的接触电压(2分);(2)迅速切断故障设备(2分);(3)降低电气设备和电力线路的设计绝缘水平(1分)。

31. 答:电压互感器和电流互感器的二次侧接地属于保护接地(1分)。因为一、二次侧绝缘如果损坏,一次侧高压串到二次侧,就会威胁人身和设备的安全,所以二次侧必须接地(4分)。

32. 答:所谓运用中的电气设备系指:(1)全部带有电压的电气设备(2分);(2)一部分带有电压的电气设备(2分);(3)一经操作即带有电压的电气设备(1分)。

33. 答:在一经合闸即可送电到工作地点的开关和刀闸的操作把手上,均应悬挂"禁止合闸,有人工作"标示牌(5分)。

34. 答:(1)交流回路熔丝按保护设备额定电流的 1.2 倍选用(2.5分);(2)直流控制、信号回路熔丝一般选用 5~10 A(2.5分)。

35. 答:发生下列情况之一时应立即将电容器退出运行:(1)套管闪络或严重放电(2分);(2)接头过热或熔化(1分);(3)外壳膨胀变形(1分);(4)内部有放电声及放电设备有异响(1分)。

36. 答:断路器停电操作后应进行以下检查:(1)红灯应熄灭,绿灯应亮(2分);(2)操作机构的分合指示器应在分闸位置(2分);(3)电流表指示应为零(1分)。

37. 答:(1)绝缘电阻测量(1分);(2)交流耐压试验(2分);(3)绕组直流电阻测量(1分);(4)绝缘油电气强度试验(1分)。

38. 答:(1)挂接地线时,先接好接地端,再挂导线端(2.5分);(2)拆接地线时,先拆导线端,再拆接地端(2.5分)。

39. 答:高压断路器不仅可以切断和接通正常情况下高压电路中的空载电流和负荷电流,还可以在系统发生故障时与保护装置及自动装置相配合,迅速切断故障电流,防止事故扩大,保证系统的安全运行(5分)。

40. 答:套管出现裂纹会使绝缘强度降低,能造成绝缘的进一步损坏,直至全部击穿。裂缝中的水结冰时也可能将套管胀裂(5分)。可见套管裂纹对变压器的安全运行是很有威胁的。

41. 答:电缆线路相当于一个电容器,停电后的线路上还存有剩余电荷,对地仍然有电位差。若停电立即验电,验电笔会显示出线路有电。因此必须经过充分放电,验电无电后,方可装设接地线(5分)。

42. 答:线路工随身携带的工具有:钳子、活扳手、螺丝刀、电工刀以及一根电工皮带、一副安全带(或腰绳)、一个钳套、一个工具袋(5分)。

43. 答:两个频率相同的正弦量的初相角之差叫相位差(5分)。

44. 答:金具主要用来支持、固定、保持及接续导线和绝缘子,并且连接、调整和紧固拉线(5分)。

45. 答:巡线人员发现导线断落地面或悬吊空中,应设法防止行人靠近断线地点8 m以内,并迅速报告领导,等待处理(5分)。

46. 答:凡无特殊说明者,均为1 min(5分)。

47. 答:如图1所示(2.5分),大小和方向不随时间变化的电流称为直流,又称稳恒电流(2.5分)。

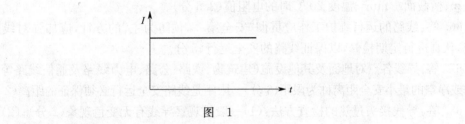

图 1

48. 答:因为接地电阻愈小,雷击时引起的过电压愈小,防雷效果就愈好,所以要尽可能地降低接地电阻的数值(5分)。

49. 答:缺点是:杆段较重,而且长度过长不便运输,杆身混凝土容易产生裂缝,钢筋的机械强度未能发挥,杆段的机械强度和长度有一定限度(5分)。

50. 答:线路缺陷记录的基本内容有:地点、线路名称及杆号,发现日期,缺陷内容,处理意见,发现缺陷人的姓名等(5分)。

51. 答:消除导线上的覆冰可用电流溶解法(2.5分)和机械打落法(2.5分)。

52. 答:运行中的绝缘子绝缘电阻不小于300 MΩ,均不应出现裂纹、损伤、表面过分脏污和闪络烧伤等情况(5分)。

53. 答:应用绳索传递,严禁杆上、杆下抛掷工具及材料(5分)。

54. 答:对违反《电力安全工作规程》者,应认真分析,加强教育,分别情况,严肃处理。对造成严重事故者,应按情节轻重予以行政或刑事处分(5分)。

55. 答:拉线用于加强杆塔的强度,承担外部荷载的作用力,以减少杆塔的材料消耗量,降低杆塔的造价(5分)。

56. 答:铁塔地脚螺栓浇制保护帽是为了防止因丢失地脚螺母或螺母脱落而发生倒塔事故(5分)。

57. 答:架空电力线路的防护区是指从导线边线向两侧延伸一定距离形成的两平行线内的区域(2.5分)。《电力线路防护规程》规定,10 kV架空电力线路的防护区为5 m(2.5分)。

58. 答:钳形电流表是一种带电测量电流、电压的携带式仪表,常用于400 V以下的电路中,有的可用来测量交流和直流电流,有的还可用来测量交流电压(5分)。

59. 答:导线接头的机械强度不应低于原导线机械强度的 90%(2.5 分)。导线接头处的电阻值或电压降值与等长度导线的电阻值或电压降值之比不得超过 2.0 倍(2.5 分)。

60. 答:在电源和负载都是星形连接的系统中,中性线的作用就是为了消除由于三相负载不对称而引起的中性点位移(5 分)。

61. 答:线路巡视和检查是为了经常掌握线路的运行状况,及时发现设备缺陷和威胁线路安全运行的隐患,预防事故发生,并为线路检修提供依据,以确保不间断供电(5 分)。

62. 答:配电线路指担负分配电能任务的线路。其电压等级一般为 10 kV 及以下的电力线路(5 分)。

63. 答:必须按照断路器→负荷侧隔离刀闸→母线侧隔离刀闸的顺序依次操作(5 分)。

64. 答:运行中的避雷器除应进行定期试验外,每次雷雨后应进行特殊检查,有无单相接地现象,接地线有无损伤(5 分)。

65. 答:电阻是指电流在导体内流动所受的阻力(2.5 分)。电阻率则是指某种导体材料在长 1 m、横截面 1 mm² 、温度 20 ℃时的电阻值(2.5 分)。

66. 答:线路的运行维护工作应贯彻"安全第一,预防为主"的方针,应加强对线路的巡视检查,认真进行定期检修,以保证线路的安全运行(5 分)。

67. 答:导线各点对地面及其他设施(建筑物、铁路、公路、电力线路及通信线路等)的垂直、水平或净空的最小安全距离称为限距(3 分)。限距是线路安全运行必须保证的距离(2 分)。

68. 答:导线接头过热的检查方法:(1)一般是观察导线有无变色现象(2 分);(2)示温蜡片(1.5 分);(3)红外线测温仪(1.5 分)。

六、综 合 题

1. 答:(1)断开与触电者有关的电源开关(2.5 分);(2)用相适应的绝缘物使触电者脱离电源(2.5 分);(3)现场可采用短路法使断路器掉闸或用绝缘棒挑开导线等(2.5 分);(4)脱离电源时,有防止触电者摔伤的措施(2.5 分)。

2. 答:周期:正弦交流电变化一周所需的时间称为交流电的周期,用字母 T 表示(3 分)。频率:一秒钟内交流电变化的周期数称为频率,用字母 f 表示(3 分)。角频率:用每秒钟所变化的电气角度来表示交流电变化快慢称为角频率,用字母 ω 表示(4 分)。

3. 答:额定容量:指变压器在厂家铭牌规定的条件下,在额定电压、电流连续运行时所输送的容量(2 分)。额定电压:指变压器长时间运行所能承受的工作电压,铭牌上的额定电压指中间分接头的电压(2 分)。额定电流:指变压器在额定容量下允许长期通过的电流(2 分)。电压比:指变压器各侧额定电压之比(2 分)。空载电流:指变压器在额定电压下空载(二次开路)运行时一次侧线圈中通过的电流,一般以额定电流的百分数表示(2 分)。

4. 答:(1)声音是否正常,正常运行的变压器发出的是均匀的"嗡嗡"声(2 分);(2)检查变压器有无渗油、漏油现象,油的颜色和油位是否正常,新变压器油呈浅黄色,运行以后呈浅红色(2 分);(3)变压器的电流和温度是否超过允许值(2 分);(4)变压器套管是否清洁,有无破损裂纹和放电痕迹(2 分);(5)变压器接地是否良好,一、二次引线及各接触点是否紧固,各部的电气距离是否符合要求(2 分)。

5. 答:(1)注意防止混油,新加入的油应经试验合格(3 分);(2)补油前应将重瓦斯保护改接信号位置,防止误动作跳闸,补油后及时放出瓦斯继电器的气体,24 h 无问题再接入跳闸位置(4分);(3)禁止从变压器下部截门补油,以防将变压器底部沉淀物冲到线圈内,影响绝缘和散热(3分)。

6. 答:互感器是按比例变换电压或电流的设备(2分)。互感器按用途可分为电压互感器和电流互感器两大类(2分)。电压互感器又称仪用变压器(亦称PT),是一种把高电压变为低电压并在相位上与原来保持一定关系的仪器。其作用是:把高电压按一定的比例缩小,使低压线圈能够准确反映高电压量值的变化,以解决高电压测量的困难。同时,由于它可靠地隔离了高电压,从而保证了测量人员和仪表及保护装置的安全(3分)。电流互感器又称仪用变流器(亦称CT),是一种将高电位大电流变换成低电位小电流的仪器。其作用是:把高电位大电流按一定比例缩小为低电位小电流,以供给各种仪表和继电保护装置的电流线圈。由于可靠地隔离开高电压,保证了人身和装置的安全(3分)。

7. 答:(1)测量设备的绝缘电阻时,必须先切断电源,对具有较大电容的设备必须先进行放电(2分);(2)依被测设备的电压等级选择适当的兆欧表(2分);(3)兆欧表应放在水平位置,在未接线之前做一次开路试验和短路试验,开路时,转动兆欧表指针应在"∞"处,短路时,表针应在"0"处(2分);(4)兆欧表引线应选用多股软线,并应绝缘良好,两根线不宜绞在一齐,以免引起测量误差(1分);(5)在摇测绝缘时,应使兆欧表保持在一定的转速,一般以每分钟120转的匀速为宜(1分);(6)摇测时,人体不得触及被测试设备(1分);(7)被测试设备应清洁,测量电容器、电缆、大容量变压器和电机时要有一定的充电时间(1分)。

8. 答:(1)拉、合闸刀前,应检查开关在断开位置(2.5分);(2)合闸应迅速而果断,合闸终了时不能用力太猛,以防刀片弹出,应使刀刃完全进入固定触头(2.5分);(3)拉闸阀应谨慎,要将刀刃拉到头,定位销子应锁住(2.5分);(4)发生带负荷误操作闸刀后,误拉的不许再合上,误合的不放再拉开,应作事故处理(2.5分)。

9. 答:变配电所应配备的安全工具有:验电笔、绝缘棒、三相接地线、绝缘手套、绝缘靴、绝缘鞋、绝缘挡板、绝缘绳、遮栏与标示牌、防火器材(4分)。根据《电力安全工器具预防性试验规程》的规定,试验周期为半年的有:验电笔、绝缘靴、绝缘手套、绝缘绳(3分);试验周期为一年的有:绝缘棒、绝缘挡板、绝缘垫(3分)。

10. 答:(1)验电必须采用电压等级合适且合格的验电器(2.5分);(2)验电应分相逐相进行,对在断开位置的开关进行验电时还应同时对两侧各相验电(2.5分);(3)当对停电的电缆线路进行验电时,如线路上未连接有能构成放电回路的三相负载,由于电缆的电容量较大,剩余电荷较多,一时不易将电荷放完,因此刚停电后立即进行验电,验电器仍会发光,出现此情况,必须过几分钟再进行验电,直到验电器指示无电为止(2.5分);(4)信号和表计等通常可能因失灵而错误指示,因此不能光凭信号或表计的指示来判断设备是否带电,但如果信号和表计指示有电,在未查明原因、排除异常的情况下,即使验电器检测无电,也应禁止在该设备上工作(2.5分)。

11. 答:(1)过电流保护:当电气设备发生短路事故时,将产生很大的短路电流,利用这一特点可以设置过电流保护和电流速断保护(2.5分);(2)电流速断保护:是按照被保护设备的短路电流来整定的,它不依靠上、下级保护的整定时间差别来求得选择性,因此可以实现快速跳闸,切除故障(2.5分);(3)限时电流速断保护:这是一种带时限的电流速断保护(2.5分);(4)低电压保护:反映电压较低而动作的继电保护称为低电压保护(2.5分)。

12. 答:瓦斯继电器主要用于油浸变压器的保护装置中,当油箱内发生故障时,伴随有电弧产生,使绝缘油分解产生气体。此时,变压器内部某些部件严重局部过热,也会使绝缘材料分解并产生挥发性气体。因气体比油轻,就会上升到变压器的最高部位油枕内。在严重故障时,大量气体会产生很大的压力,使油迅速向油枕流动。因此变压器油箱内气体的产生和油向油枕方向的流动都可以作为变压器内部故障的特征,利用这些特征构成的变压器保护称为瓦斯保护(10分)。

13. 答:自动迅速地将故障设备从电力系统中切除出去,或及时针对各种不正常的运行状态发出信号通知运行值班人员,由值班人员处理,把事故尽可能限制在最小范围内。当正常供电的电源因故突然中断时,通过继电保护和自动装置还可以迅速投入备用电源,使重要设备能继续获得供电(10分)。

14. 答:电容器组在正常情况下的投入或退出运行,应根据系统的无功负荷潮流和负荷功率因数以及电压等情况来决定(2分)。当变电所全部停电操作时,应先拉开电容器组开关,后拉开各路出线开关(4分);当变电所全部恢复送电时,应先合上各路出线开关,后合上电容器组开关(4分)。

15. 答:把具有容性功率负荷的装置与感性功率负荷并联接在同一电路,当容性负荷释放能量时,感性负荷吸收能量;当感性负荷释放能量时,容性负荷吸收能量,能量在两种负荷之间相互交换。这样,感性负荷所吸收的无功功率可由容性负荷输出的无功功率中得到补偿,这就是无功功率补偿的基本原理(10分)。

16. 答:在全部停电作业和邻近带电作业时,必须完成下列安全措施:(1)停电、检电、接地封线、悬挂标示牌及装设防护物(4分);(2)停电、检电、接地封线工作必须由二人进行(一人操作、一人监护),操作人员应戴绝缘手套,穿绝缘鞋,戴防护目镜,用绝缘杆操作(3分);(3)人体与带电体之间应保持规定的安全距离(3分)。

17. 答:电压互感器在正常运行中,二次负载阻抗很大,电压互感器是恒压源,内阻抗很小,容量很小,一次绕组导线很细,当互感器二次发生短路时,一次电流很大,若二次熔丝选择不当,保险丝不能熔断时,电压互感器极易被烧坏(10分)。

18. 答:防止误操作的重点:(1)误拉、误合断路器或隔离开关(2分);(2)带负荷拉合隔离开关(2分);(3)带电挂地线(或带电合接地刀闸)(1分);(4)带地线合闸(1分);(5)非同期并列(1分);(6)误投退继电保护和电网自动装置(1分)。除以上6点外,防止操作人员误入带电间隔、误登带电架构,避免人身触电,也是倒闸操作须注意的重点(2分)。

19. 答:母线的巡视检查项目有:(1)各接触部分是否接触良好,示温蜡片是否熔化(2分);(2)检查软母线是否有断股、散股现象(2分);(3)每次接地故障后,检查支持绝缘子是否有放电痕迹(2分);(4)大雪天应检查母线的积雪及融化情况(2分);(5)雷雨后应检查绝缘子是否有破损、裂纹及放电痕迹(1分);(6)大风前应清除杂物(1分)。

20. 答:变压器气体继电器的巡视项目有:(1)气体继电器连接管上的阀门应在打开位置(2分);(2)变压器的呼吸器应在正常工作状态(2分);(3)瓦斯保护连接片投入正确(2分);(4)检查油枕的油位在合适位置,继电器应充满油(2分);(5)气体继电器防水罩应牢固(2分)。

21. 答:电压互感器正常巡视的项目有:(1)瓷件有无裂纹损坏或异音、放电现象(2分);(2)油标、油位是否正常,是否漏油(2分);(3)接线端子是否松动(2分);(4)接头有无过热变色(2分);(5)吸潮剂是否变色(1分);(6)电压指示有无异常(1分)。

22. 答:避雷器的巡视检查项目有:(1)检查瓷质部分是否有破损、裂纹及放电现象

(2.5分);(2)检查放电记录器是否动作(2.5分);(3)检查引线接头是否牢固(2.5分);(4)检查避雷器内部是否有异常声响(2.5分)。

23. 答:(1)温度测试:变压器运行状态是不是正常,温度的高低是很重要的,《电力变压器运行规程》(DL/T 572—2010)规定上层油温不得超过 85 ℃(2.5分);(2)负荷测定:为了提高变压器的利用率,减少电能的损失,在变压器运行中必须测定变压器真正承担的供电能力,测定工作通常在每一季节用电量最高的时期进行,电流值应为变压器额定电流的 70%～80%(2.5分);(3)电压测定:《规程》要求电压变动范围应在额定电压±5%以内,如果超过这一范围,应采用分接头进行调整,使电压达到规定范围(2.5分);(4)绝缘电阻测定:为了使变压器始终处于正常运行状态,必须进行绝缘电阻的测定,以防绝缘老化和发生事故。测定时应设法使变压器停止运行,用绝缘电阻表测定变压器绝缘电阻值,要求所测电阻不低于以前所测值的70%(2.5分)。

24. 答:(1)正常运行时上层油温超过规定的极限温度(2分);(2)变压器内部放电或有"咕咕"声响(2分);(3)油标显示油位比正常高出许多(假油面)或油枕冒油,油色显著变化(2分);(4)外部绝缘放电或有异物接近带电部分(2分);(5)一、二次引线端过热(1分);(6)变压器严重漏油(1分)。

25. 答:当变压器油的体积随着油温的变化而膨胀或缩小时,油枕起储油和补油作用,能保证油箱内充满油(4分),同时由于装了油枕,使变压器与空气的接触面减小,减缓了油的劣化速度(3分)。油枕的侧面还装有油位计,可以监视油位的变化(3分)。

26. 答:(1)杆塔倾斜,横担歪扭及各部件锈蚀、变形情况(2分);(2)杆塔部件的固定情况,如缺螺帽,铆焊处裂纹,绑线断裂(2分);(3)混凝土杆出现的裂纹及其变化,混凝土脱落,脚钉缺少等(2分);(4)杆塔基础培土情况,如周围土壤突起或沉陷,护基沉塌或被冲刷等(2分);(5)杆塔周围杂草过高,杆塔上有危及安全的鸟巢及蔓藤类植物附生(1分);(6)防洪设施坍塌或损坏(1分)。

27. 答:线路发生断线事故时,导线断落地面产生接地短路电流并向四周扩散,在地面各处形成不同的电位分布(4分)。行人在有分布电位的地面上行走时,在两脚间,由于分布电位不同而有跨步电压。跨步电压距接地点越近,电压越大,在相距接地点 20 m 处,该处的分布电位已接近于零(3分),一般在 8 m 以外产生的跨步电压即无危险,所以当导线落地后要防止行人靠近落地点 8 m 以内(3分)。

28. 答:引起绝缘子串发生闪络放电的情况有:(1)雷击闪络放电(2分);(2)操作过电压闪络放电(2分);(3)长时间工频电压升高闪络放电(2分);(4)正常工作电压闪络放电(2分)。闪络放电电弧会烧伤瓷釉,有的严重则会呈黑色,雷击则可能将瓷瓶击穿或击碎(2分)。

29. 解:因为 $\rho=0.028\ 3\ \Omega\cdot mm^2/m, L=940\ mm=0.94\ m, S=134.12\ mm^2$(1分)

所以 $R=L\rho/S$(4分)

$\qquad =0.028\ 3\times0.94/134.12$

$\qquad =0.198\ 3(m\Omega)$(4分)

答:该铝导线在 940 mm 长时的电阻为 0.198 3 mΩ(1分)。

30. 解:因为 $R=20\ \Omega, U=48\ V$

$I=U/R$(5分)

$\quad =48/20=2.4(A)$(4分)

答:电流为 2.4 A(1分)。

31. 解:因为 $E=I(R+r)$(4分)

所以 $R=E/I-r$(3分)

　　　$=220/5-5=39(\Omega)$(2分)

答:负载 R 为 39 Ω(1分)。

32. 解:$U_2=I\times R_2=UR_2/(R_1+R_2)=(100\times4)/(6+4)=40(V)$(4分)

　　　$U_1=I\times R_1=UR_1/(R_1+R_2)=(100\times6)/(6+4)=60(V)$(4分)

答:电阻 R_1 上的电压为 60 V(1分),电阻 R_2 上的电压为 40 V(1分)。

33. 解:求得:$X=2\pi fL=314\times1.66=521(H)$(3分)

阻抗:$Z=\sqrt{R^2+X^2}=\sqrt{200^2+521^2}=558(\Omega)$(3分)

$\cos\varphi=R/Z=200/558=0.36$(3分)

答:这个电路的功率因数是 0.36(1分)。

34. 解:由于负载为三角形连接,线电压为 380 V(3分)

则:$U_线=U_相=380$ V(2分)

$I=U/Z=380/10=38(A)$(4分)

答:相电流为 38 A(1分)。

35. 答:(1)巡视线路时,不论线路是否停电,均应视为带电,并应沿线路上风侧行走(2.5分);(2)单人巡线时,不应做任何登杆工作;两人巡线时,如需登杆则应一人在下监护一人登杆,登杆人不得触及带电体并保证足够的安全距离(2.5分);(3)发现导线断落地面或悬挂在空中,应设法防止行人靠近周围 8 m 以内,并且派人看守,迅速报告领导,等候处理(2.5分);(4)应注意沿线地理情况,如河流水位变化,沟坎变化情况,冬季防止坠入雪坑及夏季防止蛇咬等(2.5分)。

送电、配电线路工(中级工)习题

一、填 空 题

1. 电力系统的功率分布,主要取决于( )的分布、电力网的参数以及电源间的关系。

2. 进行合理必要的无功补偿,提高配电线路的电压质量和( ),是降低线损的主要措施。

3. 继电保护装置必须在技术上满足可靠性、选择性、( )和灵敏性四个要求。

4. 定滑轮不省力,但可以改变力的( )。

5. 10 kV 绝缘棒的试验周期为每年一次,试验电压不小于( )。

6. 气焊中的可燃气体是( ),助燃气体是氧气。

7. 变压器的启动试运行,是指变压器开始带电,并带一定负荷即可能的( )运行 24 h 所经历的过程。

8. 变压器应进行 5 次全电压冲击合闸,并应无异常情况,( )不应引起保护装置误动作。

9. 内部过电压可分为操作过电压和( )。

10. 电力系统发生严重短路故障时常伴随着电压降低,( )升高。

11. 输电线路防雷性能的优劣主要由耐雷水平和( )来衡量。

12. 三极管的三个电极分别为发射极、基极、( )。

13. 跨步电压是指地面上沿电流方向的水平距离为 0.8 m 的两点之间的( )。

14. 氧气软管为黑色,乙炔软管为( ),严禁混用。

15. 电缆穿管时,每根电力电缆应单独穿入一根管内,但( )电力电缆不得单独穿入钢管内。

16. 1 kV 及以下电缆可不做( )试验,应采用 1 000 V 兆欧表测量绝缘电阻。

17. 配电线路巡视分为定期巡视、( )、夜间巡视、故障性巡视、监察性巡视 5 种。

18. 巡线工作新人员不得( )巡视,夜间巡线必须由二人进行。

19. 运行中拉线应无断股、松弛和( )等现象。

20. 10 kV 以下的变压器,如不经常( )运行,则每 10 年左右大修一次。

21. 变压器一次侧熔丝熔断,应立即进行停电检查,同时应( ),确认无故障后再进行送电。

22. 电杆组立后,回填土时应将土块打碎,每回填( )应夯实一次。

23. 电杆立好后,转角杆应( )偏,紧线后向外角的倾斜不应使杆梢位移大于一个杆梢。

24. 螺栓紧好后,螺杆丝扣露出的长度:单螺母不应少于 2 扣,( )可平扣。

25. 终端杆拉线应与线路方向对正,分角拉线应与( )线方向对正,防风拉线应与线路方向垂直。

26. UT 型线夹固定拉线时,应有不少于( )长度可供调紧。调整后,UT 型线夹的双螺母应并紧。

27. NUT 型线头,U 表示( ),T 表示可调,N 表示耐张线夹。

28. 埋设拉线盘的拉线坑应有( ),拉线棒与拉线盘的连接应使用双螺母。

29. 导线截面损坏不超过导电部分截面积的 17% 时可敷线修补,超过 17% 时应( )。

30. 导线连接前应清除表面污垢,清除长度应为连接部分的( )。

31. 不同金属、不同规格、不同( )的导线严禁在挡距内连接。

32. 直线角度杆的导线应固定在针式绝缘子转角外侧的脖子上,直线跨越杆的导线应固定在( )瓷瓶上。

33. 裸铝导线在绝缘子或线夹上固定时应缠铝包带,缠绕长度应( )。

34. 10 kV 配电线路在导线最大驰度的对地距离:居民区不应小于( ),非居民区不应小于 5.5 m。

35. 配电线路不应跨越屋顶为易燃材料做成的建筑物,亦不宜跨越( )的建筑物。

36. 配电线路边线与建筑物之间的距离,( ),1~10 kV 不应小于 1.5 m,1 kV 以下不应小于 1 m。

37. 接户线与墙壁、构架的距离不应小于 50 mm,与窗户或阳台的水平距离不应小于( )。

38. 电杆基础采用卡盘时,卡盘上口距地面不应小于 0.5 m,受力杆卡盘埋设在( )。

39. 回填土的电杆应有( ),其埋设高度应超出地面 300 mm。

40. 夜间巡线应沿线路外侧进行,大风巡线应沿线路( )前进。

41. 触电急救时,首先要使触电者迅速( )。

42. 一根导线的电阻为 8 Ω,对折合并后的新电阻为( )。

43. 两电阻串联时总阻值为 10 Ω,并联时总阻值为 2.5 Ω,则两电阻阻值分别为( )。

44. 电力系统的电压波形为( )。

45. 在感性负荷交流电路中,常用( )的方法来提高电路功率因数。

46. 纯电感交流线路中,( )。

47. 在 R、L、C 串联电路中,当 $X_L = X_C$ 时,( )。

48. 普通钢筋混凝土电杆,当电杆直径为 300 mm 时,其最小配筋量应为( )。

49. 导线或地线的最大使用张力不应大于绞线瞬时破坏张力的( )。

50. 1 kV 及以下配电装置及配电线路的绝缘电阻值不应小于( )MΩ。

51. 架空线路交接验收时,应在额定电压下对( )线路进行 3 次冲击合闸试验。

52. 环形钢筋混凝土电杆,在立杆前应进行外观检查,要求杆身弯曲不应超过杆长的( )。

53. 基坑施工前的定位应符合以下规定:10 kV 及以下架空电力线路顺线路方向的位移不应超过设计挡距的( )。

54. 基坑施工前的定位应符合以下规定:10 kV 及以下架空电力线路直线杆横线路方向的位移不应超过( )。

55. 电杆基础采用卡盘时,卡盘的安装位置、方向、深度应符合设计要求,深度允许偏差为( )。

56. 架空绝缘导线和架空裸铝导线(　　)相同。

57. 10 kV及以下架空电力线路基坑每回填土达(　　)时,应夯实一次。

58. 电杆焊接时,钢圈应对齐找正,中间留2～5 mm的焊口缝隙,当钢圈偏心时,其错口不应大于(　　)。

59. 电杆焊接后整杆弯曲度不应超过电杆全长的(　　)。

60. 拉线盘的埋深和方向应符合设计要求,拉线棒与拉线盘应垂直,拉线棒外露地面部分的长度为(　　)。

61. 拉线安装后对地平面夹角与设计值允许误差:当为10 kV及以下架空电力线路时不应大于(　　)。

62. 电杆组立时,双杆立好后应正直,其迈步不应大于(　　)。

63. 电杆组装以螺栓连接的构件如必须加装垫片时,每端垫片不应超过(　　)。

64. 瓷横担绝缘子安装,当直立安装时,顶端顺线路歪斜不应大于(　　)。

65. 钢绞线作拉线时,当采取绑扎固定安装时,应采用直径不大于(　　)的镀锌铁线绑扎固定。

66. 当单金属导线损伤截面积小于(　　)时可采用0号砂纸磨光而不作修补。

67. 当单金属导线在同一处损伤的面积占总面积的4%以上,但因损伤导致强度损失不超过总拉断力的(　　)时,可以缠绕或修补预绞丝进行补修处理。

68. 导线与接续管进行钳压时,压接后的接续管弯曲度不应大于管长的(　　),有明显弯曲时应校直。

69. 10 kV及以下架空电力线路的导线紧好后,弧垂的误差不应超过设计弧垂的(　　)。

70. 10 kV及以下架空电力线路紧线时,同挡内各相导线弧垂宜一致,水平排列时的导线弧垂相差不应大于(　　)。

71. 线路的导线与拉线、电杆或构架之间安装后的净空距离:1～10 kV时不应小于(　　)。

72. 1～10 kV线路每相引流线、引下线与邻相的引流线、引下线或导线之间,安装后的净空距离不应小于(　　)。

73. 10～35 kV架空电力线路的引流线当采用并沟线夹连接时,线夹数量不应小于(　　)。

74. 杆上变压器及变压器台架安装时,其水平倾斜不大于台架根开的(　　)。

75. 杆上隔离开关安装要求刀刃合闸后接触紧密,分闸后应有不小于(　　)的空气间隙。

76. 10 kV及以下电力接户线安装时,挡距内(　　)。

77. 10 kV及以下电力接户线固定端当采用绑扎固定时,其绑扎长度应满足:当导线为25～50 mm² 时,应绑扎长度(　　)。

78. 接地体当采用搭接焊连接时,要求扁铁的搭接长度应为其宽度的(　　)。

79. 变压器停运满(　　),在恢复送电前应测量其绝缘电阻,合格后方可投入运行。

80. 运行变压器所加一次电压不应超过相应分接头电压值的(　　),最大负荷不应超过变压器的额定容量。

81. 钢圈连接的钢筋混凝土电杆宜采用电弧焊接,钢圈应对齐找正,中间留(　　)的焊口缝隙。

82. 使用钢丝绳的滑车,滑轮槽底的直径D应大于钢丝绳直径d的(　　)。

83. 棕绳作为辅助绳索使用,其允许拉力不得大于(　　　)。

84. 触电急救中,当采用胸外按压法进行急救时,要以均匀的速度进行,每分钟(　　　)左右。

85. 触电急救中,在现场抢救时不要为了方便而随意移动触电者,如确需移动触电者,其抢救时间不得中断(　　　)。

86. 千斤顶的顶升行程不得超过产品规定值和螺杆、齿条高度的(　　　)。

87. 10 kV 直线混凝土电杆立好后应正直,其倾斜不允许超过杆梢直径的(　　　)。

88. LGJ-95 导线使用压接管接续时,钳压口数为(　　　)。

89. 带电作业绝缘工具应定期进行电气试验和机械强度试验,金属工具机械试验(　　　)一次。

90. 10 kV 配电线路的通道宽度应为线路宽度外加(　　　)。

91. 用户连续(　　　)不用电,也不申请办理暂停用电手续者,供电企业需以销户终止其用电。

92. 悬式绝缘子应(　　　)带电检测"零值"。

93. 6~10 kV 的验电器做交流耐压试验时,施加的试验电压为(　　　),试验时间为 5 min。

94. 人力运输的道路应事先清除障碍物,山区抬运笨重物件或钢筋混凝土电杆的道路,其宽度不宜小于 1.2 m,坡度不宜大于(　　　)。

95. 当电杆安装处无法打拉线固定,在使用撑杆时,其与主杆之间夹角应满足设计要求,允许偏差为(　　　)。

96. 单台电容器至母线或熔断器的连接线应采用软导线,其长期允许电流不应小于单台电容器额定电流的(　　　)。

97. 电缆施工中,当沟槽开挖深度达到(　　　)及以上时,应采取措施防止土层塌方。

98. 同杆架设的 10 kV 线路直线杆各导线横担间的最小垂直距离为(　　　)。

99. 铝绞线、钢芯铝绞线在正常运行时,最高温度不应超过(　　　)。

100. 现场浇制的钢筋混凝土基础,混凝土强度不应低于(　　　)。

101. 配电变压器中性点接地属(　　　)。

102. 10 kV 跌落式熔断器的水平相间距离不应小于(　　　)。

103. 采用拉线柱拉线的安装,拉线柱应向张力反向侧倾斜(　　　)。

104. 柱上变压器、配电站等的接地电阻测量(　　　)至少一次。

105. 变压器上层油温不宜超过(　　　)。

106. 杆塔施工时双杆立好后其根开误差不应超过(　　　)。

107. 配电线路与防火重点部位的防火间距不应小于(　　　)。

108. 张力放线每相导线放完,应在牵引机前将导线临时锚固,为了防止导线因风振而引起疲劳断股,锚线的水平张力不应超过导线保证计算拉断力的(　　　)。

109. 《10 kV 及以下架空配电线路设计技术规程》(DL/T 5220—2005)规定,虽然时常有人、有车辆或农业机械到达,但未建房屋或有房屋稀少的地区应按(　　　)设计。

110. 电杆基础坑的深度应符合设计规定,允许偏差为(　　　)。

111. 基坑施工前的定位应符合:转角杆、分支杆的横线路、顺线路方向的位移均不应超过(　　　)。

112. 用外拉线抱杆组立铁塔时,抱杆根部与塔身应绑扎牢固,抱杆倾斜角不宜超过( )。

113. 变压器台架安装时,高压引下线与低压导线间的净空距离不应小于( )。

114. 吸收比是绝缘电阻表在额定转速下 60 s 的绝缘电阻读数和( )的绝缘电阻读数之比。

115. 两台并列运行的配电变压器容量比不得超过( )。

116. 变压器吊芯时,芯部暴露在空气中的时间:当空气相对湿度小于 65% 时,不应超过( )。

117. SF₆ 断路器运行 10 年或开断额定短路电流( )次即应进行一次大修。

118. 1～10 kV 配电线路采用电压降校核时,自供电的变电站二次侧出口至线路末端变压器或末端受变电站一次侧入口的允许电压降为供电变电站二次侧额定电压的( )。

119. 二次回路接线工作完成后,要进行交流耐压试验,试验电压为( ),持续 1 min。

120. 现场抢救必须做到迅速、就地、准确、( )四个原则。

121. 500 V 以下绝缘导线屋外水平敷设时,至地面的最小距离为( )。

122. 柱上变压器一次侧熔断器装设的对地垂直距离不应小于( )。

123. 配电线路悬式绝缘子运行工况的安全系数不应小于( )。

124. 对中性点不接地系统的 10 kV 架空配电线路单相接地时( )。

125. 在有风时,拉开跌落式熔断器的操作,应按( )的顺序进行。

126. 线路零序保护动作后,故障形式为( )。

127. 城市中压配电网应有较大的适应性,主干线截面应按( )一次选定。

128. 缺陷管理的目的之一是对缺陷进行全面分析以便对设备进行( )。

129. 无避雷线的 1～10 kV 配电线路,在居民区的钢筋混凝土电杆宜接地,金属管杆应接地,接地电阻均不宜超过( )。

130. 1 kV 及以下配电线路在引入大型建筑物处,如距接地点超过( ),应将零线重复接地。

131. 沿建筑物架设的 1 kV 及以下配电线路应采用绝缘线,导线支持点之间的距离不宜大于( )。

132. 总容量 100 kVA 及以上的变压器,其接地装置的接地电阻不应大于 4 Ω,每个重复接地装置的接地电阻不应大于( )。

133. 1～10 kV 接户线选用铜芯绝缘导线时,其截面应不小于( )。

134. 配电线路按其结构不同,可分为( )与电缆配电线路。

135. 1 kV 及以下配电线路靠近电杆两侧导线间水平距离不应小于( )。

136. 高压架空配电线路中的绝缘子,我国主要使用悬式绝缘子、瓷横担和瓷质棒式绝缘子,现在开始使用( )。

137. 中压架空配电线路上,常安装有自动分段器、分段短路器或( )等,以便及时隔离故障区段或切换供电电源,提高中压配电网的供电可靠性。

138. 低压架空配电线路即电压为 1 kV 以下的架空配电线路,也称( ),是直接供电给低压用电设备(如居民照明、生活用电、低压电动机和电热器等)的低压三相或单相线路。

139. 低压架空配电线路由于要向大量低压用户供电,支接点很多,杆塔挡距较小,一般在城市或农村居民地区不超过( ),有的还沿房屋屋檐或墙架设。

140. 在三相四线制低压架空配电线路上,对中性线还沿线在支接点、终端增设了(　　),以保证中性线的零电位和安全供电。

141. 电杆按其在线路中的用途可分为直线杆、转角杆、耐张杆、(　　)、分支杆、跨越杆。

142. 电杆在运行中要承受导线、金具、风力所产生的拉力、压力、弯矩、剪力的作用,这些作用力称为(　　)。

143. 确定电杆的(　　),与导线的排列形式、线间距离、结构种类、杆身高度等因素有关。

144. 通常,电杆埋深取杆长的(　　),如 10 kV 线路上一根 10 m 杆应埋深 1.7 m。

145. 在配电线路中,最上层横担的中心距杆顶部距离与导线排列方式有关,水平排列时采用 0.3 m,等腰三角形排列时为 0.6 m,等边三角形排列时为(　　)。

146. 同杆架设多回路时,各层横担间的垂直距离与线路电压有关,如 10 kV 与 380/220 V 之间直线杆横担间的最小垂直距离为(　　)。

147. 为保证线路安全运行,防止人身事故发生,导线最低点与地面或跨越物间应有一定距离,如低压架空配电线路在居民区导线与地面或水面的最小距离为(　　)。

148. 架空线路的导线悬挂在杆塔上,因其要承受着各种外力的作用,同时在导线上流有电流,所以导线要有足够的(　　),较高的导电率,抗腐蚀能力强,而且要质量轻,少用有色金属及具有成本低等优点。

149. 架空线路的输送功率大、导线截面大,对导线的机械强度要求高,而当多股单金属铝绞线的机械强度仍不能满足要求时,则把铝和钢两种材料结合起来制成(　　)。

150. 导线在单回路杆塔上的排列方式有水平排列、(　　)和垂直排列等。选择导线的排列方式时,主要看其对线路运行的可靠性,对施工安装、维护检修是否方便,能否减化杆塔结构。

151. 导线两悬挂点的连线与导线最低点间的(　　)称为弧垂。

152. 架空线路的导线具有直流电阻、分布电容和分布电感,因此线路越长,阻抗越大。交流电流从导线上流过时就产生电压损失,线路上传送的功率越大,电流就(　　),电压损失也就越大。

153. 在一定的外部条件(环境温度+25 ℃)下,使导线不超过允许的安全运行温度(一般规定为+70 ℃)时,导线允许的载流量叫作导线的(　　)。

154. 对于 10 kV 的配电线路而言,选择导线截面时,通常是根据电压损失的要求来计算导线截面,然后用导线的允许载流量和机械强度校核所求截面;而对 35 kV 以上的线路,通常是根据(　　)的要求来计算导线截面,然后用电压损失和允许载流量来校核之,而机械强度的要求一般不起控制作用。

155. 导线在运行中,因有电流流过,将使导线的温度升高。温度过高,将会降低导线的机械强度,加大导线接头处的接触电阻,增大导线的弧垂。为保证导线在运行中不致过热,要求导线的最大负荷电流必须(　　)导线的允许载流量。

156. 为保证导线的安全运行,要求导线应具有一定的机械强度。《农村低压电力技术规程》(DL/T 499—2001)规定,对架空线路所用的铝绞线、架空绝缘电线的最小截面不得小于(　　)。

157. 绝缘子是用来支持或悬挂导线并使之与杆塔绝缘的,其应具有足够的绝缘强度和(　　),同时对化学杂质的侵蚀具有足够的抗御能力,并能适应周围大气条件的变化。

158. 弧垂的大小与杆距、导线截面及材料和周围温度等因素有关。一般低压线路的弧垂为( ),杆距为 45 m。在决定电杆高度时,应按最大弧垂考虑。

159. 悬垂线夹用于将导线固定在绝缘子串上,亦可用于( )固定跳线。常用的是 U 形螺栓型悬垂线夹。

160. 接续金具主要用于架空线路的导线及( )的接续、非直线杆塔跳线的接续及导线补修等。

161. 拉线金具包括从杆塔顶端引至地面拉线盘之间的所有零件。根据使用条件,拉线金具可分为紧线、( )和连接等零件。

162. 架空线路导线的型号是用导线的材料、结构和载流截面积三部分表示的。导线的材料和结构用汉语拼音字母表示,如:T—铜线;L—铝线;G—钢线;J—多股绞线;TJ—铜绞线;LJ—铝绞线;GJ—钢绞线;HLJ—( );LGJ—钢芯铝绞线。

163. 架空线路常用电气设备有跌落式熔断器、隔离开关、高压柱上开关、( )及柱上电力容器等。

164. 配电线路按其供电对象不同可分为( )和农村配电线路。

165. 我国中压架空配电线路现行的标准额定电压等级为( )。

166. 我国低压配电线路供电电压为单相 220 V、三相( )。

167. 转角杆设立于线路方向( )的地方,用于线路的转角处。

168. 终端杆在正常工作条件下能够承受线路方向( )的荷重及线路侧面的风荷重。

169. 线路杆塔所受的荷载有( )、水平荷载以及顺线路方向荷载。

170. 架空配电线路的设计必须全面地贯彻国家的技术经济政策,并积极慎重地采用新设备、新材料,做到技术先进、( )、安全适用。

171. 同一地区低压配电线路的导线在电杆上的排列应统一。零线应( )或靠建筑物,同一回路的零线不应高于相线。

172. 转角杆的横担应根据受力情况确定。一般情况下,15°以下转角杆宜采用单横担;15°~45°转角杆宜采用( );45°以上转角杆宜采用十字横担。

173. 拉线应根据电杆的受力情况装设,拉线与电杆的夹角宜采用 45°,如受地形限制可适当减少,但不应小于( )。

174. 配电变压器台架应设在( )或重要负荷附近便于更换和检修设备的地方。其容量应考虑负荷的发展、运行的经济性等。

175. 总容量为 100 kVA 及以下的变压器,其接地装置的接地电阻不应大于( ),每个重复接地装置的接地电阻不应大于 30 Ω 且重复接地不应少于 3 处。

二、单项选择题

1. 一段导线的电阻为 8 Ω,若将该段导线从中间对折合并成一条新导线,新导线的电阻为( )。
    (A)32 Ω   (B)16 Ω   (C)4 Ω   (D)2 Ω

2. 两只电阻串联时总电阻为 10 Ω,并联时总电阻为 2.5 Ω,则这两只电阻分别为( )。
    (A)2 Ω 和 8 Ω   (B)4 Ω 和 6 Ω   (C)3 Ω 和 7 Ω   (D)5 Ω 和 5 Ω

3. 电力系统的电压波形应是( )波形。
    (A)正弦   (B)余弦   (C)正切   (D)余切

4. 在感性负载交流电路中,采用( )的方法可提高电路功率因数。

(A)负载串联电阻 (B)负载并联电阻

(C)负载串联电容器 (D)负载并联电容器

5. 在纯电感交流电路中,电流与电压的相位关系是( )。

(A)电流与电压同相 (B)电流与电压反相

(C)电流超前电压 90° (D)电流滞后电压 90°

6. 在 R、L、C 串联电路中,当 $X_L = X_C$ 时,比较电阻上电压 U_R 和电路总电压 U 的大小为( )。

(A)$U_R < U$ (B)$U_R = U$ (C)$U_R > U$ (D)$U_R = 0, U \neq 0$

7. 普通钢筋混凝土电杆,当电杆直径为 $\phi 300$ mm 时,其最小配筋量应为( )mm。

(A)$8 \times \phi 10$ (B)$10 \times \phi 10$ (C)$12 \times \phi 12$ (D)$16 \times \phi 12$

8. 铝绞线和钢芯铝绞线的保证拉断力不应低于计算拉断力的( )。

(A)100% (B)95% (C)90% (D)85%

9. 1 kV 及以下配电装置及馈电线路的绝缘电阻值不应小于( )MΩ。

(A)0.2 (B)0.5 (C)1.0 (D)1.5

10. 架空线路交接验收中,在额定电压下对空载线路应进行( )次冲击合闸试验。

(A)1 (B)2 (C)3 (D)4

11. 环形钢筋混凝土电杆,在立杆前应进行外观检查,要求杆身弯曲不应超过杆长的( )。

(A)1/10 (B)1/100 (C)1/1 000 (D)1/10 000

12. 基坑施工前的定位应符合以下规定:10 kV 及以下架空电力线路顺线路方向的位移不应超过设计挡距的( )。

(A)4% (B)3% (C)2% (D)1%

13. 基坑施工前的定位应符合以下规定:10 kV 及以下架空电力线路直线杆横线路方向的位移不应超过( )mm。

(A)20 (B)30 (C)40 (D)50

14. 电杆基础采用卡盘时,卡盘的安装位置、方向、深度应符合设计要求,深度允许偏差为( )mm。

(A)±60 (B)±50 (C)±40 (D)±30

15. 电杆基础坑深度应符合设计规定,电杆基础坑深度的允许偏差应为 +100 mm、( )mm。

(A)−100 (B)−80 (C)−60 (D)−50

16. 10 kV 及以下架空电力线路基坑每回填土达( )时,应夯实一次。

(A)200 mm (B)300 mm (C)400 mm (D)500 mm

17. 电杆焊接时,钢圈应对齐找正,中间留 2~5 mm 的焊口缝隙,当钢圈偏心时,其错口不应大于( )mm。

(A)1 (B)2 (C)3 (D)4

18. 电杆焊接后整杆弯曲度不应超过电杆全长的( ),超过时应割断重新焊接。

(A)4/1 000 (B)3/1 000 (C)2/1 000 (D)1/1 000

19. 拉线盘的埋深和方向应符合设计要求。拉线棒与拉线盘应垂直,其外露地面部分的长度为( )。

(A)200～300 mm (B)300～400 mm

(C)400～500 mm (D)500～700 mm

20. 拉线安装后对地平面夹角与设计值允许误差:当为 10 kV 及以下架空电力线路时不应大于( )。

(A)3° (B)5° (C)7° (D)9°

21. 电杆组立时,双杆立好后应正直,其迈步不应大于( )mm。

(A)50 (B)40 (C)30 (D)20

22. 电杆组装以螺栓连接的构件如必须加装垫片时,每端垫片不应超过( )个。

(A)1 (B)2 (C)3 (D)4

23. 瓷横担绝缘子安装,当直立安装时,顶端顺线路歪斜不应大于( )mm。

(A)10 (B)20 (C)25 (D)30

24. 钢绞线作拉线时,当采用绑扎固定安装时,应采用直径不大于( )mm 的镀锌铁线绑扎固定。

(A)2.2 (B)2.8 (C)3.2 (D)3.6

25. 当单金属导线损伤截面积小于( )时可用 0 号砂纸磨光而不作补修。

(A)1% (B)2% (C)3% (D)4%

26. 单金属导线在同一处损伤的面积占总面积的 7% 以上,但不超过( )时,以补修管进行补修处理。

(A)17% (B)15% (C)13% (D)11%

27. 导线与接续管进行钳压时,压接后的接续管弯曲度不应大于管长的( ),有明显弯曲时应校直。

(A)8% (B)6% (C)4% (D)2%

28. 10 kV 及以下架空电力线路的导线紧好后,弧垂的误差不应超过设计弧垂的( )。

(A)±7% (B)±5% (C)±3% (D)±1%

29. 10 kV 及以下架空电力线路紧线时,同挡内各相导线弧垂宜一致,水平排列时的导线弧垂相差不应大于( )mm。

(A)50 (B)40 (C)30 (D)20

30. 线路的导线与拉线、电杆或构架之间安装后的净空距离:1～10 kV 时不应小于( )mm。

(A)400 (B)300 (C)200 (D)100

31. 1～10 kV 线路每相引流线、引下线与邻相的引流线、引下线或导线之间,安装后的净空距离不应小于( )mm。

(A)500 (B)400 (C)300 (D)200

32. 10～35 kV 架空电力线路的引流线当采用并沟线夹连接时,线夹数量不应小于( )。

(A)1 个 (B)2 个 (C)3 个 (D)4 个

33. 杆上变压器及变压器台架安装时,其水平倾斜不大于台架根开的( )。

(A)1‰　　　　　　(B)2‰　　　　　　(C)3‰　　　　　　(D)4‰

34. 杆上隔离开关安装要求刀刃合闸后接触紧密,分闸后应有不小于(　　)mm 的空气间隙。

(A)140　　　　　　(B)160　　　　　　(C)180　　　　　　(D)200

35. 10 kV 及以下电力接户线安装时,挡距内(　　)。

(A)允许有 1 个接头　　　　　　　　　(B)允许有 2 个接头

(C)不超过 3 个接头　　　　　　　　　(D)不应有接头

36. 10 kV 及以下电力接户线固定端当采用绑扎固定时,其绑扎长度应满足:当导线为 25~50 mm² 时,应绑扎长度(　　)。

(A)≥50 mm　　　　(B)≥80 mm　　　　(C)≥120 mm　　　(D)≥200 mm

37. 接地体当采用搭接焊连接时,要求扁钢的搭接长度应为其宽度的(　　)倍,四面施焊。

(A)1　　　　　　　(B)2　　　　　　　(C)3　　　　　　　(D)4

38. 钳工操作锯割时,一般情况往复速度以每分钟(　　)为宜,锯软材料时可快些,锯硬材料时可慢些。

(A)10~30 次　　　(B)20~40 次　　　(C)30~50 次　　　(D)不小于 40~60 次

39. 质量管理中,废品率下降说明了(　　)的提高。

(A)工作条件　　　(B)设备条件　　　(C)工作质量　　　(D)工作报酬

40. 錾子刃磨时,其楔角的大小应根据工件材料硬度来选择,一般錾削硬钢材时,楔角选(　　)。

(A)50°~55°　　　(B)55°~60°　　　(C)60°~65°　　　(D)60°~70°

41. 使用钢丝绳的滑车,滑轮槽底的直径 D 应大于钢丝绳直径 d 的(　　)倍。

(A)6~7　　　　　(B)7~8　　　　　(C)8~9　　　　　(D)10~11

42. 使用麻绳的滑车,滑轮槽底的直径 D 应大于麻绳直径 d 的(　　)倍(人力驱动)。

(A)10　　　　　　(B)9　　　　　　(C)8　　　　　　(D)7

43. 触电急救中,当采用胸外挤压法进行急救时,要以均匀的速度进行,每分钟(　　)次左右,每次按压和放松的时间要相等。

(A)50　　　　　　(B)60　　　　　　(C)70　　　　　　(D)80

44. 触电急救中,在现场抢救时不要为了方便而随意移动触电者,如确需移动触电者,其抢救时间不得中断(　　)。

(A)30 s　　　　　(B)40 s　　　　　(C)50 s　　　　　(D)60 s

45. YQ-8 液压式千斤顶的起重量为 8 t,最低高度为 240 mm,起升高度为(　　),操作力为 365 N。

(A)160 mm　　　　(B)180 mm　　　　(C)200 mm　　　　(D)220 mm

46. 10 kV 直线混凝土电杆立好后应正直,其倾斜不允许超过杆梢直径的(　　)。

(A)1/2　　　　　　(B)1/3　　　　　　(C)2/3　　　　　　(D)1/4

47. LGJ-95 导线使用压接管接续时,钳压口数为(　　)个。

(A)10　　　　　　(B)14　　　　　　(C)20　　　　　　(D)24

48. 带电作业绝缘工具的电气试验周期是(　　)。

(A)2 年　　　　(B)18 个月　　　　(C)6 个月　　　　(D)3 个月

49. 10 kV 配电线路的通道宽度应为线路宽度外加(　　)。

(A)5 m　　　　(B)8 m　　　　(C)9 m　　　　(D)10 m

50. 在《全国供用电规则》中明确规定,功率因数低于(　　)时,供电局可不予以供电。

(A)0.9　　　　(B)0.85　　　　(C)0.7　　　　(D)0.75

51. 钳形电流表使用完后,应将量程开关挡位放在(　　)。

(A)最高挡　　　　(B)最低挡　　　　(C)中间挡　　　　(D)任意挡

52. (　　)绝缘子应定期带电检测"零值"或绝缘电阻。

(A)棒式　　　　(B)悬式　　　　(C)针式　　　　(D)蝶式

53. 6～10 kV 的验电器试验周期为每(　　)个月 1 次。

(A)3　　　　(B)6　　　　(C)12　　　　(D)18

54. 6～10 kV 的验电器做交流耐压试验时,施加的试验电压为(　　)kV,试验时间为 5 min。

(A)11　　　　(B)22　　　　(C)33　　　　(D)45

55. 起重搬运工作,当设备需从低处运至高处时,可搭设斜坡下走道,但坡度应小于(　　)。

(A)30°　　　　(B)25°　　　　(C)20°　　　　(D)15°

56. 当电杆安装处无法打拉线固定,在使用撑杆时,其梢径不得小于(　　)。

(A)100 mm　　　　(B)120 mm　　　　(C)140 mm　　　　(D)160 mm

57. 与电容器连接的导线的长期允许电流应不小于电容器额定电流的(　　)倍。

(A)1.1　　　　(B)1.3　　　　(C)1.5　　　　(D)1.7

58. 杆坑坑深在 1.8 m 时应采用(　　)开挖。

(A)一阶坑　　　　(B)二阶坑　　　　(C)三阶坑　　　　(D)直接

59. 直线杆 10 kV 间各导线横担间的最小垂直距离为(　　)。

(A)0.6 m　　　　(B)0.8 m　　　　(C)1.0 m　　　　(D)1.2 m

60. 铝绞线、钢芯铝绞线在正常运行时,表面最高温升不应超过(　　)。

(A)30 ℃　　　　(B)40 ℃　　　　(C)50 ℃　　　　(D)60 ℃

61. 水泥标号一般为混凝土标号的(　　)倍。

(A)1.2　　　　(B)2.0～2.5　　　　(C)3.0　　　　(D)4.0

62. 3～10 kV 的配电变压器应尽量采用(　　)来进行防雷保护。

(A)避雷线　　　　(B)避雷针　　　　(C)避雷器　　　　(D)火花间隙

63. 配电变压器中性点接地属(　　)。

(A)保护接地　　　　(B)防雷接地　　　　(C)工作接地　　　　(D)过电压保护接地

64. 拉线的楔形线夹端应固定在电杆横担下部(　　)处。

(A)100～200 mm　　　　(B)200～300 mm

(C)300～400 mm　　　　(D)400～500 mm

65. 金属导体的电阻值随着温度的升高而(　　)。

(A)增大　　　　(B)减少　　　　(C)恒定　　　　(D)变弱

66. 带电作业人体感知交流电流的最小值是(　　)。

(A)0.5 mA　　　　(B)1 mA　　　　(C)1.5 mA　　　　(D)2 mA

67. 变压器上层油温不宜超过（　　）。

(A)75 ℃　　　　(B)85 ℃　　　　(C)95 ℃　　　　(D)105 ℃

68. 高压接户线的铜线截面应不小于（　　）。

(A)10 mm²　　　(B)16 mm²　　　(C)25 mm²　　　(D)35 mm²

69. 配电线路上装设单极隔离开关时，动触头一般（　　）打开。

(A)向上　　　　(B)向下　　　　(C)向右　　　　(D)向左

70. 110 kV π 型杆立好后应正直，迈步及高差不得超过（　　）。

(A)30 mm　　　(B)35 mm　　　(C)40 mm　　　(D)50 mm

71. 线路施工导线展放的长度应比挡距长度增加的比例：平地时为 2%，山地时为（　　）。

(A)2%　　　　(B)3%　　　　(C)4%　　　　(D)5%

72. 当采用人力放线时，拉线人员要适当分开，人与人之间的距离以使导线不拖地为宜，估计平地时，每人负重（　　）kg。

(A)15　　　　(B)20　　　　(C)25　　　　(D)30

73. 当采用倒落式人字抱杆进行立杆时，抱杆根开宜取抱杆高度的（　　），同时两抱杆根部需用绳索互相连接，以防抱杆根部向外侧滑动。

(A)1/3～1/2　　(B)1/4～1/2　　(C)1/4～1/3　　(D)1/5～1/3

74. 杆坑与拉线坑的深度不得大于或小于规定尺寸的（　　）。

(A)3%　　　　(B)5%　　　　(C)7%　　　　(D)10%

75. 底盘在放置时，底盘中心在垂直线路方向最大不得偏差（　　）。

(A)0.1 m　　　(B)0.2 m　　　(C)0.3 m　　　(D)0.4 m

76. 当采用倒落式人字抱杆立杆时，起吊前其倾斜度可采用（　　）进行布置。

(A)45°～60°　　(B)50°～65°　　(C)55°～70°　　(D)60°～75°

77. 立杆时，制动绳的方位应在杆塔立杆轴线的延长线上。需经常调整的制动绳，长度应大于杆高的（　　）。

(A)1.1 倍　　　(B)1.2 倍　　　(C)1.3 倍　　　(D)1.4 倍

78. 纯电感电路的感抗为（　　）。

(A)L　　　　(B)$1/\omega L$　　　(C)ωL　　　(D)$1/2\pi fL$

79. 吸收比是兆欧表在额定转速下 60 s 的绝缘电阻读数和（　　）的绝缘电阻读数之比。

(A)60 s　　　　(B)45 s　　　　(C)30 s　　　　(D)15 s

80. 测量变压器直流电阻，对于中小型变压器高压绕组可用（　　）测量。

(A)万用表　　　(B)兆欧表　　　(C)单臂电桥　　　(D)双臂电桥

81. 变压器吊芯时，芯部暴露在空气中的时间：当空气相对湿度小于 65% 时，不应超过（　　）h。

(A)10　　　　(B)12　　　　(C)14　　　　(D)16

82. SN10-10 型少油断路器检修时，三相分闸不同期性要求不大于（　　）。

(A)5 mm　　　(B)4 mm　　　(C)3 mm　　　(D)2 mm

83. 对于开关柜等较重的配电屏，一般可采用焊接方式固定。焊缝不宜过长，开关柜一般为（　　）。

(A)10~20 mm　　(B)20~30 mm　　(C)20~40 mm　　(D)30~40 mm

84. 二次回路接线工作完成后,要进行交流耐压试验,试验电压为(　　),持续 1 min。

(A)220 V　　　　(B)500 V　　　　(C)1 000 V　　　(D)2 500 V

85. 10 kV 电缆终端头制作前,要对电缆用 2 500 V 兆欧表测量其绝缘电阻,要求绝缘电阻不小于(　　)。

(A)50 MΩ　　　　(B)100 MΩ　　　(C)150 MΩ　　　(D)200 MΩ

86. 在正弦交流电阻电路中,正确反映电流、电压的关系式为(　　)。

(A)$I=U/R$　　　(B)$I=U_m/R$　　(C)$I=U_m/R$　　(D)$I=U/R$

87. 柱上断路器的安装,其安装高度应达到(　　)以上。

(A)2 m　　　　　(B)3 m　　　　　(C)4 m　　　　　(D)5 m

88. 针式绝缘子使用安全系数应不小于(　　)。

(A)1.5　　　　　(B)2.5　　　　　(C)3.5　　　　　(D)4.5

89. 10 kV 配电线路断线事故对人身危害最大的是(　　)。

(A)三相断线　　　　　　　　　　(B)二相断线

(C)单相断线　　　　　　　　　　(D)二相断线、一相接地

90. 在有些情况下为了缩短晶闸管的导通时间,加大触发电流(两倍以上),这个电流称为(　　)。

(A)强触发电流　　(B)触发电流　　(C)擎位电流　　　(D)导通电流

91. 线路零序保护动作后,故障形式为(　　)。

(A)短路　　　　　(B)接地　　　　　(C)过负载　　　　(D)过电压

92. 电力工业安全生产的方针是(　　)。

(A)预防为主　　　(B)质量第一　　　(C)效益第一　　　(D)安全第一

93. 錾削工作中,当工件錾削即将完成时应(　　)。

(A)继续向前錾　　　　　　　　　(B)将工件掉头后再錾

(C)向前向左錾　　　　　　　　　(D)向前向右錾

94. 触电急救时,首先要使触电者迅速(　　)。

(A)送往医院　　　　　　　　　　(B)用心肺复苏法急救

(C)脱离电源　　　　　　　　　　(D)注射强心剂

95. 运行人员的缺陷记录是指导(　　)工作的依据。

(A)运行　　　　　(B)调度　　　　　(C)质量管理　　　(D)检修

96. 任何具体的防火措施都要求防止可燃物质、火源、(　　)三个条件的同时存在。

(A)温度　　　　　(B)气候　　　　　(C)人为　　　　　(D)氧气

97. 干粉灭火器以(　　)为动力,将灭火器内的干粉灭火药剂喷出进行灭火。

(A)液态二氧化碳　　　　　　　　(B)氮气

(C)干粉灭火剂　　　　　　　　　(D)液态二氧化碳或氮气

98. 质量检验工作的职能有(　　)、预防和报告。

(A)保证　　　　　(B)指导　　　　　(C)改进　　　　　(D)修复

99. 广义质量除包括产品质量外,还包括(　　)。

(A)设计质量　　　(B)宣传质量　　　(C)工作质量　　　(D)售后服务质量

100. 架空线路材料损耗率：导线、平地为 1.4%，山地为（　　），避雷针为 1.5%，拉线为 2%。

(A)2.5%　　　　　(B)3%　　　　　(C)3.5%　　　　　(D)4%

101. 电力网某条线路额定电压为 $U_N=10$ kV，则它表示的是（　　）。

(A)电压　　　　　(B)相电压　　　　　(C)线电压　　　　　(D)电动势

102. 电路中任意两点间的电位差叫（　　）。

(A)电压　　　　　(B)电流　　　　　(C)电阻　　　　　(D)电动势

103. 我国电力系统的额定电压等级有（　　）。

(A)115 kV、220 kV、500 kV　　　　　(B)110 kV、230 kV、500 kV

(C)115 kV、230 kV、525 kV　　　　　(D)110 kV、220 kV、500 kV

104. 构成电力网的主要设备有（　　）。

(A)变压器、用户　　　　　(B)变压器、电力线路

(C)电缆、架空线　　　　　(D)电阻、电容

105. 钢筋混凝土杆的拉线不宜装设拉线绝缘子，在断拉线的情况下，拉线绝缘子距地面不应小于（　　）m。

(A)2.5　　　　　(B)3.0　　　　　(C)2.0　　　　　(D)1.5

106. 拉线棒的直径应根据计算确定，且不应小于（　　）mm。

(A)35　　　　　(B)16　　　　　(C)25　　　　　(D)30

107. 通过耕地的线路，接地体应埋设在耕作深度以下，且不宜小于（　　）m。

(A)0.7　　　　　(B)0.8　　　　　(C)0.6　　　　　(D)1.0

108. 架空线路导线与建筑物的垂直距离在最大计算弧垂情况下，10 kV 线路不应小于（　　）m。

(A)1.5　　　　　(B)2.0　　　　　(C)2.5　　　　　(D)3.0

109. 中压配电线路耐张段的设置一般以不超过（　　）km 为宜。

(A)1.5　　　　　(B)1.0　　　　　(C)2.0　　　　　(D)2.5

110. 电气设备分为高压和低压两种，电压等级在（　　）称为高压。

(A)1 000 V 及以上者　　　　　(B)1 000 V 以上者

(C)250 V 及以上者　　　　　(D)250 V 以上者

111. 10 kV 配电系统一般采用（　　）的运行方式。

(A)中性点不接地　　　　　(B)中性点直接接地

(C)经低电阻接地　　　　　(D)经消弧线圈接地

112. 在同一平面上，两等高电杆导线悬挂点至导线最低点间的垂直距离称为（　　）。

(A)挡距　　　　　(B)弧垂　　　　　(C)限高　　　　　(D)限距

113. 架空线路两个相邻杆塔之间的水平距离称为（　　）。

(A)挡距　　　　　(B)弧垂　　　　　(C)线间距离　　　　　(D)限距

114. （　　）用来固定绝缘子，支撑导线并保持一定的线间距离，承受导线的重力与拉力。

(A)金具　　　　　(B)电杆　　　　　(C)横担　　　　　(D)拉线

115. （　　）是用来平衡导线拉力或风压的一种电杆加固装置。

(A)金具　　　　　(B)拉线　　　　　(C)绝缘子　　　　　(D)横担

116. 拉线和电杆的夹角一般是( )，如果受地形限制可适当缩小，但不应小于30°。
(A)50° (B)40° (C)35° (D)45°

117. 采用镀锌钢绞线作拉线时，其截面不应小于( )mm²。
(A)25 (B)35 (C)50 (D)16

118. 单横担的组装位置，分支杆、转角杆及终端杆应装于( )侧。
(A)电源 (B)负荷 (C)拉线 (D)A、B、C 均可

119. 几种线路同杆架设时，通信线路与低压线路之间的距离不得小于( )m。
(A)1.5 (B)1.2 (C)2 (D)0.5

120. 直线杆上同杆架设的 10 kV 线路，横担之间的最小垂直距离为( )m。
(A)0.7 (B)0.8 (C)1.5 (D)1.2

121. 在低压架空线路中，导线的排列一般采用( )。
(A)垂直排列 (B)交叉排列 (C)水平排列 (D)三角排列

122. 线路转弯处应设( )。
(A)转角杆 (B)直线杆 (C)耐张杆 (D)分支杆

123. 设立于分支线路与主干线路连接处的电杆为( )。
(A)转角杆 (B)直线杆 (C)耐张杆 (D)分支杆

124. 接地体的埋设深度不应小于( )m。
(A)0.7 (B)0.4 (C)0.5 (D)0.6

125. 在正常工作条件下能够承受线路导线的垂直和水平荷载，但不能承受线路方向导线张力的电杆叫( )杆。
(A)耐张 (B)直线 (C)转角 (D)分支

126. 10 kV 绝缘铝接户线导线的截面不应小于( )mm²。
(A)16 (B)25 (C)35 (D)50

127. 在 10 kV 及以下的带电线路杆塔上进行工作，工作人员距最下层带电导线的垂直距离不得小于( )m。
(A)0.35 (B)0.6 (C)0.7 (D)1.0

128. 线路导线的电阻与温度的关系是( )。
(A)温度升高，电阻增大 (B)温度升高，电阻变小
(C)温度降低，电阻不变 (D)温度降低，电阻增大

129. 三相四线制供电，中性线烧断的后果是( )。
(A)烧毁电器 (B)烧毁变压器 (C)线路跳闸 (D)变压器温度升高

130. 低压配电线路跨越建筑物，导线与建筑物的垂直距离在最大计算弧垂情况下，不应小于( )m。
(A)0.7 (B)1.0 (C)2.0 (D)2.5

131. 悬式绝缘子劣化的原因主要有( )。
(A)元件间的内部机械应力 (B)运行中的机电负荷
(C)气温的骤然变化及瓷质的自然老化 (D)A、B、C 都对

132. 悬式绝缘子劣化的缺陷表现形式主要有( )。
(A)电击穿 (B)瓷盘裂纹

(C)沿面被电弧烧伤　　　　　　　　　　(D)A、B、C 都对

133. 下列配电线路的故障原因中,(　　)属人为事故。

(A)误操作　　　　(B)大风　　　　(C)雷击　　　　(D)风筝

134. 在线路施工中,导线受损会产生的影响是(　　)。

(A)电晕　　　　(B)电气性能降低　　　　(C)机械强度降低　　　　(D)A、B、C 都对

135. 三相负载接在三相电源上,若各相负载的额定电压等于电源线电压,应作(　　)连接。

(A)三角形　　　　(B)星形　　　　(C)开口三角形　　　　(D)双星形

136. 瓷质绝缘子表面滑闪放电也叫作(　　)。

(A)局部放电　　　　(B)沿面放电　　　　(C)电弧放电　　　　(D)空气中的击穿放电

137. 直线杆单横担装在(　　),转角杆、分支杆、终端杆装在受力方向侧。

(A)负荷侧　　　　(B)电源侧　　　　(C)受力侧　　　　(D)拉线侧

138. 配电线路通过果林、经济作物以及城市灌木林,不应砍伐通道,但导线至树梢的距离不应小于(　　)m。

(A)0.7　　　　(B)1.0　　　　(C)1.5　　　　(D)3

139. 绝缘材料被击穿的瞬间所加的最高电压称为材料的(　　)。

(A)击穿强度　　　　(B)击穿电压　　　　(C)额定电压　　　　(D)最高电压

140. 楔形线夹属于(　　)金具。

(A)接续　　　　(B)连接　　　　(C)拉线　　　　(D)保护

141. 设备的(　　)是对设备进行全面检查、维护、处理缺陷和改进等综合性工作。

(A)大修　　　　(B)小修　　　　(C)临时检修　　　　(D)定期检查

142. 杆塔是用以架设导线的构件,在配电线路中常用的是(　　)。

(A)铁塔　　　　(B)水泥杆　　　　(C)钢管塔　　　　(D)木杆

143. 配电装置中,代表 A 相的相位色为(　　)。

(A)红色　　　　(B)黄色　　　　(C)淡蓝色　　　　(D)绿色

144. 为了防止加工好的接触面再次氧化形成新的氧化膜,可按照涂(　　)的施工工艺除去接触面的氧化膜。

(A)中性凡士林　　　　(B)黄油　　　　(C)导电胶　　　　(D)电力复合脂

145. 线路电能损耗是由于线路导线存在电晕及(　　)。

(A)电阻　　　　(B)电容　　　　(C)电抗　　　　(D)电感

146. 电力线路受到轻微的风吹动时产生周期性的上下振动,称为(　　)。

(A)微振动　　　　(B)小型振动　　　　(C)风振动　　　　(D)舞动

147. 配电线路的通道宽度应为两侧向外延伸各(　　)。

(A)5 m　　　　(B)8 m　　　　(C)9 m　　　　(D)10 m

148. 线路绝缘子的击穿故障发生在(　　)。

(A)绝缘子表面　　　　(B)瓷质部分　　　　(C)铁件部分　　　　(D)绝缘子内部

149. 单相正弦交流电路中,有功功率的表达式是(　　)。

(A)UI　　　　(B)$UI+UI\cos\varphi$　　　　(C)$UI\cos\varphi$　　　　(D)$UI\sin\varphi$

150. 拉线抱箍端应固定在电杆横担下部(　　)处。

(A)100 mm　　　(B)300 mm　　　(C)400 mm　　　(D)500 mm

151. 针式或棒式绝缘子的绑扎,(　　)采用顶槽绑扎法。

(A)直线杆　　　(B)转角杆　　　(C)耐张杆　　　(D)终端杆

152. 在线路平、断面图上,常用的代表符号 N 表示(　　)。

(A)直线杆　　　(B)转角杆　　　(C)换位杆　　　(D)耐张杆

153. 下列符号表示轻型钢芯铝绞线的是(　　)。

(A)LGJQ　　　(B)LGJ　　　(C)GJ　　　(D)LGJJ

154. 在线路平、断面图上,常用的代表符号 Z 表示(　　)。

(A)直线杆　　　(B)转角杆　　　(C)换位杆　　　(D)耐张杆

155. 在线路平、断面图上,终端杆的代表符号用(　　)表示。

(A)Z　　　(B)N　　　(C)D　　　(D)J

156. 高压电力电缆中,保护电缆不受外界杂质和水分的侵入,防止外力直接损坏电缆的为(　　)。

(A)线芯(导体)　　　(B)绝缘层　　　(C)屏蔽层　　　(D)保护层

157. 绝缘子的材质一般为(　　)。

(A)铜　　　(B)玻璃、电瓷　　　(C)钢芯铝线　　　(D)铝

158. 在正常运行情况下,一般不承受顺线路方向的张力,主要承受垂直荷载以及水平荷载的杆塔为(　　)。

(A)直线杆塔　　　(B)耐张杆塔　　　(C)转角杆塔　　　(D)终端杆塔

159. 从地区变电所到用户变电所或城乡电力变压器之间的线路称为(　　)。

(A)输电线路　　　(B)配电线路　　　(C)发电线路　　　(D)照明线路

160. 10 kV 架空配电线路导线对地(居民区)的最小距离为(　　)。

(A)5 m　　　(B)5.5 m　　　(C)6 m　　　(D)6.5 m

161. 三线电缆中的红色标记代表(　　)。

(A)零线　　　(B)A 相　　　(C)B 相　　　(D)C 相

162. 架空导线的作用是(　　)。

(A)变换电压,输送电功率　　　(B)传输电流,输送电功
(C)变换电压,传输电流　　　(D)变换电压,传输电压

163. 单位导线截面积所通过的电流值称为(　　)

(A)额定电流　　　(B)负荷电流　　　(C)电流密度　　　(D)短路电流

164. (　　)的作用是将悬式绝缘子组装成串,并将一串或数串绝缘子连接起来悬挂在横担上。

(A)支持金具　　　(B)连接金具　　　(C)接续金具　　　(D)保护金具

165. 纯电容交流电路中,电流与电压的相位关系为电流(　　)。

(A)超前 90°　　　(B)滞后 90°　　　(C)同相　　　(D)超前 0~90°

166. 直线杆 10 kV 与低压横担间的最小垂直距离为(　　)。

(A)0.6 m　　　(B)0.8 m　　　(C)1.2 m　　　(D)1.5 m

167. 转角杆 10 kV 与通信线路各层横担间的最小距离为(　　)。

(A)1.5 m　　　(B)1.6 m　　　(C)2.0 m　　　(D)2.2 m

168. 低压配电线路经过居民区与地面的最小垂直距离为(   )。

(A)5.5 m   (B)6 m   (C)6.5 m   (D)5 m

169. 杆长为 15 m,其埋深为(   )。

(A)2.2 m   (B)3.0 m   (C)2.4 m   (D)3.2 m

170. 型号 LGJ-120 的含义为(   )。

(A)面积为 120 mm² 的钢芯铜绞线   (B)面积为 120 mm² 的钢芯铝绞线

(C)面积为 120 mm² 的铝绞线   (D)面积为 120 mm² 的钢芯绞线

171. 10 kV 配电线路与 10 kV 线路同杆架设时,两横担间的垂直距离不宜小于(   )。

(A)2.0 m   (B)1.5 m   (C)0.8 m   (D)1.2 m

172. 低压配电线路的导线与拉线、电杆或构架间的净空距离不应小于(   )。

(A)0.1 m   (B)0.2 m   (C)0.3 m   (D)0.5 m

173. 柱上变压器台距地面高度不应小于(   )。安装变压器后,变压器台的平面坡度不应大于 1/100。

(A)2 m   (B)2.5 m   (C)3 m   (D)5 m

174. 变压器的高、低压侧应分别装设高、低压熔断器。高压熔断器的装设高度对地面的垂直距离不宜小于(   )m。

(A)3.5   (B)2.5   (C)4.5   (D)5

175. 配电变压器熔丝的选择,容量在 100 kVA 及以下者,高压侧熔丝按变压器容量额定电流的(   )选择,低压侧熔丝(片)按低压侧额定电流选择。

(A)1.5~2 倍   (B)2~3 倍   (C)3~3.5 倍   (D)1~2 倍

三、多项选择题

1. 架空电力线路在遇(   )交叉跨越时挡距内不能有接头。

(A)跨越铁路   (B)跨越公路和城市主要道路

(C)跨越通信线路   (D)特殊大挡距和跨越主要通航河流

2. 机械牵引展放导线的优点是(   )。

(A)效率高   (B)速度快   (C)节省劳动力   (D)减小青苗赔偿

3. 基础构件的防腐措施有(   )。

(A)热镀锌   (B)浇制混凝土保护层

(C)涂刷沥青   (D)涂环氧沥青漆

4. 整体立杆的优点有(   )。

(A)高空作业量小   (B)施工比较方便

(C)适合流水作业   (D)速度快

5. 电工仪表按测量方式不同可分为(   )。

(A)直读指示仪表   (B)比较仪表   (C)图示仪表   (D)数字仪表

6. 单回路架空导线一般排列方式有(   )。

(A)平行排列   (B)垂直排列   (C)三角形排列   (D)伞形排列

7. 线路上常用的钢筋混凝土预制构件有(   )。

(A)拉线盘   (B)底盘   (C)卡盘   (D)叉梁

8. 常用的拉线金具有( )。

(A)楔型线夹　　　　(B)UT 型线夹　　　　(C)拉线用 U 形环　　(D)双拉线连板

9. 杆塔基础按受力可分为( )。

(A)上拔类基础　　　(B)下压类基础　　　(C)倾覆类基础　　　(D)现浇类基础

10. 杆塔的作用是支持( ),在各种气象条件下,使导线对地和对其他建筑物有一定的安全距离,保证线路安全运行。

(A)横担　　　　　　(B)导线　　　　　　(C)绝缘子　　　　　(D)避雷线

11. 杆塔基础主要承受( )。

(A)上拔力　　　　　(B)下压力　　　　　(C)倾覆力　　　　　(D)重力

12. 互感系数与( )无关。

(A)电流大小　　　　　　　　　　　　(B)电压大小

(C)电流变化率　　　　　　　　　　　(D)两互感绕组相对位置及其结构尺寸

13. 杆塔上对水平结构的螺栓穿向的规定是( )。

(A)顺线路方向,由送电侧穿入或按统一方向穿入

(B)横线路方向,两侧由内向外,中间由左向右穿入

(C)垂直方向由上向下穿入

(D)垂直方向由下向上穿入

14. 双分裂导线一般采用( )。

(A)水平布置　　　　(B)垂直布置　　　　(C)三角形布置　　　(D)正方形布置

15. 多级放大器级间耦合方式有( )。

(A)阻容　　　　　　(B)变压器　　　　　(C)直接　　　　　　(D)电阻

16. 整体组立杆塔的主要工具有( )。

(A)绳索及配套的钢丝套　　　　　　　(B)滑车、滑车组

(C)抱杆　　　　　　　　　　　　　　(D)牵引设备

17. 架空线路的弧垂由( )控制。

(A)架空线路的挡距　　　　　　　　　(B)架空线路的应力

(C)架空线路所处的气象环境　　　　　(D)架空线路的线型

18. 避雷线的作用是( )。

(A)防止导线受到直接雷击　　　　　　(B)耦合作用

(C)分流作用　　　　　　　　　　　　(D)屏蔽作用

19. 我国规定三相电力变压器的联结组别有( )。

(A)Y/△-11　　　　(B)Y0/△-11　　　　(C)Y0/Y-12D　　　　(D)Y/Y-12

20. 采用补修管补修导线应符合的要求有( )。

(A)将损伤处的线股先恢复原绞制状态

(B)补修管操作时只能在室内进行

(C)补修管操作可采用涂压或爆压规程进行

(D)补修管的中心应位于损伤最严重处,需补修的范围应位于管两端各 20 mm 内

21. 金具按其用途和性能可分为( )、支持金具、紧固金具、连接金具这几类。

(A)接续金具　　　　(B)防振金具　　　　(C)拉线金具　　　　(D)保护金具

22. 送电线路所用的铁塔由( )三部分组成。

(A)塔身 (B)塔头 (C)中下段 (D)塔脚

23. 下列属于塔身的组成材料的有( )。

(A)主材 (B)斜材 (C)水平材 (D)辅助材

24. 敷设水平接地体时应满足的规定有( )。

(A)在山区应避开岩石,在倾斜地形宜沿等高线敷设

(B)两接地体间的平行距离不应小于 5 m

(C)接地体铺设应平直

(D)接地体埋深应符合设计要求

25. 架空线路中导线应力与弧垂、挡距的关系是( )。

(A)弧垂越大,导线应力越小 (B)挡距越大,导线应力越小

(C)弧垂越小,导线应力越大 (D)挡距越小,导线应力越大

26. 电杆的拉线形式有( )。

(A)八字形 (B)V 字形 (C)交叉形 (D)平行拉线

27. 放线滑车的规格有( )。

(A)单轮 (B)三轮 (C)五轮 (D)七轮

28. 放线前的准备工作有( )。

(A)现场勘察 (B)搭设跨越线架 (C)线轴布置 (D)放线的组织工作

29. 根据使用和安装方法的不同,导地线接续的方法有( )。

(A)钳压连接 (B)液压连接 (C)爆压连接 (D)螺栓连接

30. 电容器的电容决定于( )三个因素。

(A)电压 (B)极板的正对面积

(C)极间距离 (D)电介质材料

31. 在正弦交流电路中,下列公式正确的是( )。

(A)$I_C = j\omega_C U$ (B)$X_C = 1/\omega_C$ (C)$Q_C = UI\sin\varphi$ (D)$i_C = dU_C/dt$

32. 基本逻辑运算电路有三种,即( )电路。

(A)与门 (B)非门 (C)或门 (D)与非门

33. 对于三相对称交流电路,不论星形接法或三角形接法,下列公式正确的是( )。

(A)$P = 3U_m I_m \cos\varphi$ (B)$S = 3U_m I_m$

(C)$Q = U_l I_l \sin\varphi$ (D)$S = 3UI$

34. 导线观测弛度的方法有( )。

(A)等长法 (B)异长法 (C)角度法 (D)平视法

35. 人为提高功率因数的方法有( )。

(A)并联适当电容器 (B)串联适当电容器

(C)并联大电抗器 (D)串联大电容器

36. 影响混凝土强度的因素有( )。

(A)水泥标号 (B)水灰比 (C)捣固方式 (D)养护条件

37. 三相负载对称的特征是( )。

(A)各相阻抗值相等 (B)各相阻抗值不等

(C)各相阻抗角相差 120°　　　　　　　(D)各相阻抗值角相等

38. 线路施工中常用的牵引设备有(　　)。

(A)人力绞磨　　(B)机动绞磨　　(C)拖拉机绞磨　　(D)汽车绞磨

39. 钢芯铝绞导线在下列(　　)情况下必须割断重接。

(A)导线钢芯有断股　　　　　　　　(B)断股损伤面积占总面积的 7%~17%

(C)断股损伤面积超过总面积的 17%　(D)断股损伤面积超过铝股面积的 25%

40. 拉线的作用是防止杆塔(　　)。

(A)断裂　　　　　(B)倒塌　　　　　(C)下沉　　　　　(D)倾斜

41. 高压电器中的基本灭弧方法有(　　)。

(A)迅速拉长电弧　　　　　　　　　(B)吹弧

(C)将长弧分为短弧　　　　　　　　(D)使电弧与固体介质接触

42. 下列电器中不能切断故障电流的是(　　)。

(A)断路器　　(B)隔离开关　　(C)负荷开关　　(D)熔断器

43. 以气体作为灭弧介质的断路器有(　　)。

(A)油断路器　　　　　　　　　　　(B)压缩空气断路器

(C)SF$_6$ 断路器　　　　　　　　　　(D)真空断路器

44. 真空断路器具有(　　)等优点。

(A)体积小　　(B)噪声小　　(C)无可燃物　　(D)可频繁操作

45. 隔离开关可以拉合(　　)。

(A)电压互感器　　　　　　　　　　(B)避雷器

(C)励磁电流小于 2 A 空载变压器　　(D)电容电流不超过 5 A 的空载线路

46. 隔离开关的作用是(　　)。

(A)隔离电源　　　　　　　　　　　(B)倒闸操作

(C)拉合无电流或小电流电路　　　　(D)拉合正常工作电流

47. 按照灭弧介质及作用原理,负荷开关可分为(　　)。

(A)压气式　　(B)产气式　　(C)真空式　　(D)SF$_6$ 式

48. 频繁型负荷开关的机械寿命为(　　)。

(A)3 000 次　　(B)5 000 次　　(C)8 000 次　　(D)10 000 次

49. RW 型户外高压跌落式熔断器的结构组成主要包括(　　)。

(A)瓷绝缘子　　(B)动、静触头　　(C)接触导电系统　　(D)熔管

50. RN5 用于(　　)的保护。

(A)变压器　　(B)线路　　(C)电压互感器　　(D)电动机

51. 变压器有(　　)的作用。

(A)升压　　(B)降压　　(C)联合电网　　(D)改变功率

52. 并联电容器主要由(　　)组成。

(A)电容元件　　　　　　　　　　　(B)外壳

(C)套管　　　　　　　　　　　　　(D)浸渍剂、紧固件和引线

53. 避雷器的类型主要有(　　)。

(A)保护间隙　　(B)管型避雷器　　(C)阀型避雷器　　(D)氧化锌避雷器

54. ( )可以作为电气设备的内过电压保护。

(A)FS 阀型避雷器　　　　　　　　(B)FZ 阀型避雷器

(C)磁吹阀型避雷器　　　　　　　　(D)氧化锌避雷器

55. 户外式绝缘子具有较多和较大的伞裙,是为了( )。

(A)增长沿面放电距离　　　　　　　(B)在雨天阻断水流

(C)增强机械强度　　　　　　　　　(D)提高耐潮能力

56. 线路绝缘子主要用来固结( ),并使它们与地绝缘。

(A)架空线　　　　　　　　　　　　(B)屋内配电装置硬母线

(C)屋外配电装置软母线　　　　　　(D)屋外配电装置硬母线

57. 变压器冷却装置按照冷却方式可以分为:自冷式、风冷式、强迫油循环式,其中强迫油循环式又可分为( )。

(A)风冷　　　　(B)水冷　　　　(C)导向式风冷　　　　(D)辐射式冷

58. 变压器按冷却方式可分为多种,例如干式自冷变压器、( )等。

(A)油浸自冷变压器　　　　　　　　(B)单相变压器

(C)油浸风冷变压器　　　　　　　　(D)油浸水冷变压器

59. 变压器油的试验项目一般为( )。

(A)耐压试验　　　　(B)润滑试验　　　　(C)简化试验　　　　(D)介质损耗试验

60. 下列有关变压器绕组的说法,正确的有( )。

(A)匝数多的一侧电流大、电压高

(B)降压变压器匝数多的一侧为高压侧绕组

(C)降压变压器匝数少的一侧为低压侧绕组

(D)匝数少的一侧电压低、电流小

61. 降低接地电阻的措施有( )。

(A)换土　　　　(B)深埋　　　　(C)加食盐　　　　(D)使用化学降阻剂

62. 当线圈中磁通增大时,感应电流的磁通方向( )。

(A)与原磁通方向相反　　　　　　　(B)与原磁通方向相同

(C)与原磁通方向无关　　　　　　　(D)与线圈尺寸大小有关

63. 架空线路导线截面的选择都需要满足( )四个方面的要求,但这四个要求不是等同的,对不同类型的架空线路有不同的优先要求。

(A)经济电流密度　　(B)电压损失　　　　(C)发热　　　　(D)机械强度

64. 架空配电线路的绝缘子通常有( )及悬式绝缘子。

(A)针式绝缘子　　(B)蝶式绝缘子　　　(C)瓷横担绝缘子　　(D)棒式绝缘子

65. 晶闸管的导通条件是( )。

(A)阳极与阴极之间加正向电压　　　(B)阳极与阴极之间加反向电压

(C)控制极与阴极之间加正向电压　　(D)控制极与阴极之间加反向电压

66. 配电线路按其运行电压不同可分为( )。

(A)高压配电线路(110~220 kV)　　(B)中压配电线路(10~35 kV)

(C)低压配电线路(380/220 V)　　　(D)高压配电线路(35~110 kV)

67. 配电线路按其结构不同可分为( )。

(A)架空配电线路 　　　　　　　　(B)电缆配电线路

(C)城市配电线路 　　　　　　　　(D)农村配电线路

68.各国高压架空配电线路的电压等级有 33 kV、34.5 kV、35 kV、63 kV、69 kV、110 kV、132 kV、138 kV、154 kV 等。我国高压架空配电线路现行的标准额定电压为(　　)三种。

(A)10 kV 　　　　(B)35 kV 　　　　(C)63 kV 　　　　(D)110 kV

69. R、L、C 电路中,其电量单位为 Ω 的有(　　)。

(A)电阻 R 　　　(B)感抗 X_L 　　　(C)容抗 X_C 　　　(D)阻抗 Z

70.配电线路的(　　)应设有相色标志。

(A)每条线的出口杆塔 　　　　　　(B)分支杆塔

(C)转角杆塔 　　　　　　　　　　(D)直线杆塔

71.现场抢救必须做到(　　)的原则。

(A)迅速 　　　　(B)就地 　　　　(C)准确 　　　　(D)坚持

72.漏电保护器按其动作速度分为(　　)。

(A)高速型 　　　　(B)低速型 　　　　(C)延时型 　　　　(D)反时限型

73.施工现场用电负荷计算主要根据现场用电情况,计算(　　)负荷。

(A)用电设备 　　　　　　　　　　(B)用电设备组

(C)配电线路 　　　　　　　　　　(D)供电电源的发电机或变压器

74.提高功率因数的好处有(　　)。

(A)可以充分发挥电源设备容量 　　(B)可以提高电动机的出力

(C)可以减少线路功率损耗 　　　　(D)可以提高电机功率

75. R、L、C 并联电路处于谐振状态时,电容 C 两端的电压不等于(　　)。

(A)电源电压与电路品质因数 Q 的乘积 　　(B)电容器额定电压

(C)电源电压 　　　　　　　　　　(D)电源电压与电路品质因数 Q 的比值

76.多个电容串联时,其特性满足(　　)。

(A)各电容极板上的电荷相等

(B)总电压等于各电容电压之和

(C)等效总电容的倒数等于各电容的倒数之和

(D)大电容分到高电压,小电容分到低电压

77.电气设备中高压电气设备是指(　　)。

(A)设备对地电压在 1 000 V 及以上者　　(B)设备对地电压在 1 000 V 以下者

(C)6~10 kV 电气设备 　　　　　　(D)110 kV 电气设备

78.所谓运用中的电气设备系指(　　)的电气设备。

(A)全部带有电压 　　　　　　　　(B)部分带有电压

(C)一经操作即带有电压 　　　　　(D)未竣工,但有电气联系

79.在电力线路上工作,保证安全的组织措施有(　　)。

(A)工作票制度 　　(B)工作许可制度 　　(C)工作监护制度 　　(D)现场勘察制度

80.在电力线路上工作,保证安全的技术措施有(　　)。

(A)停电 　　　　　　　　　　　　(B)验电

(C)装设接地线 　　　　　　　　　(D)悬挂标示牌和装设遮栏

81. 对于临时工的管理,正确的是( )。
(A)临时工上岗前,必须经过安全生产知识和安全生产规程的培训,考试合格后,持证上岗
(B)临时工分散到车间、班组参加电力生产工作时,由所在车间、班组负责人领导
(C)临时工从事生产工作所需的安全防护用品的发放应与固定职工相同
(D)禁止在没有监护的条件下指派临时工单独从事有危险的工作

82. 在电力线路上工作,应按( )方式进行。
(A)填用电力线路第一种工作票　　　　(B)填用电力线路带电作业工作票
(C)口头或电话命令　　　　　　　　　　(D)填用变电站第二种工作票

83. 填用第一种工作票的工作包括( )。
(A)在停电的线路或同杆(塔)架设多回线路中的部分停电线路上的工作
(B)在全部或部分停电的配电设备上的工作
(C)高压电力电缆停电的工作
(D)带电线路杆塔上的工作

84. 按口头或电话命令执行的工作包括( )。
(A)测量接地电阻　　　　　　　　　　(B)检查高压电力电缆
(C)修剪树枝　　　　　　　　　　　　(D)杆、塔底部和基础等地面检查、消缺工作

85. 关于工作票签发人、工作负责人、工作许可人,下列说法正确的是( )。
(A)一张工作票中,工作票签发人不得兼任工作负责人
(B)工作负责人可以填写工作票
(C)工作许可人可兼任工作负责人
(D)工作负责人可兼任工作许可人

86. 许可开始工作的命令,其方法可采用( )。
(A)当面通知　　　(B)电话下达　　　(C)派人送达　　　(D)提前定好时间

87. 对同杆塔架设的多层电力线路进行验电时,所遵循的原则是( )。
(A)先验低压后验高压　　　　　　　　(B)先验下层后验上层
(C)先验近侧后验远侧　　　　　　　　(D)先验左侧后验右侧

88. 下列( )情况巡线,巡视人员应穿绝缘鞋或绝缘靴。
(A)雷雨　　　(B)大风天气　　　(C)正常　　　(D)事故

89. 砍剪树木时,下列说法正确的是( )。
(A)应防止马蜂等昆虫或动物伤人
(B)上树时,不应攀抓脆弱和枯死的树枝,并使用安全带
(C)安全带不得系在待砍剪树枝的断口附近或以上
(D)不应攀登已经锯过或砍过的未断树木

90. 为了防止在同杆塔架设多回线路中误登有电线路,应采取的措施有( )。
(A)每基杆塔应设识别标记(色标、判别标志等)和双重名称
(B)工作前应发给作业人员相对应线路的识别标记
(C)经核对停电检修线路的识别标记和双重名称无误,验明线路确已停电并挂好接地线后,工作负责人方可发令开始工作

(D)登杆塔和在杆塔上工作时,不用每基杆塔都设专人监护

91.邻近高压线路感应电压的防护,下列说法正确的是(　　)。

(A)在330 kV及以上电压等级的带电线路杆塔上及变电站构架上作业,应采取穿着静电感应防护服、导电鞋等防静电感应措施

(B)带电更换架空地线或架设耦合地线时,应通过金属滑车可靠接地

(C)绝缘架空地线应视为带电体,作业人员与绝缘架空地线之间的距离不应小于0.5 m

(D)用绝缘绳索传递大件金属物品(包括工具、材料等)时,杆塔或地面上作业人员应将金属物品接地后再接触,以防电击

92.上杆塔作业前,应先检查(　　)是否牢固。

(A)根部　　　　(B)基础　　　　(C)拉线　　　　(D)安全带

93.在(　　)天气进行高处作业,应采取防滑措施。

(A)大风　　　　(B)霜冻　　　　(C)雨雾　　　　(D)冰雪

94.下列说法正确的是(　　)。

(A)当重物吊离地面后,工作负责人应再检查各受力部位和被吊物品,无异常情况后方可正式起吊

(B)吊运重物不得从人头顶通过,吊臂下严禁站人

(C)在起吊、牵引过程中,受力钢丝绳的周围、上下方、内角侧和起吊物的下面,严禁有人逗留和通过

(D)起吊物体应绑牢,物体若有棱角或特别光滑的部分时,在棱角和滑面与绳子接触处应加以包垫

95.带电作业有下列(　　)情况之一者应停用重合闸,并不得强送电。

(A)中性点有效接地的系统中有可能引起单相接地的作业

(B)中性点非有效接地的系统中有可能引起相间短路的作业

(C)工作票签发人或工作负责人认为需要停用重合闸的作业

(D)值班调度员认为需要停用重合闸的作业

96.严禁通过屏蔽断、接(　　)。

(A)接地电流　　　　　　　　(B)空载线路的电容电流

(C)耦合电容器的电容电流　　　　(D)负荷电流

97.安全标志由(　　)构成,用以表达特定的安全信息。

(A)图形符号　　(B)安全色　　(C)几何符号　　(D)几何图形

98.电气工作人员要对所有电气装置开展(　　)检查。

(A)经常性　　　(B)专业性　　(C)季节性　　(D)业务性

99.为了总结事故"血"的教训,应贯彻落实"(　　)"方针,提高电工人员的自我保护意识和群体保护意识。

(A)质量第一　　(B)安全第一　　(C)综合治理　　(D)预防为主

100.合三相单头闸刀须用绝缘棒操作,并配上绝缘手套(　　)。

(A)先合左右二相　　　　(B)先合中间一相

(C)后合左右二相　　　　(D)后合中间一相

101.下列需选安全特低电压照明的是(　　)。

(A)灯具离地高度低于 2.5 m 的场所　　(B)潮湿易触电场所
(C)锅炉或金属容器内　　　　　　　　(D)一般干燥的场所

102. 电动机导线的选择,对最小截面的规定为(　　　)。

(A)1.0 mm²(铜芯)　　　　　　　　(B)1.5 mm²(铜芯)
(C)1.5 mm²(铝芯)　　　　　　　　(D)2.5 mm²(铝芯)

103. 每个电工应做到(　　　)。

(A)懂道理　　　　(B)懂构造　　　　(C)懂性能　　　　(D)懂工艺流程

104. 符合下列(　　　)条件的特种作业操作资格证书,有效期在期满时可延长 2 年。

(A)在特种作业操作资格证书有效期内　(B)连续从事本工种 10 年以上
(C)严格遵守有关安全生产法规　　　　(D)经原发证部门或异地相关部门同意

105. 过载保护、过流保护和短路保护在某种意义上是相通的,三者的不同之处是(　　　)不相同。

(A)过电流的程度　　　　　　　　　(B)对保护装置动作时间的要求
(C)过电压的大小　　　　　　　　　(D)对保护装置动作

106. 电流型漏电保护器的保护方式通常有(　　　)。

(A)全网总保护　　　　　　　　　　(B)末级保护
(C)较大低压电网的多级保护　　　　(D)经供电企业批准的漏电报警保护

107. 防直击雷的主要措施有(　　　)。

(A)避雷针　　　　(B)避雷线　　　　(C)避雷网　　　　(D)避雷带

108. 提供安全电压的电源变压器必须是(　　　)。

(A)自耦式变压器　　　　　　　　　(B)单线圈变压器
(C)隔离变压器　　　　　　　　　　(D)双线圈变压器

109. (　　　)是防护直接接触电击的安全技术措施。

(A)绝缘　　　　(B)接地　　　　(C)安全电压　　　　(D)漏电保护

110. 下列(　　　)情况可能引起感应电压。

(A)靠近高压带电设备、未接地的金属门窗
(B)单相电源变压器未接地的金属外壳
(C)高压线路下方弧立导体
(D)强电场中的孤立绝缘体

111. 低压触电在(　　　)情况时,触电几率会大幅上升。

(A)错误接线　　　　　　　　　　　(B)不验电就作业
(C)不穿戴防护用品　　　　　　　　(D)使用基本绝缘工具

112. 照明线路防触电型漏电保护器误动作的原因是(　　　)。

(A)相线电流等于零线电流　　　　　(B)相线电流大于零线电流
(C)零线电流大于相线电流　　　　　(D)相线和零线都没有电流

113. 特种作业人员必须具备的基本条件是(　　　)。

(A)年龄满 18 周岁
(B)身体健康,无妨碍从事相应工种作业的疾病和生理缺陷
(C)初中以上文化程度,具备相应工种的安全技术知识,参加国家规定的安全技术理论和
　　实际操作考核并成绩合格

(D)符合相应工种作业特点需要的其他条件

114. 关断晶闸管的方法有(　　)。

(A)切断控制极电压 　　　　　　　(B)断开阳极电源

(C)降低正向阳极电压 　　　　　　(D)给阳极加反向电压

115. 现场心肺复苏术由(　　)两部分组成。

(A)口对口人工呼吸 　　　　　　　(B)胸背按压

(C)心脏按压 　　　　　　　　　　(D)用手敲打心脏

116. 隔爆电气设备的外壳应具有(　　)。

(A)耐爆性 　　　(B)防爆性 　　　(C)隔爆性 　　　(D)失爆性

117. 局部通风机的"三专"是指(　　)。

(A)专用开关 　　(B)专用变压器 　(C)专用线路 　　(D)专用电缆

118. 主变压器停、送电的操作顺序是(　　)。

(A)停电时先停负荷侧,后停电源侧 　(B)停电时先停电源侧,后停负荷侧

(C)送电时先送电源侧,后送负荷侧 　(D)送电时先送负荷侧,后送电源侧

119. 断路器出现(　　)情形时,应申请立即停电处理。

(A)套管有严重破损和放电现象

(B)真空断路器出现真空损坏的"丝丝"声

(C)油断路器灭弧室冒烟或内部有异常声响

(D)油断路器严重漏油,油位不见

120. 变压器出现(　　)情形时,应立即停止运行。

(A)变压器声响明显增大,很不正常,内部有爆裂声

(B)严重漏油或喷油,使油面下降到低于油位计的指示限度

(C)套管有严重的破损和放电现象

(D)变压器冒烟着火

121. 对于电阻的串、并联关系不易分清的混联电路,可以采用的方法有(　　)。

(A)逐步简化法 　(B)改画电路 　　(C)等电位 　　　(D)等电压

122. 试送电的目的是(　　)。

(A)若送电瞬间发现异常现象,能及时停电,避免事故扩大

(B)万一发生触电,能使触电者有机会脱离电源

(C)试验电压是否稳定

(D)发现隐形故障

123. 具有储能功能的电子元件有(　　)。

(A)电阻 　　　　(B)电感 　　　　(C)三极管 　　　(D)电容

124. 简单的直流电路主要由(　　)这几部分组成。

(A)电源 　　　　(B)负载 　　　　(C)连接导线 　　(D)开关

125. 常用低压手动电器包括(　　)。

(A)按钮 　　　　(B)刀开关 　　　(C)组合开关 　　(D)倒顺开关

126. 重复接地的作用有(　　)。

(A)降低故障点对地的电压 　　　　(B)减轻保护零线断线的危险性

(C)缩短事故持续时间　　　　　　　(D)加大对电器的保护

127. 配电线路的结构形式有(　　)。

(A)放射式配线　　(B)树干式配线　　(C)链式配线　　(D)环形配线

128. 施工现场的配电装置是指施工现场用电工程配电系统中设置的(　　)。

(A)总配电箱　　(B)分配电箱　　(C)开关箱　　(D)机电设备

129. 临时用电施工组织设计的安全技术原则是(　　)。

(A)必须采用 TN-S 接零保护系统　　(B)必须采用三级配电系统

(C)必须采用漏电保护系统　　(D)必须采用安全电压

130. 导体的电阻与(　　)有关。

(A)电源　　(B)导体的长度　　(C)导体的截面积　　(D)导体的材料性质

131. 正弦交流电的三要素是(　　)。

(A)最大值　　(B)有效值　　(C)角频率　　(D)初相位

132. 下列能用于整流的半导体器件有(　　)。

(A)二极管　　(B)三极管　　(C)晶闸管　　(D)场效应管

133. 单相变压器连接组的测定方法有(　　)。

(A)直流法　　(B)电阻法　　(C)交流法　　(D)功率测量法

134. 功率因素与(　　)有关。

(A)有功功率　　(B)视在功率　　(C)电源频率　　(D)电源电压

135. 电阻元件的参数可用(　　)来表达。

(A)电阻 R　　(B)电感 L　　(C)电容 C　　(D)电导 G

136. 应用基尔霍夫电流定律 KCL 时,要注意的是(　　)。

(A)KCL 是按照电流的参考方向来列写的

(B)KCL 与各支路中元件的性质有关

(C)KCL 也适用于包围部分电路的假想封闭面

(D)KCL 与各支路中电压有关

137. 通电绕组在磁场中的受力不能用(　　)判断。

(A)安培定则　　(B)右手螺旋定则　　(C)右手定则　　(D)左手定则

138. 电磁感应过程中,回路中所产生的电动势是与(　　)无关的。

(A)通过回路的磁通量　　(B)回路中磁通量变化率

(C)回路所包围的面积　　(D)回路边长

139. 自感系数 L 与(　　)无关。

(A)电流大小　　(B)电压高低　　(C)电流变化率　　(D)线圈结构及材料性质

140. 电感元件上电压相量和电流相量之间的关系不满足(　　)。

(A)同向　　(B)电压超前电流 90°

(C)电流超前电压 90°　　(D)反向

141. 全电路欧姆定律中回路电流 I 的大小与(　　)有关。

(A)回路中的电动势 E　　(B)回路中的电阻 R

(C)回路中电源的内电阻 r_0　　(D)回路中的电功率

142. 实际的直流电压源与直流电流源之间可以变换,变换时应注意的是(　　)。

(A)理想的电压源与电流源之间可以等效

(B)要保持端钮的极性不变

(C)两种模型中的电阻 R_0 是相同的,但连接关系不同

(D)两种模型的等效是对外电路而言的

143. 应用叠加定理来分析计算电路时,应注意的是( )。

(A)叠加定理只适用于线性电路

(B)各电源单独作用时,其他电源置零

(C)叠加时要注意各电流分量的参考方向

(D)叠加定理适用于电流、电压、功率

144. 下列戴维南定理的内容表述中,正确的有( )。

(A)有源网络可以等效成一个电压源和一个电阻

(B)电压源的电压等于有源二端网络的开路电压

(C)电阻等于网络内电源置零时的入端电阻

(D)A、B、C 都不对

145. 多个电阻并联时,下列特性正确的有( )。

(A)总电阻为各分电阻的倒数之和　　　(B)总电压与各分电压相等

(C)总电流为各分支电流之和　　　　　(D)总消耗功率为各分电阻的消耗功率之和

146. 电桥平衡时,下列说法正确的有( )。

(A)检流计的指示值为零

(B)相邻桥臂电阻成比例,电桥才平衡

(C)对边桥臂电阻的乘积相等,电桥也平衡

(D)四个桥臂电阻值必须一样大小,电桥才平衡

147. 电位的计算实质上是电压的计算,下列说法正确的有( )。

(A)电阻两端的电位是固定值

(B)电压源两端的电位差由其自身确定

(C)电流源两端的电位差由电流源之外的电路决定

(D)电位是一个相对量

148. 求有源二端网络的开路电压,正确的方法可采用( )。

(A)支路伏安方程　　　　　　　　(B)欧姆定律

(C)叠加法　　　　　　　　　　　(D)节点电压法

149. 三相电源的连接方法可分为( )。

(A)星形连接　　　　(B)串联连接　　　(C)三角形连接　　　(D)并联连接

150. 放大电路的组态有( )。

(A)共发射极　　　(B)共集电极　　　(C)共基极　　　(D)A、B、C 都不对

151. 每个磁铁都有一对磁极,它们是( )。

(A)东极　　　　　(B)南极　　　　　(C)西极　　　　　(D)北极

152. 磁力线的基本特性有( )。

(A)磁力线是一条封闭的曲线

(B)对永磁体,在外部,磁力线由 N 极出发回到 S 极

(C)磁力线可以相交

(D)对永磁体,在内部,磁力线由 S 极出发回到 N 极

153. 电感元件具有的特性,正确的是(　　)。

(A)$(di/dt)>0,u_L>0$,电感元件储能　　(B)$(di/dt)<0,u_L<0$,电感元件释放能量

(C)没有电压,其储能为零　　(D)在直流电路中,电感元件处于短路状态

154. 正弦量的表达形式有(　　)。

(A)三角函数表示式　　(B)相量图

(C)复数　　(D)度数

155. 负载的功率因数低会引起(　　)问题。

(A)电源设备的容量过分利用　　(B)电源设备的容量不能充分利用

(C)送、配电线路的电能损耗增加　　(D)送、配电线路的电压损失增加

156. R、L、C 串联电路谐振时,其特点有(　　)。

(A)电路的阻抗为一纯电阻,功率因数等于 1

(B)当电压一定时,谐振的电流为最大值

(C)谐振时的电感电压和电容电压的有效值相等、相位相反

(D)串联谐振又称电压谐振

157. 与直流电路不同,正弦电路的端电压和电流之间有相位差,因而(　　)。

(A)瞬时功率只有正没有负　　(B)出现有功功率

(C)出现无功功率　　(D)出现视在功率和功率因数等

158. R、L、C 并联电路谐振时,其特点有(　　)。

(A)电路的阻抗为一纯电阻,阻抗最大

(B)当电压一定时,谐振的电流为最小值

(C)谐振时的电感电流和电容电流近似相等、相位相反

(D)并联谐振又称电流谐振

159. 正弦电路中的一元件,u 和 i 的参考方向一致,当 $i=0$ 的瞬间,$u=-U_m$,则该元件不可能是(　　)。

(A)电阻元件　　(B)电感元件　　(C)电容元件　　(D)A、B、C 都不对

160. 三相正弦交流电路中,对称三相正弦量具有的特性有(　　)。

(A)三个频率相同　　(B)三个幅值相等

(C)三个相位互差 120°　　(D)它们的瞬时值或相量之和等于零

161. 三相正弦交流电路中,对称三角形连接电路具有的特性有(　　)。

(A)线电压等于相电压　　(B)线电压等于相电压的 $\sqrt{3}$ 倍

(C)线电流等于相电流　　(D)线电流等于相电流的 $\sqrt{3}$ 倍

162. 三相正弦交流电路中,对称三相电路的结构形式有(　　)。

(A)Y-△　　(B)Y-Y　　(C)△-△　　(D)△-Y

163. 由 R、C 组成的一阶电路,其过渡过程时的电压和电流的表达式由(　　)三个要素决定。

(A)初始值　　(B)稳态值　　(C)电阻 R 的值　　(D)时间常数

164. 点接触型二极管,因其结电容小,适合于(　　)电路。

(A)高频　　　　(B)低频　　　　(C)小功率整流　　　(D)整流

四、判 断 题

1. 凡在坠落高度基准面 3 m 及以上有可能坠落的高处进行的作业均称为高处作业。( )

2. 线路首端电压一般比额定电网电压高 10%。( )

3. 电力系统无功容量不足必将引起电压普遍下降。( )

4. 当电力系统无功容量严重不足时,会导致系统瓦解。( )

5. 电力系统不能向负荷提供所需的足够的有功功率时,系统的频率就要升高。( )

6. 阀型避雷器一般只用于线路保护。( )

7. 导线的接头距导线的固定点不应小于 0.5 m。( )

8. 在放线中,发现钢芯铝绞线的钢芯断一股,不必锯断重接。( )

9. 隔离开关的主要作用是隔离电源。( )

10. 架空配电线路与Ⅰ级通信线交叉时,其交叉角应大于 45°。( )

11. 当电力系统发生故障时,要求本线路继电保护,该动的动,不该动的不动,这种行为称为继电保护的选择性。( )

12. 配电线路的电压损失,低压不应超过 4%。( )

13. 10 kV 高压配电线路的挡距是:城区 40~50 m,郊区 60~100 m。( )

14. 不得用自行车或三轮摩托车运送雷管。( )

15. 可用楔型耐张线夹来安装钢芯铝绞线。( )

16. 楔型 UT 型耐张线夹既可用来固定拉线,又可用来调整拉线长度。( )

17. 白棕绳(麻绳)穿绕滑轮时,滑轮直径一般应大于绳索直径 10 倍以上。( )

18. 普通钢筋混凝土电杆当按规定支点放置检查时,纵向裂纹宽度不应超过 0.2 mm。( )

19. 施工验收时,导线截面损坏不超过导电部分截面积的 12%时可敷线补修。( )

20. 施工验收时,导线磨损的截面在导电部分截面积的 5%以内,可不作处理。( )

21. 绑扎用的绑线应选用与导线同金属的单股线,直径不应小于 2.0 mm。( )

22. 跌落式熔断器熔管轴线与地面垂线之间的夹角为 30°~50°。( )

23. 杆上避雷器的相间距离不小于 350 mm。( )

24. 导线采用钳压接续管连接时,压接后或校直后的接续管裂纹不应大于 0.2 mm。( )

25. 监察性巡视的目的是为了查明线路发生故障的地点和原因。( )

26. 配电变压器不可以使用隔离开关进行并列操作。( )

27. 变压器内部音响很大,有严重放电声或撞击声时,应立即限制负荷。( )

28. 用万用表测量电阻时,必须先切断被测电阻的电源。( )

29. 使用兆欧表时,如指针指"0"应再摇半分钟进行核实。( )

30. 在潮湿天气测量设备绝缘电阻时应使用 G 端。( )

31. 白棕绳的破断拉力在潮湿状态下使用时将会略微增加。( )

32. 如拉线从导线之间穿过,应装设拉线绝缘子。断拉线时,拉线绝缘子对地距离不应小

于 2.5 m。（　　　）

33. 高压配电线路在线路的管区分界处应装设开关设备。（　　　）

34. 变压器防雷装置接地线不应与变压器外壳相连。（　　　）

35. 导线连接前应清除表面污垢,清除长度应为连接部分的两倍。（　　　）

36. 导线采用钳压接续管进行连接后,导线端头的绑线应拆除。（　　　）

37. 不同截面的导线连接时,绑扎长度以小截面导线为准。（　　　）

38. 配电线路通过林区时,通道宽度总宽为 10 m。（　　　）

39. 接户线不应从 1～10 kV 引下线间穿过。（　　　）

40. 载流导体周围的磁场方向与产生磁场的电流方向无关。（　　　）

41. 电位是相对的,离开参考点谈电位没有意义。（　　　）

42. 电流的热效应是对电气运行的一大危害。（　　　）

43. 叠加原理适用于各种电路。（　　　）

44. 电力工业上用的磁材料都是软磁材料。（　　　）

45. 当磁力线、电流和作用力这三者的方向垂直时,可用左手螺旋定则来确定其中任一量的方向。（　　　）

46. 三相电路的总功率等于各相功率之和。（　　　）

47. 给电容器充电就是把直流电能储存到电容器内。（　　　）

48. 两条平行导线中流过相反方向的电流时,导线相互吸引。（　　　）

49. 变压器和电动机都是依靠电磁来传递和转换能量的。（　　　）

50. 三相星形连接线电压等于相电压。（　　　）

51. 变压器的效率等于其输出视在功率与输入视在功率的比值。（　　　）

52. 高压电气设备是指额定电压在 1 000 V 以上的电气设备。（　　　）

53. 变压器的空载电流的有功分量很小。（　　　）

54. 低压架空线路的导线排列相序为:面向来电方向从右起为 L_3、N、L_1、L_2。（　　　）

55. 少油断路器和多油断路器中,油的作用是一样的,即都是灭弧介质和绝缘介质。（　　　）

56. 水力发电厂是将水能直接转变成电能。（　　　）

57. 电压变动幅度是实际电压与额定电压之差。（　　　）

58. 用户装设无功补偿设备是为了节约电能。（　　　）

59. 导线之间保持一定的距离是为了防止相间短路和导线间发生气体放电现象。（　　　）

60. 事故停电是影响供电可靠性的主要原因,而设备故障是事故停电的主要原因。（　　　）

61. 电力网由所有输、配电线路组成。（　　　）

62. 电缆保护层是保护电缆缆芯导体的。（　　　）

63. 三相角形连接线电压等于相电压。（　　　）

64. 选择功率表量程时,只要表的功率量程大于被测功率就可以了。（　　　）

65. 三相异步电动机的转差率指的是转速差与同步转速之比的百分数,用公式表示为:

$$S = \frac{n_1 - n}{n_1} \times 100\%。（　　　）$$

66. 同一横担上不允许架设不同金属的导线。（　　　）

67. 双杆立好后应正直,其两杆的高低差只允许在 20 mm 以内。（　　　）

68. 铝的导电性虽比铜差,但铝比铜量多且便宜,密度为铜的 30%,故在一般情况多用铝作导体。（　　　）

69. 电气设备的评级主要是根据运行和检修中发现的缺陷并结合预防性试验的结果来进行的。（　　　）

70. 对架空线路的定期检查,重点是绝缘子和导线连接处。（　　　）

71. 变压器的损耗包括铜损、铁损两类。（　　　）

72. 电阻率在 10^7 $\Omega \cdot$ m 以上的绝缘体材料是绝对绝缘。（　　　）

73. 空载运行的变压器,二次侧没有电流,但存在去磁作用,故空载电流很小。（　　　）

74. 电气设备的交接和预防性试验各国有不同的标准。（　　　）

75. 漆属于绝缘材料,故避雷针(网、带)涂漆均会影响其保护作用。（　　　）

76. 采用环路式接地装置可降低跨步电压和接触电压。（　　　）

77. 电能的消费方式是决定电气管理的主要条件因素。（　　　）

78. 锉刀进行锉削工作时,采用交叉锉较容易将工作面锉平。（　　　）

79. 用钻头在铸铁上钻孔时,由于铸铁较脆,钻头不易磨损。（　　　）

80. 链条葫芦在使用中,当吊钩危险断面磨损超过名义尺寸的 10% 时,该部件报废。（　　　）

81. 当滑车起吊重量为 5 t 时,两滑车中心的最小允许距离为 900 mm。（　　　）

82. 在易爆易燃场所带电作业时,只要注意安全,防止触电,一般不会发生危险。（　　　）

83. 安全技术水平低下和违章作业往往是造成电气事故的原因。（　　　）

84. 触电急救时,一旦触电者没有呼吸和脉搏,即可放弃抢救。（　　　）

85. 二氧化碳灭火器可以用来扑灭未切断电源的电气火灾。（　　　）

86. 钢筋混凝土杆在使用中不应有纵向裂纹。（　　　）

87. 当导线需在挡距内接头时,其距离绝缘子及横担不能大于 0.5 m。（　　　）

88. 角钢横担与电杆的安装部位必须装有一块弧形垫铁,且弧度必须与安装处电杆的外圆弧度配合。（　　　）

89. 使用脚扣登杆时,应检查脚扣带的松紧是否适当。（　　　）

90. 梯形结(猪蹄扣)的特点是易结易解,便于使用,常用来抬较重的物体。（　　　）

91. 钢丝绳套在制作时,应将每股线头用绑扎处理,以免在操作中散股。（　　　）

92. 拉线制作时,在下料前应用 20~22 号铁丝绑扎牢固后断开。（　　　）

93. 在选用拉线棒时,其直径不应小于 14 mm,拉线棒一般采用镀锌防腐。（　　　）

94. 在小导线进行直接捻接时,只需将绝缘层除去,即可进行连接。（　　　）

95. 各种线夹除承受机械荷载外,还可作为导电体。（　　　）

96. 在立杆工作中,可采用白棕绳作为临时拉线。（　　　）

97. 用塞尺检查隔离开关触头的目的是检查触头接触面的压力是否符合要求。（　　　）

98. 室内外配线时,导线对地的最小垂直距离不得小于 2.5 m。（　　　）

99. 紧线时,弧垂大,则导线受力大。（　　　）

100. 配电线路与 35 kV 线路同杆架设时,两线路导线之间的垂直距离不应小于 2 m。（　　　）

101. 10 kV 电力系统通常采用中性点不接地方式。（　　）

102. 配电变压器双杆式台架安装时，要求两杆之间距离为 2.5～3.5 m。（　　）

103. 单杆式变压器台架适用于安装容量 50 kVA 以下的配电变压器。（　　）

104. 变压器台架安装时，对高压引下线的选择是按变压器一次侧额定电流来进行的。（　　）

105. 变压器台架安装时，低压侧不允许安装避雷器。（　　）

106. 在市内进行配电线路导线连接时，不允许采用爆压。（　　）

107. 在配电线路上调换某一相导线时，应考虑导线的初伸长对弧垂的影响。（　　）

108. 在基础施工中，钢筋混凝土可用海水来进行搅拌。（　　）

109. 混凝土用砂细些比粗些好。（　　）

110. 连接金具的机械强度应按导线的荷重选择。（　　）

111. 在施工现场使用电焊机时，除应对电焊机进行检查外，还必须进行保护接地。（　　）

112. 为防止线盘的滚动，线盘应平放在地面上。（　　）

113. 钢丝绳套在制作时，各股应穿插 4 次以上，使用前必须经过 100％的负荷试验。（　　）

114. 麻绳、棕绳用于捆绑和在潮湿状态下使用时，其允许拉力应减半计算。（　　）

115. 钢丝绳在使用中当表面毛刺严重和有压扁变形情况时，应予报废。（　　）

116. 验电时，只要戴了绝缘手套，监护人可设也可不设。（　　）

117. 线路验电时，只要一相无电压，则可认为线路确无电压。（　　）

118. 立杆用的抱杆应每年进行一次荷重试验。（　　）

119. 放紧线时，应按导地线的规格及每相导线的根数和荷重来选用放线滑车。（　　）

120. 配电线路导线连接管必须采用与导线相同的材料制成。（　　）

121. 放线场地应选择宽阔、平坦的地形，以便放线工作顺利开展。（　　）

122. 导线连接时，如果导线氧化膜严重，必须经过表面氧化膜的清除才能进行连接。（　　）

123. 截面为 240 mm² 的钢芯铝绞线的连接应使用两个钳压管，管与管之间的距离不小于 15 mm。（　　）

124. 导线连接后，连接管两端附近的导线不得有鼓包，如鼓包不大于原直径的 30％时，可用圆木棍将鼓包部分依次滚平；如超过 30％时，必须切断重接。（　　）

125. 机械钳压器是利用力臂和丝杠传递压力的。（　　）

126. 采用爆压法进行导线连接时，应选用导爆索和太乳炸药。（　　）

127. 登杆用的脚扣每半年进行一次试验，试验荷重为 100 kg，持续时间为 5 min。（　　）

128. 线路施工定位测量工具包括经纬仪、视距尺、皮尺及标志杆等。（　　）

129. 容量在 630 kVA 以上的变压器，只要在运输中无异常情况，安装前不必进行吊芯检查。（　　）

130. 变压器沿倾斜平面运输搬运时，倾斜角不得超过 15°，超过 15°时一定要采取措施。（　　）

131. 配电变压器绝缘电阻的测量，对于高压绝缘，应选用 1 000 V 的兆欧表。（　　）

132. 钢锯安装锯条时，锯齿尖应向前，锯条要调紧，越紧越好。（　　）

133. 用砂轮机磨錾子时,压力不能太大,操作中必须经常将錾子浸入冷水中进行冷却,以保证加工后的錾子不退火。(　　)

134. 滑车轮槽不均匀磨损 5 mm 以上者,不得使用。(　　)

135. 用链条葫芦起吊重物时,如已吊起的重物需在中途停留较长时间,应将手拉链拴在起重链上,防止自锁失灵。(　　)

136. 动滑车是把滑车设置在吊运的构件上,与构件一起运动,它能改变力的大小和运动方向。(　　)

137. 起重时,如需多人绑挂时,应由一人负责指挥。(　　)

138. 在现场实施触电急救时,一般不得随意移动触电者,如确需移动触电者,其抢救时间不得中断 60 s。(　　)

139. 广义质量除包括产品质量外,还包括工作质量。(　　)

140. 材料消耗定额由有效消耗、工艺消耗、非工艺消耗三种因素组成。(　　)

141. 高压设备倒闸操作必须填写操作票,应由两人进行操作。(　　)

142. 高压验电必须戴绝缘手套。(　　)

143. 带电作业不受天气条件限制。(　　)

144. 主杆配电线路的导线布置和杆塔结构等设计应考虑便于带电作业。(　　)

145. 胶盖闸刀开关能直接控制 12 kW 的电动机。(　　)

146. 0.1 级仪表比 0.2 级仪表的精度高。(　　)

147. 使用电流互感器可以允许二次侧开路。(　　)

148. 800 V 线路属高压线路。(　　)

149. 用兆欧表测量线路对地绝缘电阻时,应将 G 端接地,L 端接导线。(　　)

150. 电气安全检查主要是检查线路是否漏电和是否有人触电。(　　)

151. 室内外配线时,水平敷设绝缘导线对地最小垂直距离不得小于 2 m。(　　)

152. 保护接地适用于不接地电网。(　　)

153. 线圈中磁通产生的感应电势与磁通成正比。(　　)

154. 所谓部分电路欧姆定律,其部分电路是指不含电源的电路。(　　)

155. 电感元件在电路中不消耗能量,它是无功负荷。(　　)

156. 共发射极放大器,集电极电阻 R_c 的作用是实现电流放大。(　　)

157. 可控硅有 4 个 PN 结。(　　)

158. 单结晶体管的发射极电压高于谷点电压时,晶体管就导通。(　　)

159. 用户根据其负荷的无功需求设计和安装无功补偿装置并留有一定余度,以便向电网倒送部分无功电力。(　　)

160. 在放大电路中,为了稳定输出电流,应引入电流正反馈。(　　)

161. 射极输出器的输出阻抗低,故常用在输出极。(　　)

162. 当三极管的发射结和集电结都处于正偏状态时,三极管一定工作在饱和区。(　　)

163. 单结晶体管具有一个发射极、一个基极、一个集电极。(　　)

164. 可控硅整流电路中,对触发脉冲有一定的能量要求,如果脉搏冲电流太小,可控硅也无法导通。(　　)

165. 仪表的测量范围和电流互感器变比的选择,宜满足当电力装置回路以额定值的条件

运行时,仪表的指示在标度尺的 100% 左右处。(　　　)

166. 1～10 kV 配电线路架设在同一横担上的导线,其截面差不宜大于 3 级。(　　　)

167. 双杆立好后应正直,其两杆的迈步不应大于 30 mm。(　　　)

168. 晶闸管具有正、反向阻断能力。(　　　)

169. 晶体三极管放大器,为了消除湿度变化的影响,一般采用固定偏置电路。(　　　)

170. 在供电部门所管辖的配电线路上一般不允许敷设用户自行维护的线路和设备,如需要敷设时,必须经供电部门同意,并实行统一调度,以保安全。(　　　)

171. 并联电容器可以提高感性负载本身的功率因数。(　　　)

172. 两个不同频率的正弦量在相位上的差叫相位差。(　　　)

173. 吸收比能用来发现受潮、脏污以外的其他局部绝缘缺陷。(　　　)

174. 35 kV 及以下的高压配电装置架构或房顶上应装避雷针。(　　　)

175. 功率因数是负载电路中电压 U 与电流 I 的相位之差,差越大,功率因数越小。(　　　)

176. TTL 集成电路的全称是晶体管-晶体管逻辑集成电路。(　　　)

177. 链条葫芦使用前应检查吊钩、链条、转动装置及刹车装置,吊钩、链轮或倒卡变化以及链条磨损达直径的 15% 者严禁使用。(　　　)

178. 晶闸管控制角越大,电压则越高。(　　　)

179. 叠加原理只能用来计算电压或电流,不能用来计算电路的功率。(　　　)

五、简答题

1. 柱上油开关的防雷装置有什么要求?

2. 什么叫力偶?

3. 接地装置可分为哪几类?

4. 什么是继电保护的选择性?

5. 在什么情况下电气设备可引起空间爆炸?

6. 哪些工作填用第一种工作票?

7. 配电线路单横担安装方向有什么规定?

8. 配电线路导线与拉线的净空距离有什么要求?

9. 配电线路导线与建筑物的垂直距离有什么要求?

10. 接户线与弱电线路的交叉距离有什么要求?

11. 低压配电线路零线排列有什么要求?

12. 高压配电线路耐张杆宜采用什么样的绝缘子串?

13. 配电线路巡视分为哪几种?

14. 选择的钢丝绳使用前,有哪些情况存在则不允许使用?

15. 导线展放过程应防止发生什么现象?

16. 怎样对同杆塔架设的多层电力线路进行验电?

17. 接地线有什么要求?

18. 通知工作负责人许可开始工作的命令可采用哪些方法?

19. 如何划分高压配电线路和低压配电线路?

20. 试述带电作业优点。

21. 什么叫零点漂移？发生零点漂移的原因是什么？

22. 配电线路所使用的器材在什么情况下应重做试验？

23. 绝缘子在安装前外观检查应满足哪些要求？

24. 配电线路线材施工前外观检查应符合哪些要求？

25. 电杆基础采用卡盘时应符合哪些规定？

26. 配电线路电杆立好后应符合哪些规定？

27. 配电线路以螺栓连接的构件应符合哪些规定？

28. 导线架设时,导线操作在什么情况下应锯断重接？

29. 跌落式熔断器的安装应符合哪些规定？

30. 怎样确定转角杆所采用的横担？

31. 哪些电杆不宜装设变压器台？

32. 怎样选择单台配电变压器的熔丝？

33. 钢芯铝绞线导线的零线截面有什么要求？

34. 配电线路跨越建筑物有什么要求？

35. 为什么空载线路末端会产生过电压？

36. 配电运行部门工作人员对哪些事项可先行处理？

37. 组织线路竣工验收工作如何分组？

38. 在什么情况下应测量配电线路的电压？

39. 配电系统发现哪些情况时必须迅速查明原因并及时处理？

40. 什么是基尔霍夫电流定律？什么是基尔霍夫电压定律？

41. 什么是力的"三要素"？

42. 怎样进行变压器容量的选择？

43. 三相异步电动机有哪几种启动方法？

44. 磁电系测量机构有哪些特点？

45. 导线截面选择的依据是什么？

46. 电力系统中中性点接地有几种方式？配电系统属哪种接地方式？

47. 变压器的特性试验有哪些项目？

48. 真空断路器的主要优点是什么？

49. 双杆立好后应正直,位置偏差应符合哪些规定？

50. 金属氧化物避雷器有哪些主要优点？

51. 线路电晕会产生什么影响？

52. 在设计配电线路的路径和杆位时有哪些要求？

53. 对电气主接线的基本要求是什么？

54. 施工管理中的经济责任制的基本原则是什么？

55. 现场工作人员要求掌握哪些紧急救护法？

56. 电杆装车运输时,重心应放在什么位置？如何确定电杆的重心？

57. 钳工操作的平面锉削方法有哪几种？各有何优点？

58. 配电线路横担安装有什么要求？

59. 如何组织对线路进行施工验收?

60. 根据现场勘查情况写出断杆事故抢修工作的主要步骤。

61. 在线路施工中导线受损会产生什么影响?

62. 电杆上安装电气设备有哪些要求?

63. 杆上避雷器安装时有什么规定?

64. 杆上变压器及变压器台架安装有什么要求?

65. 钢丝绳套制作时要保证哪些数据?

66. 导线受损后,怎样进行缠绕处理?

67. 悬式绝缘子安装时有什么要求?

68. 线路常见的接地体有几种型式?

69. 导线损伤,采用补修管补修时有什么要求?

六、综 合 题

1. 某 10 kV 线路输送的有功功率 $P = 2.5$ MW,功率因数为 0.7,现把功率因数提高到 0.9,试问线路上需并联电容器的容量是多少? 线路可少送多少视在功率?

2. 某 10 kV/0.9 kV、315 kVA 公用变压器,测得负荷电流如下:A 相 450 A,B 相 400 A,C 相 420 A,试问此变压器负荷情况是否符合运行规程要求?

3. 已知 LGJ-185 导线的破断拉力 $T_p = 64$ kN,截面积 $S = 216.76$ mm²,导线的安全系数 $K = 2.5$,试求导线的允许应力 $Q_{允}$ 为多少?

4. 某 10 kV 线路跨 110 kV 线路,在距交叉跨越点 20 m 位置安放经纬仪,测得 10 kV 线路仰角为 28°,110 kV 线路仰角为 34°,判断交叉跨越符不符合要求?

5. 用经纬仪测量时,望远镜中上线对应的读数 $a = 2.03$ m,下线对应的读数 $b = 1.51$ m,测量仰角 $\alpha = 30°$,已知视距常数 $K = 100$,求经纬仪与接尺之间的水平距离是多少?

6. 已知某 10 kV 专线长度为 3.0 km,用户报装容量为 3 000 kVA,该线路为 LGJ-185 架空线路,$\cos\varphi = 0.8$ 时,电压损失参数为 $\Delta U_p\% = 0.433\%$/kmMW,求用户在满载且 $\cos\varphi = 0.8$ 时的线路电压损失是多少?

7. 某 10 kV 高压配电线路,已知某处电杆的埋深 $h_1 = 1.8$ m,导线对地限距 $h_2 = 5.5$ m,导线最大弧垂 $f_{max} = 1.4$ m,自横担中心至绝缘子顶槽的距离 $h_3 = 0.2$ m,横担中心至杆顶距离 $h_4 = 0.9$ m,试确定该处电杆的全高为多少? 应选择何种电杆?

8. 一台 10 kW 电动机,每天工作 8 h,求一个月(30 d)要用多少 kW·h 的电?

9. 某变压器额定容量为 100 kVA,额定电压 $U_{N1} = 6\ 300$ V,$U_{N2} = 400$ V,Y,y0～Y,y11 接法,现将电源由原来的 6 300 V 改变成 10 000 V,若保持低压组匝数不变,即 $N_2 = 40$ 匝,求原来的高压绕组是多少匝? 新的高压绕组为多少匝?

10. 已知一钢芯铝绞线的钢芯有 7 股,每股直径为 2.0 mm,铝芯有 28 股,每股直径为 2.3 mm,试判断其导线型号。

11. 某 10 kV 线路采用的 p-15t 型绝缘子,其泄漏距离不小于 300 mm,求其最大泄漏比距是多少?

12. 某 10 kV 线路采用镀锌螺栓连接横担与连板,已知导线最大拉力为 4 300 kgf,镀锌螺栓的剪切强度极限 $T_b = 5\ 600$ kgf/cm²,安全系数为 2.5,试计算采用 M16×40 的螺栓能否满足要求?

13. 某线路工程有两种方案:甲种方案总投资 $Z_甲$ 为 250 万元,年运行费用 $U_甲$ 为 20 万元/年;乙种方案总投资 $Z_乙$ 为 200 万元,年运行费用 $U_乙$ 为 30 万元/年。试用抵偿年限法选择较优方案。

14. 有两个电容器,其电容量分别为 $C_1=4\ \mu F$、$C_2=6\ \mu F$,串接后接于 120 V 直流电源上,求它们的总电容及总电荷量。

15. 如图 1 所示,电流表指数为 5 A,电压表指数为 110 V,功率表指数为 400 W,电源频率为 50 Hz,试计算线圈的参数 R 和 L。

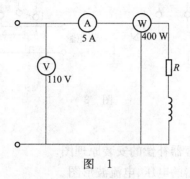

图　1

16. 某横担拉杆结构如图 2 所示,边导线、绝缘子串、金具总质量 $G=250\ kg$,横担及斜拉杆重量不计,试说明 AC、BC 各自受力大小是多少?

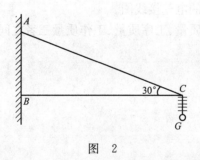

图　2

17. 某条双回路线路,导线为 LGJ-50 型,线路长 150 km,最大电流为 263 A,其中一回路停电检修 8 h,试比较双回路运行和单回路运行的电能损耗。(提示:$r_0=0.21\ \Omega/km$)

18. 单相变压器的一次电压 $U_1=3\ 000\ V$,其变比 $K=15$,当二次电流 $I_2=60\ A$ 时,试分别求一次电流及二次电压为多少?

19. 某一无架空地线的单回 10 kV 配电线路,中性点不接地,线路全长 $L=15\ km$,试求其单相接地时的电容电流。

20. 什么是三相交流电源? 和单相交流电源比较有何优点?

21. 一般架空线路的防污秽技术措施有哪些?

22. 电力变压器的基本结构有哪些主要部分? 油枕起什么作用? 小型电力变压器为什么不装设油枕?

23. 路基电线杆基坑回填应符合什么标准?

24. 论述电力系统、配电网络的组成及配电网络在电力系统中的作用。

25. 叙述变压器和变压器台架的巡视、检查内容。

26. 线路功率因数过低由何原因造成？提高功率因数有何作用？

27. 画出用 ZC-8 型接地电阻测量仪测量土壤电阻率的接线布置图。

28. 图 3 是单相电能表的接线图，请判断是否正确，如不正确请指出错误并画出正确的接线图。

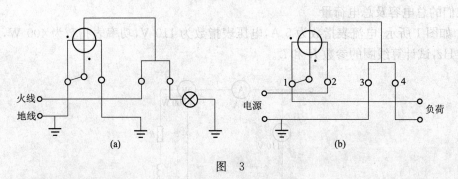

火线　地线　　　　　　　　　　　　　　　(a)

电源　1　2　3　4　负荷　　　　　　　　　　(b)

图　3

29. 画出两端供电网络。

30. 画出三相高压并联电容器补偿的安装原理图。

31. 画出交流电通过电容器的电压、电流波形图。

32. 画出双链式网络供电图。

33. 画出电动机用倒顺开关的正反转控制安装图。

34. 画出热敏电阻测温仪的电气接线图。

35. 画出施工现场中施工质量、工序质量、工作质量三者之间的关系框图。

送电、配电线路工(中级工)答案

一、填 空 题

1. 负荷
2. 功率因数
3. 速动性
4. 方向
5. 44 kV
6. 乙炔
7. 最大负荷
8. 励磁涌流
9. 谐振过电压
10. 电流
11. 雷击跳闸率
12. 集电极
13. 电压
14. 红色
15. 交流单芯
16. 直流耐压
17. 特殊性巡视
18. 一人单独
19. 严重锈蚀
20. 过负荷
21. 摇测绝缘电阻
22. 500 mm
23. 向外角
24. 双螺母
25. 线路分角
26. 1/2 螺杆丝扣
27. U 型
28. 滑坡马道
29. 锯断重接
30. 二倍
31. 绞向
32. 外侧
33. 超过接触部分 30 mm
34. 6.5 m
35. 耐火屋顶
36. 在最大风偏情况下
37. 750 mm
38. 受力侧
39. 防沉土台
40. 上风侧
41. 脱离电源
42. 2 Ω
43. 5 Ω,5 Ω
44. 正弦波
45. 并联电容器
46. 电流滞后电压90°
47. $U_R=U$
48. 12 mm×12 mm
49. 40%
50. 0.5
51. 空载
52. 1/1 000
53. 3%
54. 50 mm
55. ±50 mm
56. 停电作业的安全要求
57. 500 mm
58. 2 mm
59. 2/1 000
60. 500~700 mm
61. 3°
62. 30 mm
63. 2 个
64. 10 mm
65. 3.2 mm
66. 4%
67. 5%
68. 2%
69. ±5%
70. 50 mm
71. 200 mm
72. 300 mm
73. 2 个
74. 1%
75. 200 mm
76. 不应有接头
77. ≥120 mm
78. 2 倍
79. 一个月
80. 105%
81. 2~5 mm
82. 10~11 倍
83. 0.98 kN/cm²
84. 80 次
85. 30 s
86. 3/4
87. 1/2
88. 20 个
89. 两年
90. 10 m
91. 6 个月
92. 定期
93. 45 kV
94. 1∶4
95. ±5°
96. 1.5 倍
97. 1.5 m
98. 0.8 m
99. 70 ℃
100. C15
101. 工作接地
102. 500 mm
103. 10°~20°
104. 每两年
105. 85 ℃
106. ±30 mm
107. 杆塔高度的 1.5 倍
108. 16%
109. 非居民区
110. ＋100 mm、－50 mm
111. 50 mm
112. 15°
113. 0.2 m
114. 15 s
115. 3∶1
116. 16 h
117. 30
118. 5%
119. 1 000 V
120. 坚持

121. 2.7 m　　122. 4.5 m　　123. 2.7　　　124. 开关不会跳闸
125. 先中间相、继下风相、后上风相　　126. 接地　　127. 远期规划
128. 大修、更新改造　129. 30 Ω　　130. 50 m　　131. 15 m
132. 10 Ω　　　133. 25 mm²　　134. 架空配电线路　135. 0.5 m
136. 合成绝缘子　137. 隔离开关　138. 二次配电线路　139. 50 m
140. 重复接地　　141. 终端杆　　142. 电杆的荷载　143. 型式
144. 1/6　　　145. 0.9 m　　146. 1.2 m　　147. 6 m
148. 机械强度　　149. 钢芯铝绞线　150. 三角排列　151. 垂直距离
152. 越大　　　153. 安全载流量　154. 经济电流密度　155. 小于
156. 16 mm²　　157. 机械强度　158. 0.6～0.7 m　159. 耐张转角杆
160. 避雷线终端　161. 调节　　162. 铝合金绞线　163. 避雷器
164. 城市配电线路　165. 10 kV　　166. 380 V　　167. 改变
168. 全部导线　　169. 垂直荷载　170. 经济合理　171. 靠电杆
172. 双横担　　173. 30°　　　174. 负荷中心　175. 10 Ω

二、单项选择题

1. D　　2. D　　3. A　　4. D　　5. D　　6. B　　7. C　　8. B　　9. B
10. C　11. C　12. B　13. D　14. B　15. D　16. D　17. B　18. C
19. D　20. A　21. C　22. B　23. A　24. C　25. D　26. A　27. D
28. B　29. A　30. C　31. C　32. B　33. A　34. D　35. D　36. C
37. B　38. C　39. C　40. D　41. D　42. A　43. C　44. A　45. A
46. A　47. C　48. C　49. D　50. C　51. A　52. B　53. B　54. D
55. D　56. D　57. B　58. B　59. B　60. D　61. B　62. C　63. C
64. B　65. A　66. B　67. B　68. A　69. B　70. A　71. B　72. C
73. C　74. B　75. A　76. D　77. D　78. C　79. C　80. C　81. D
82. D　83. C　84. C　85. D　86. A　87. C　88. B　89. C　90. A
91. B　92. D　93. B　94. C　95. D　96. D　97. C　98. A　99. C
100. A　101. C　102. A　103. D　104. B　105. A　106. B　107. C　108. D
109. C　110. A　111. A　112. B　113. A　114. C　115. B　116. C　117. B
118. C　119. A　120. B　121. C　122. A　123. D　124. D　125. B　126. C
127. C　128. A　129. A　130. D　131. D　132. C　133. A　134. D　135. B
136. B　137. A　138. C　139. B　140. C　141. A　142. B　143. B　144. D
145. A　146. C　147. A　148. B　149. C　150. C　151. A　152. B　153. A
154. A　155. C　156. D　157. B　158. A　159. B　160. D　161. D　162. B
163. C　164. B　165. A　166. C　167. B　168. A　169. B　170. B　171. C
172. A　173. B　174. C　175. B

三、多项选择题

1. ABCD　　2. ABCD　　3. ACD　　4. ABCD　　5. ABCD　　6. ABC

7. ABC　　8. ABCD　　9. ABC　　10. ABCD　　11. ABC　　12. ABC

13. ABC　　14. AB　　15. ABC　　16. ABCD　　17. ABCD　　18. ABC

19. ABCD　　20. ABCD　　21. ACD　　22. ABD　　23. ABCD　　24. ABCD

25. AC　　26. ABC　　27. ABCD　　28. ABCD　　29. ABCD　　30. BCD

31. ABC　　32. ABC　　33. ABC　　34. ABCD　　35. AB　　36. ABCD

37. AD　　38. ABCD　　39. AD　　40. ABD　　41. ABD　　42. BC

43. BC　　44. ABCD　　45. ABCD　　46. ABC　　47. ABCD　　48. ABD

49. ACD　　50. AB　　51. ABC　　52. ABCD　　53. ABCD　　54. CD

55. AB　　56. AC　　57. ABC　　58. ACD　　59. ACD　　60. BC

61. ACD　　62. BCD　　63. ABCD　　64. ABC　　65. AC　　66. BCD

67. AB　　68. BCD　　69. ABCD　　70. ABC　　71. ABCD　　72. ACD

73. ABCD　　74. AC　　75. ABD　　76. ABC　　77. ACD　　78. ABC

79. ABCD　　80. ABCD　　81. ABCD　　82. ABC　　83. ABC　　84. ACD

85. AB　　86. ABC　　87. ABC　　88. ABD　　89. ABCD　　90. ABC

91. ABD　　92. ABC　　93. BCD　　94. ABCD　　95. ABC　　96. ABC

97. ABD　　98. ABC　　99. BCD　　100. AD　　101. ABC　　102. AD

103. ABCD　　104. ABCD　　105. AB　　106. ABCD　　107. ABCD　　108. CD

109. ACD　　110. ABC　　111. ABC　　112. BC　　113. ABCD　　114. BCD

115. AC　　116. AC　　117. ABC　　118. AC　　119. ABCD　　120. ABCD

121. ABC　　122. AB　　123. BD　　124. ABCD　　125. ABCD　　126. ABC

127. ABCD　　128. ABC　　129. ABC　　130. BCD　　131. ACD　　132. AC

133. AC　　134. AB　　135. AD　　136. AC　　137. ABC　　138. ACD

139. ABC　　140. ACD　　141. ABC　　142. BCD　　143. ABC　　144. BC

145. BCD　　146. ABC　　147. BCD　　148. ACD　　149. AC　　150. ABC

151. BD　　152. ABD　　153. ABD　　154. ABC　　155. BCD　　156. ACD

157. BCD　　158. ABCD　　159. AB　　160. ABCD　　161. AD　　162. ABCD

163. ABD　　164. AC

四、判断题

1. ×　　2. ×　　3. √　　4. √　　5. ×　　6. ×　　7. √　　8. ×　　9. √

10. √　　11. ×　　12. √　　13. √　　14. √　　15. ×　　16. √　　17. √　　18. ×

19. √　　20. √　　21. √　　22. ×　　23. √　　24. ×　　25. ×　　26. √　　27. ×

28. √　　29. ×　　30. √　　31. ×　　32. √　　33. √　　34. ×　　35. √　　36. ×

37. √　　38. ×　　39. √　　40. ×　　41. √　　42. √　　43. ×　　44. √　　45. ×

46. √　　47. √　　48. √　　49. √　　50. ×　　51. ×　　52. ×　　53. √　　54. ×

55. ×　　56. ×　　57. ×　　58. ×　　59. √　　60. √　　61. ×　　62. ×　　63. √

64. ×　　65. √　　66. √　　67. √　　68. √　　69. ×　　70. √　　71. √　　72. ×

73. ×　　74. √　　75. ×　　76. √　　77. √　　78. √　　79. ×　　80. √　　81. √

82. ×　　83. √　　84. ×　　85. √　　86. √　　87. ×　　88. √　　89. √　　90. ×

91. √	92. √	93. ×	94. ×	95. √	96. ×	97. √	98. ×	99. ×
100. √	101. √	102. ×	103. ×	104. ×	105. ×	106. √	107. √	108. ×
109. ×	110. ×	111. √	112. √	113. ×	114. √	115. √	116. ×	117. ×
118. √	119. √	120. √	121. √	122. √	123. √	124. ×	125. √	126. √
127. √	128. √	129. √	130. √	131. √	132. √	133. √	134. √	135. √
136. √	137. √	138. √	139. √	140. √	141. √	142. √	143. √	144. √
145. ×	146. √	147. √	148. √	149. √	150. √	151. √	152. √	153. √
154. √	155. √	156. √	157. √	158. √	159. ×	160. ×	161. √	162. √
163. √	164. √	165. √	166. √	167. √	168. √	169. √	170. √	171. ×
172. ×	173. √	174. ×	175. √	176. √	177. √	178. ×	179. √	

五、简 答 题

1. 答:柱上油开关的防雷装置应采用阀型避雷器(2分)。经常开路运行而又带电的柱上油开关或隔离开关两侧(1.5分)均应设防雷装置,其接地线与柱上油开关等金属外壳应连接(1.5分)。

2. 答:作用于一个物体上的两个力大小相等(1.5分)、方向相反(1.5分),但不在同一条直线上,这样的一对力叫力偶(2分)。

3. 答:接地装置按用途可分为工作接地(2分)、保护接地(1.5分)和防雷接地(1.5分)。

4. 答:继电保护的选择性是指首先由故障设备或线路的保护切除故障(2分),当故障设备或线路的保护或断路器拒动时,应由相邻设备或线路的保护切除故障(3分)。

5. 答:设备短路(1.5分)、遭遇雷击(1.5分)、绝缘被破坏(2分)都有可能引起空间爆炸。

6. 答:(1)在停电线路(或在双回线路中的一回停电线路)上的工作(2分);(2)在全部或部分停电的配电变压器台架或配电变压器室内的所有电源线路均已全部断开者(3分)。

7. 答:配电线路单横担的安装:直线杆单横担应装于受电侧(2.5分);90°转角杆及终端杆当采用单横担时,应装于拉线侧(2.5分)。

8. 答:配电线路导线与拉线的净空距离的要求为:1~10 kV 线路的导线与拉线、电杆或构架之间的净空距离,不应小于 200 mm(2.5分);1 kV 以下配电线路,不应小于 50 mm(2.5分)。

9. 答:配电线路与建筑物的垂直距离在最大弛度下(2分),高压配电线路不应小于 3.0 m(1.5分),低压配电线路不应小于 2.5 m(1.5分)。

10. 答:接户线与弱电线路的交叉距离不应小于下列数值:在弱电线路上方时垂直距离为600 mm(2.5分),在弱电线路下方时垂直距离为 300 mm(2.5分)。

11. 答:同一地区低压配电线路的零线排列应统一(2分),零线应靠电杆或靠近建筑物(1.5分),同一回路的零线不应高于相线(1.5分)。

12. 答:高压配电线路耐张杆宜采用一个悬式绝缘子和一个 E-10(6)型蝴蝶式绝缘子或两个悬式绝缘子组成的绝缘子串(5分)。

13. 答:配电线路巡视分为定期巡视(1分)、特殊性巡视(1分)、夜间巡视(1分)、故障性巡视(1分)和监察性巡视(1分)。

14. 答:当存在下列情况之一者不准使用:(1)钢丝绳中有断股者(1分);(2)钢丝绳的钢丝磨损及腐蚀深度达到原钢丝绳直径的 40%(0.5分);(3)钢丝绳受到严重过火或局部电弧烧伤

(0.5分);(4)钢丝压扁变形及表面起毛刺严重者(1分);(5)钢丝绳的断丝量不多,但断丝数量增加很快者(1分);(6)在每一节距断丝根数超过有关规定者(1分)。

15. 答:导线在展放过程中应防止发生磨伤、断股、扭弯等现象(5分)。

16. 答:对同杆塔架设的多层电力线路进行验电时,应先验低电压后验高压(2.5分),先验下层后验上层(2.5分)。

17. 答:接地线应有接地和短路导线构成的成套接地线(1分)。成套接地线必须用多股软铜线组成(0.5分),其截面不得小于25 mm²(1分)。如利用铁塔接地时,允许每相个别接地(1分),但铁塔与接地线连接部分应清除油漆,接触良好(1.5分)。

18. 答:可采用的方法有:(1)当面通知(2分);(2)电话传达(2分);(3)派人传达(1分)。

19. 答:1～10 kV线路为高压配电线路(2.5分);1 kV及以下线路为低压配电线路(2.5分)。

20. 答:带电作业优点体现在以下几个方面:(1)保证不间断供电是带电作业最大优点(2分);(2)可及时安排检修计划,线路有缺陷可及时处理(1分);(3)可节省检修时间(1分);(4)双回线路带电作业时,可以减小线损(1分)。

21. 答:所谓零点漂移,是指当放大器的输入端短路时,在输出端有不规律的、变化缓慢的电压产生的现象(2.5分)。发生零点漂移的主要原因是温度的变化对晶体管参数的影响以及电源电压的波动等。在多级放大器中,前级的零点漂移影响最大,级数越多和放大倍数越大,则零点漂移越严重(2.5分)。

22. 答:配电线路所使用的器材、设备或原材料具有下列情况之一者,应重做试验:(1)超过规定保管期限(2分);(2)因保管、运输不良等原因而有变质损坏可能(2分);(3)对原试验结果有怀疑(1分)。

23. 答:(1)瓷件与铁件应结合紧密,铁件镀锌良好(1.5分);(2)瓷釉光滑,无裂纹、缺釉、斑点、烧痕、气泡或瓷釉烧坏等缺陷(2分);(3)严禁使用硫磺浇灌的绝缘子(1.5分)。

24. 答:(1)不应有松股、交叉、折叠、断裂及破损等缺陷(2分);(2)裸铝绞线不应有严重腐蚀现象(1.5分);(3)钢绞线、镀锌铁线表面应镀锌良好,无锈蚀(1.5分)。

25. 答:(1)卡盘上口距离地面不应小于0.5 m(2分);(2)直线杆:卡盘应与线路平行并应在线路电杆左、右侧交替埋设(1.5分);(3)承力杆:卡盘埋在承力侧(1.5分)。

26. 答:(1)直线杆的横向位移不应大于50 mm,电杆的倾斜不应使杆梢的位移大于杆梢直径的1/2(2分);(2)转角杆应向外角预偏,紧线后不应向内角倾斜,向外角的倾斜不应使杆梢位移大于杆梢直径(1.5分);(3)终端杆应向拉线侧预偏,紧线后不应向拉线反方向倾斜,拉线侧倾斜不应使杆梢位移大于杆梢直径(1.5分)。

27. 答:(1)螺杆应与构件面垂直,螺头平面与构件间不应有间隙(1.5分);(2)螺栓紧好后,螺杆丝扣露出的长度:单螺母不应少于2扣,双螺母可平扣(2分);(3)必须加垫圈者,每端垫圈不应超过2个(1.5分)。

28. 答:(1)在同一截面内,损坏面积超过导线的导电部分截面积的17%(1分);(2)钢芯铝绞线的钢芯断一股(1分);(3)导线出现灯笼的直径超过导线直径的1.5倍而又无法修复(2分);(4)金钩、破股已形成无法修复的永久变形(1分)。

29. 答:(1)各部分零件完整、安装牢固(0.5分);(2)转轴光滑灵活,铸件不应有裂纹、砂眼、锈蚀(0.5分);(3)瓷件良好,熔丝管不应有吸潮膨胀或弯曲现象(1分);(4)熔断器安装牢固、排列整齐、高低一致,熔管轴线与地面的垂线夹角为15°～30°(1分);(5)动作灵活可靠,接触紧密,合熔丝管时上触头应有一定的压缩行程(1分);(6)上、下引线应压紧,与线路导线的连接应紧密可靠(1分)。

30. 答:转角杆的横担应根据受力情况确定(2分)。一般情况下,15°以下转角杆宜采用单横担(1分);15°~45°转角杆宜采用双横担(1分);45°以上转角杆宜采用十字横担(1分)。

31. 答:(1)转角、分支电杆(1分);(2)设有高压接户线或高压电缆的电杆(1分);(3)设有线路开关设备的电杆(1分);(4)交叉路口的电杆(1分);(5)低压接户线较多的电杆(1分)。

32. 答:容量在100 kVA及以下者,高压侧熔丝按变压器容量额定电流的2~3倍选择(2分);容量在100 kVA以上者,高压侧熔丝按变压器容量额定电流的1.5~2倍选择(2分)。变压器低压侧熔丝(片)按低压侧额定电流选择(1分)。

33. 答:单相制的零线截面应与相线截面相同(1分),三相四线制当相线截面为LGJ-70以下时,零线截面与相线截面相同(2分),当相线截面为LGJ-70以上时,零线截面不小于相线截面的50%(2分)。

34. 答:高压配电线路不应跨越屋顶为易燃材料做成的建筑物(1分)。对耐火屋顶的建筑物,应尽量不跨越,如需跨越时应与有关单位协商或取得当地政府的同意(2分),此时导线与建筑物的垂直距离,在最大计算弧垂情况下,高压线路不应小于3 m(1分),低压线路不应小于2.5 m(1分)。

35. 答:对输电线路而言,除线路感性阻抗外,还有线路对地电容,一般线路的容抗远大于线路的感抗(1分),这样空载线路中将流过容性电流,它在线路电感上的压降U_L与电容上的电压V_C相反(2分),即$U_C=E+V_C$,抬高了电容上的电压,于是线路末端有较高的电压升高,产生过电压(2分)。

36. 答:(1)修剪超过规定界限的树木(1分);(2)为处理电力线路事故,砍伐林区个别树木(2分);(3)清除可能影响供电安全的收音机、电视机天线、铁烟囱或其他凸出物(2分)。

37. 答:(1)巡线组:沿线路紧线巡视检查,其质量标准在规定值内(2分);(2)测量组:测量交叉跨越距离、杆塔、转角塔和导、地线弧垂是否符合设计要求(2分);(3)技术组:提供线路所需资料,汇总缺陷单,通知施工单位处理(1分)。

38. 答:(1)投入较大负荷(1分);(2)用户反映电压不正常(1分);(3)三相电压不平衡,烧坏用电设备(器具)(1分);(4)更换新装变压器(1分);(5)调整变压器分接头(1分)。

39. 答:(1)断路器掉闸(不论重合是否成功)或熔断器跌落(熔丝熔断)(1分);(2)发生永久性接地或频发性接地(1分);(3)变压器一次或二次熔丝熔断(1分);(4)线路倒杆、断线,发生火灾、触电伤亡等意外事件(1分);(5)用户报告无电或电压异常(1分)。

40. 答:基尔霍夫电流定律(又叫节点电流定律):对复杂电路的任一点来说,流入和流出该点及各支路电流代数和为零,即$\sum I_i=0$(2.5分)。基尔霍夫电压定律(又叫回路电压定律):对复杂电路的任一闭合回路来说,各电阻上电压降代数和等于各电源电动势的代数和(2.5分)。

41. 答:力的"三要素"指的是力的大小、方向和作用点(5分)。

42. 答:(1)计算变压器最佳经济容量(2分);(2)实际拟选变压器容量(2分);(3)验算:当$K_b \leqslant 0.3$时,则电动机可直接启动(1分)。

43. 答:(1)直接启动(1.5分);(2)降压启动(1.5分);(3)在转子回路串联电阻启动(2分)。

44. 答:(1)优点:准确性高,灵敏度高,标尺刻度均匀,功耗少(2分);(2)缺点:只能测直流,不能测交流,过载能力低,构造较复杂,造价高(3分)。

45. 答:导线截面选择的依据有以下几点:(1)按经济电流密度(1.5分);(2)按发热条件(1分);(3)按允许电压损耗(1.5分);(4)按机械强度(1分)。

46. 答:中性点大电流接地方式(1.5分);中性点小电流接地方式(1.5分)。配电系统属于小电流接地方式(2分)。

47. 答:变压器的特性试验有:变比试验(1.5分);极性及连接组别试验(1.5分);短路试验(1分);空载试验等(1分)。

48. 答:主要优点:(1)触头开距小、动作快(1分);(2)燃弧时间短,触头烧损轻(1分);(3)寿命长,适于频繁操作(1分);(4)体积小,结构紧凑,真空灭弧室不需要检修,维修工作量小(1分);(5)防火、防爆性能好(1分)。

49. 答:(1)直线杆结构中心与中心桩之间的横向位移,不应大于50 mm(1.5分);(2)转角杆结构中心与中心桩之间的横、顺向位移,不应大于50 mm(1.5分);(3)迈步不应大于30 mm(1分);(4)根开不应超过±30 mm(1分)。

50. 答:(1)结构简单,体积小,重量轻(1分);(2)无间隙(1分);(3)无续流,能耐受多重雷、多重过电压(1分);(4)通流能力大,使用寿命长(1分);(5)运行维护简单(1分)。

51. 答:(1)增加线路功率损耗,称为电晕损耗(1分);(2)产生臭氧和可听噪声,破坏了环境(1分);(3)电晕的放电脉冲对无线电和高频通信造成干扰(1分);(4)电晕作用还会腐蚀导线,严重时烧伤导线和金具(1分);(5)电晕的产生有时还可能造成导线舞动,危及线路安全运行(1分)。

52. 答:设计时应满足的规定有:(1)与城镇总体规划及配电网改造相结合(1分);(2)少占或不占农田(1分);(3)减少跨越和转角(1分);(4)避开易燃、易爆、有腐蚀气体的生产厂房及仓库(1分);(5)便于运行维护和施工等(1分)。

53. 答:(1)可靠性,对用户保证输供电可靠和电能质量(2分);(2)灵活性,能适合各种运行方式,便于检修(1分);(3)操作方便,接线清晰,布置对称合理,运行方便(1分);(4)经济性,在满足上述三个基本要求的前提下,力求投资省,维护费用少(1分)。

54. 答:基本原则是:责、权、利相结合(1.5分);国家、集体、个人利益相统一(2分);职工劳动所得和劳动成果相联系(1.5分)。

55. 答:(1)能正确脱离电源(1分);(2)会心肺复苏法(1分);(3)会止血,会包扎,会正确转移搬运伤员(1分);(4)会处理急救外伤或中毒(1分);(5)能正确解救杆上遇险人员(1分)。

56. 答:电杆装车运输时,电杆重心应放在车箱中心(1.5分)。等径水泥杆的重心在电杆的中间(1.5分);拔梢杆的重心位置距小头长度约占电杆全长的56%(2分)。

57. 答:(1)交叉锉法,可以根据锉痕随时掌握锉削部位的调整(1.5分);(2)顺向锉法,锉刀做直线运动,可以得到光洁、锉纹一致的平面(1.5分);(3)推锉法,主要用于修整工件表面的锉纹以增加其光洁度(2分)。

58. 答:(1)横担一般要求在地面组装,与电杆整体组立(0.5分);(2)如电杆立好后安装,则应从上往下安装横担(1分);(3)直线杆横担装在负荷侧(1分),转角、分支、终端杆横担装在受力方向侧(1分);(4)多层横担装在同一侧(1分);(5)横担安装应平直,倾斜不超过20 mm(0.5分)。

59. 答:(1)由巡线组、测试组和技术组三个专业部门共同分工负责进行(1分);(2)要求按部颁标准、规程和规定进行验收(1分);(3)隐蔽工程验收检查(1分);(4)中间工程验收检查(1分);(5)竣工验收检查(1分)。

60. 答:(1)准备材料(0.5分);(2)拉合有关断路器、隔离开关切断事故线路电源(1分);(3)将材料运至现场(0.5分);(4)挂接地线(1分);(5)对人员分工,进行立杆、撤杆和接线等工作(0.5分);(6)检查施工质量(0.5分);(7)抢修完毕,拆除接地线,报告上级,要求恢复送电(1分)。

61. 答:(1)导线受损后,在运行中易产生电晕,形成电晕损失和弱电干扰(2分);(2)机械强度降低,易发生断线事故(1.5分);(3)电气性能降低(1.5分)。

62. 答:(1)电杆上的电气设备安装应牢固可靠(1分);(2)电气连接应接触紧密,不同金属导体连接应有过渡措施(1分);(3)瓷件表面光洁,无裂缝、破损等现象(1.5分);(4)充油、充气等设备无渗漏现象(1.5分)。

63. 答:(1)瓷套与固定抱箍之间应加垫层(1分);(2)避雷器排列整齐、高低一致,相间距离:$1\sim10$ kV 时不小于 350 mm,1 kV 以下时不小于 150 mm(1分);(3)引线短而直,连接紧密(1分);(4)与电气部分连接,不应使避雷器产生外加应力(1分);(5)引下线接地可靠,接地电阻值符合规定(1分)。

64. 答:(1)变压器台架水平倾斜不大于台架根开的 1‰(1分);(2)一、二次引线排列整齐、绑扎牢固(0.5分);(3)油枕、油位正常,外壳干净(1分);(4)接地可靠,接地电阻值符合规定(1分);(5)套管、压线、螺栓等部件齐全(0.5分);(6)呼吸器孔道通畅(1分)。

65. 答:破口长度为 $45d\sim48d$(d 为钢丝绳直径)(1分);插接长度为 $20d\sim24d$(1分);绳套长度为 $13d\sim24d$(1分);插接各股的穿插次数不得少于 4 次(2分)。

66. 答:(1)将导线受损处的线股处理平整(1分);(2)选用与导线同金属的单股线作缠绕材料,其直径不小于 2 mm(1分);(3)缠绕中心应位于损伤最严重处(1分);(4)缠绕应紧密,受损伤部分应全部覆盖(1分);(5)缠绕长度应不小于 100 mm(1分)。

67. 答:(1)安装应牢固、连接可靠、防止积水(1分);(2)安装时应清除表面的污垢(1分);(3)与电杆、导线金具连接处无卡压现象(1分);(4)悬垂串上的弹簧销子、螺栓及穿钉应向受电侧穿入,两边线应由内向外穿入,中线应由左向右穿入(1分);(5)耐张串上的弹簧销子、螺栓及穿钉应由上向下穿,当有困难时,可由内向外或由左向右穿入(1分)。

68. 答:(1)单一的垂直接地体(1分);(2)单一的水平接地体(1分);(3)水平环形接地体(1分);(4)水平辐射接地体(2分)。

69. 答:(1)损伤处铝(铝合金)股线应先恢复其原绞制状态(2分);(2)补修管的中心应位于损伤最严重处,需补修导线的范围位于管内各 20 mm 处(2分);(3)当采用液压施工时,应符合国家现行标准的规定(1分)。

六、综 合 题

1. 解:$\cos\varphi_1=0.7,\varphi_1=45.57°$(0.5分)

$\cos\varphi_2=0.9,\varphi_2=25.84°$(0.5分)

$S_1=P/\cos\varphi_1=2.5/0.7=3.57$(MVA)(2分)

$S_2=P/\cos\varphi_2=2.5/0.9=2.78$(MVA)(2分)

$Q_C=S_1\sin\varphi_1-S_2\sin\varphi_2=2.55-1.21=1.34$(Mvar)(2分)

$S_\Delta=S_1-S_2=3.57-2.78=0.79$(MVA)(2分)

答:线路上需并联电容器的容量为 1.34 Mvar,线路可少送 0.79 MVA 的视在功率(1分)。

2. 解:$\beta = (I_{max} - I_{min})/I_{max} \times 100\% = (450-400)/450 \times 100\% = 11.1\%$(5分)

答:运行规程要求变压器三相负荷的不平衡度不应大于 15%,所以此变压器的负荷情况满足要求(5分)。

3. 解:$Q_允 = T_p/(K \cdot S)$(5分)

$\qquad = 64 \times 10^3/(216.76 \times 2.5) = 118(\text{N/mm}^2)$(4分)

答:导线的允许应力为 118 N/mm²(1分)。

4. 解:$h = (\tan34° - \tan28°) \times 20 = 2.86 \text{ m} < 3 \text{ m}$(8分)

答:交叉跨越垂直距离小于 3 m,不符合要求(2分)。

5. 解:$L = K(a-b)\cos2\alpha$(4分)

$\qquad = 100 \times (2.03-1.51) \times \cos60°$(3分)

$\qquad = 39(\text{m})$(2分)

答:水平距离为 39 m(1分)。

6. 解:$\Delta U\% = S_N\cos\varphi/L \Delta U_p\%$(3分)

$\qquad = 3\,000 \times 0.8/1\,000 \times 3 \times 0.433\% = 3.12\%$(1.5分)

$\Delta U = U_e \times \Delta U\%$(3分)

$\quad = 10\,000 \times 3.12\% = 312(\text{V})$(1.5分)

答:线路电压损失为 312 V(1分)。

7. 解:电杆的全高为:

$H = h_1 + h_2 + f_{max} + h_4 - h_3 = 1.8 + 5.5 + 1.4 + 0.9 - 0.2 = 9.4(\text{m})$(6分)

答:该处电杆的全高应为 9.4 m,根据电杆的高度形式应选择 10 m 的拔梢水泥杆(4分)。

8. 解:由公式 $W = Pt$ 可知(2分):

每天的用电:$W_1 = Pt = 10 \times 8 = 80(\text{kW} \cdot \text{h})$(4分)

电动机一个月(30 d)用电:$W = 30W_1 = 2\,400(\text{kW} \cdot \text{h})$(3分)

答:一个月(30 d)要用 2 400 kW·h 的电(1分)。

9. 解:(1)原来的高压绕组匝数为:

$$N_1 = \frac{\dfrac{U_{N1}}{\sqrt{3}}}{\dfrac{U_{N2}}{\sqrt{3}}}N_2 = \frac{\dfrac{6\,300}{\sqrt{3}}}{\dfrac{400}{\sqrt{3}}} \times 40 = 630(\text{匝})$$（4.5分）

(2)新的高压绕组匝数为:

$$N_1' = \frac{\dfrac{U_{N1}'}{\sqrt{3}}}{\dfrac{U_{N2}}{\sqrt{3}}}N_2 = \frac{\dfrac{10\,000}{\sqrt{3}}}{\dfrac{400}{\sqrt{3}}} \times 40 = 1\,000(\text{匝})$$（4.5分）

答:原来的高压绕组是 630 匝,新的高压绕组为 1 000 匝(1分)。

10. 解:(1)钢芯的实际截面:$S_g = 7 \times \pi \times (2.0/2)^2 = 21.98(\text{mm}^2)$(2分)

(2)铝芯的实际截面:$S_L = 28 \times \pi \times (2.3/2)^2 = 116.27(\text{mm}^2)$(2分)

因为铝芯截面略小于 $120~mm^2$，所以其标称截面为 $120~mm^2$（2.5 分）。

因为 $S_L/S_g = 5.29$，即铝钢截面比约为 5.3，所以为普通型钢芯铝绞线（2.5 分）。

答：导线型号为 LGJ-120（1 分）。

11. 解：$S = \lambda/U_e$（4 分）

$\qquad = 300/10$

$\qquad = 30$（mm/kV）（3 分）

$\qquad = 3$（cm/kV）（2 分）

答：最大泄漏比距为 3 cm/kV（1 分）。

12. 解：拉断螺栓即发生剪切破坏，剪切面积即为螺栓的截面积（1 分）。

$A = \pi(d/2)^2$（1.5 分）

$\quad = 3.14 \times 8^2$（1 分）

$\quad = 201$（mm^2）（1 分）

$\quad = 2.01$（cm^2）（1 分）

所以 $K = (A \cdot T_b)/F$（1.5 分）

$\qquad = 2.01 \times 5~600/4~300$（1 分）

$\qquad = 2.6 > 2.5$（1 分）

答：采用 M16×40 的螺栓满足要求（1 分）。

13. 解：$T = \dfrac{Z_甲 - Z_乙}{U_乙 - U_甲} = \dfrac{250 - 200}{30 - 20} = 5$（年）（8 分）

答：甲种方案较优（2 分）。

14. 解：(1) 根据 $\dfrac{1}{C} = \dfrac{1}{C_1} + \dfrac{1}{C_2}$ 得（2.5 分）：

$C = \dfrac{C_1 C_2}{C_1 + C_2} = \dfrac{4 \times 6}{4 + 6} = 2.4$（$\mu$F）（2 分）

(2) $Q = CU$（1 分）（2.5 分）

$\qquad = 2.4 \times 10^{-6} \times 120$（1 分）

$\qquad = 2.88 \times 10^{-4}$（C）（1 分）

答：总电容为 2.4 μF，总电荷量为 2.88×10^{-4} C（1 分）。

15. 解：$R = \dfrac{P}{I^2} = \dfrac{400}{5^2} = 16$（$\Omega$）（2.5 分）

$Z = \dfrac{U}{I} = \dfrac{110}{5} = 22$（$\Omega$）（2 分）

$X_L = \sqrt{Z^2 - R^2} = \sqrt{22^2 - 16^2} = 15.1$（$\Omega$）（2 分）

$L = \dfrac{X_L}{2\pi f} = \dfrac{15.1}{2 \times 3.14 \times 50} = 0.048~1$（H）（2.5 分）

答：线圈电阻为 16 Ω，电感为 0.048 1 H（1 分）。

16. 解：(1) $F_{AC} = G/\sin 30°$（1.5 分）

$\qquad = 200/0.5$（1 分）

$$=400(\text{kg})(1\ 分)$$

$$=3\ 920(\text{N})(1\ 分)$$

(2) $F_{BC}=G/\tan 30°$ (1.5 分)

$$=200/0.577\ 4(1\ 分)$$

$$=346.4(\text{kg})(1\ 分)$$

$$=3\ 394.8(\text{N})(1\ 分)$$

答:AC 所受的拉力为 3 920 N,BC 所受的压力为 3 394.8 N(1 分)。

17. 解:双回路的电阻为:

$$R=\frac{1}{2}\times(0.21\times150)=15.75(\Omega)(1\ 分)$$

8 h 内的电能损耗为:

$$\Delta W_{t2}=3I^2Rt(1.5\ 分)$$

$$=3\times263^2\times15.75\times10^{-3}\times8(1\ 分)$$

$$=26\ 146(\text{kW}\cdot\text{h})(1\ 分)$$

单回路的电阻为:

$$R=0.21\times150=31.5(\Omega)(1\ 分)$$

8 h 内的电能损耗为:

$$\Delta W_{t1}=3I^2Rt(1.5\ 分)$$

$$=3\times263^2\times31.5\times10^{-3}\times8(1\ 分)$$

$$=52\ 292(\text{kW}\cdot\text{h})(1\ 分)$$

答:单回路供电电能损耗是双回路供电的 2 倍(1 分)。

18. 解:(1)二次电压 U_2:

由 $U_1/U_2=K$ (2.5 分)得:

$$U_2=U_1/K=3\ 000/15=200(\text{V})(2\ 分)$$

(2)一次电流 I_1:

由 $I_1/I_2=1/K$ (2.5 分)得:

$$I_1=I_2/K=60/15=4(\text{A})(2\ 分)$$

答:二次电压为 200 V(0.5 分),一次电流为 4 A(0.5 分)。

19. 解:$I_C=2.7U_eL\times10^{-3}$ (4 分)

$$=2.7\times10\times15\times10^{-3}(2.5\ 分)$$

$$=0.405(\text{A})(2.5\ 分)$$

答:该线路单相接地时的电容电流为 0.405 A(1 分)。

20. 答:三相交流电源是由三个频率相同、振幅相等、相位依次互差 120°的交流电势组成的电源(3 分)。三相交流电较单相交流电有很多优点,在发电、输配电以及电能转换为机械能等方面都有明显的优越性(2.5 分)。例如:制造三相发电机、变压器都较制造单相发电机、变压器省材料,而且构造简单、性能优良;用同样材料制造的三相电机,其容量比单相电机大 50%;在输送同样功率的情况下,三相输电线较单相输电线可节省有色金属 25%,而且电能损耗较单相输电时少(4.5 分)。由于三相交流电具有上述优点,所以获得了广泛应用。

21. 答:(1)做好绝缘子的定期清扫工作:绝缘子清扫周期一般是每年一次,但还应根据绝缘子的脏污情况及对污样分析的结果适当确定清扫次数,清扫的方法有停电清扫、不停电清扫、不停电水冲洗三种(2.5分);(2)定期测试和及时更换不良绝缘子:线路上如果存在不良绝缘子,线路绝缘水平就要相应地降低,再加上线路周围环境污秽的影响,就更容易发生污秽事故,因此必须对绝缘子进行定期测试,发现不合格的绝缘子应及时更换,使线路保持正常的绝缘水平,一般1~2年就要进行一次绝缘子测试工作(2.5分);(3)提高线路绝缘水平:提高绝缘水平以增加泄漏距离的具体办法是增加悬垂式绝缘子串的片数,对针式绝缘子,提高一级电压等级(2.5分);(4)采用防污绝缘子:采用特制的防污绝缘子或将一般悬式绝缘子表面涂上一层涂料或半导体釉,以达到抗污闪的能力(2.5分)。

22. 答:电力变压器主要由铁芯和绕组(0.5分)、绝缘引线(0.5分)、调压装置(0.5分)、油箱及冷却装置(0.5分)、出线套管(0.5分)、变压器油(0.5分)等部分组成。变压器油枕的主要作用是:避免油箱中的油与空气接触(1.5分),以防油氧化变质,渗入水分,降低绝缘性能(1.5分)。因为大型变压器密封困难,变压器油热胀冷缩时必有水分进入油箱,安装油枕后,当油热膨胀时,一部分油便进到油枕里,而当油冷却时,一部分油又从油枕回到油箱中,这样就可以避免绝缘油大面积与空气接触,减少氧化和水分渗入(2分)。小型变压器因为油量少,膨胀程度小,且容易密封,只要将箱盖盖紧就可以避免外界空气的进入,故不需要油枕(2分)。

23. 答:(1)土块应打碎(1分);(2)35 kV 架空电力线路基坑每回填 300 mm 应夯实一次(1.5分),10 kV 及以下架空电力线路基坑每回填 500 mm 应夯实一次(1.5分);(3)松软土质的基坑,回填土时应增加夯实次数或采取加固措施(1.5分);(4)回填土后的电杆基坑宜设置防沉土层(1分),土层上部面积不宜小于坑口面积(1分),培土高度应超出地面 300 mm(1分);(5)当采用抱杆立杆留有滑坡时,滑坡(马道)回填土应夯实,并留有防沉层(1.5分)。

24. 答:电能是人民生产、生活等方面的主要能源(1分)。由发电厂、输配电线路、变电设备、配电设备和用电设备等组成有机联系的总体,称为电力系统(2分)。发电厂生产的电能,除小部分供本厂用电和附近用户外,大部分要经过升压变电站将电压升高,由高压输电线路送至距离较远的用户中心(1分),然后经降压变电站降压,由配电网络分配给用户(2分)。由此可见,配电网络是电力系统的一个重要组成部分,它是由配电线路和配电变电站组成的,其作用是将电能分配到工矿企业、城市和农村的用电器具中去(2分)。电压为 10 kV 的高压大功率用户,可从高压配电网络直接取得电能(1分);380/220 V 的用户,需再经变压器将 10 kV 再次降压后由低压配电网络供电(1分)。

25. 答:(1)套管是否清洁,有无裂纹、损伤、放电痕迹(0.5分);(2)油温、油色、油面是否正常,有无异声、异味(1分);(3)呼吸器是否正常,有无堵塞现象(1分);(4)各个电气连接点有无锈蚀、过热和烧损现象(1分);(5)分接开关指示位置是否正确,换接是否良好(0.5分);(6)外壳有无脱漆、锈蚀,焊口有无裂纹、渗油,接地是否良好(1分);(7)各部密封垫有无老化、开裂,缝隙有无渗漏油(1分);(8)各部螺栓是否完整,有无松动(0.5分);(9)铭牌及其他标志是否完好(0.5分);(10)一、二次熔断器是否齐备,熔线大小是否合适(1分);(11)一、二次引线是否松驰,绝缘是否良好,相间或对构件的距离是否符合规定,工作人员上、下电杆有无触电危险(0.5分);(12)变压器台架高度是否符合规定,有无锈蚀、倾斜、下沉,铁构件有无腐蚀,砖、石结构台架有无裂缝和倒塌的可能,地面安装的变压器的围栏是否完好(0.5分);(13)变压器台架上的其他设备(如表箱、开关等)是否完好(0.5分);(14)台架周围有无杂草丛生、杂物堆积,有无生长较高的农作物、树、竹、蔓藤类植物接近带电体(0.5分)。

26. 答:造成功率因数过低的主要原因是:在电力系统中电动机及其他带线圈的用电设备过多(这些负载属纯感性负载),这类设备除从电源取得一部分电流做功外,还将消耗部分用来建立线圈的磁场的无功电流,这样就额外地加大了电源的负担。显然,线路中的感性负载越多,无功电流所占的比例就越大,功率因数就越低,电源的额外负担就愈大(4分)。提高功率因数有以下几个方面的作用:(1)提高用电电压质量,改善设备允许条件,有利于安全生产(1.5分);(2)节约电能,降低生产成本,提高经济效率(1.5分);(3)减少线路的功率损失,提高电网输送功率(1.5分);(4)减少发电机的无功负载,提高发电机的有功出力,使发电机容量得以充分发挥和利用(1.5分)。

27. 答:接线布置图如图1所示(10分)。

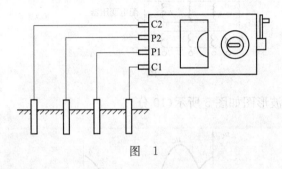

图 1

28. 答:(a)图错误是地线与火线颠倒(3分);(b)图错误是电源与负荷接反(3分)。正确的接线图如图2所示(4分)。

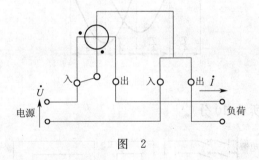

图 2

29. 答:举例如图3所示(10分)。

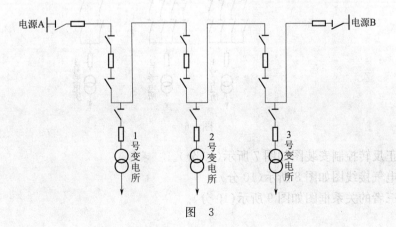

图 3

30. 答:安装原理图如图 4 所示(10 分)。

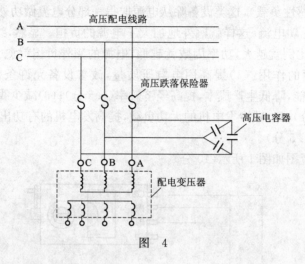

图　4

31. 答:电压、电流波形图如图 5 所示(10 分)。

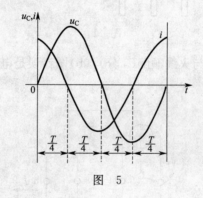

图　5

32. 答:举例如图 6 所示(10 分)。

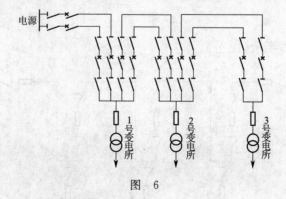

图　6

33. 答:正反转控制安装图如图 7 所示(10 分)。

34. 答:电气接线图如图 8 所示(10 分)。

35. 答:三者的关系框图如图 9 所示(10 分)。

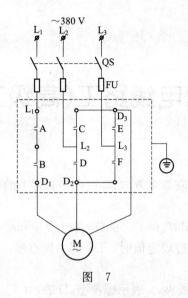

图 7

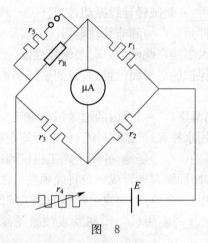

图 8

图 9

送电、配电线路工(高级工)习题

一、填空题

1. 在电路分析中常采用关联参考方向,即把同一元件上的电压参考方向和电流参考方向取为(　　)。

2. 虎克定律指出,对长度相等、(　　)的杆,弹性模量和横截面积越大,杆的变形就越小。

3. 10 kV 系统电容电流超过规定值时,可采用中性点经(　　)接地,一般采用过补偿方式运行。

4. NLD-3 中,N 表示耐张线夹,L 表示螺栓型,D 表示(　　)。

5. 防振主要从两方面着手:一是减轻导线振动,二是(　　)导线的耐振强度。

6. 阀型避雷器的基本元件是(　　)和非线性电阻。

7. 由于雷击造成的闪络大多能在跳闸后(　　)绝缘性能,所以重合闸成功率较高。

8. 防雷接地是针对防雷保护的需要而设置的,目的是减小雷电流通过接地装置时的地电位(　　)。

9. 严重盐雾侵袭地区、离海岸(　　)以内的地区污秽等级为 4 级。

10. 炸药发生燃烧时,应用水扑灭,严禁用砂石、(　　)等杂物覆盖。

11. 线路转角点应有较好的(　　)场地,并便于施工机械到达。

12. 架空线路的(　　)和断面图都展开成一条直线画在一张图上,简称平断面图。

13. 在弧立挡紧线时,采用(　　)可以解决过牵引的施工问题。

14. 交接和大修后的柱上开关应用(　　)兆欧表测量绝缘电阻,其绝缘电阻值不低于 1 000 MΩ。

15. 配电变压器不应过负荷运行,应经济运行,(　　)不宜低于额定电流的 60%。

16. 我国规定的安全电压额定值的等级为 42 V、36 V、24 V、12 V、6 V。在潮湿环境中应使用(　　)以下。

17. 电力设备及线路短路故障的保护应有(　　)和后备保护,必要时可再增设辅助保护。

18. 10 kV 中性点不接地系统单侧电源线路对(　　)短路应装设两段式过电流保护:第一段为不带时限的电流速断保护,第二段为带时限的过电流保护。

19. 互感器支架封顶安装面应(　　),同一组互感器的极性方向应一致。

20. 随着试验电压的升高,泄漏电流(　　),但一个良好的绝缘,在标准规定的试验电压作用下,其泄漏电流不应随加压时间的延长而增大。

21. 悬式绝缘子和支柱绝缘子的试验项目包括(　　)、交流耐压试验。

22. 悬式绝缘子机械强度的使用安全系数不应小于(　　)。

23. 导线接头电阻不应大于等长导线的电阻,挡距内接头的机械强度不应小于导线计算拉断力的(　　)。

24. 中性点直接接地的低压电力网中的零线,应在(　　　　)接地。低压配电线路,在干线和分支线终端处应重复接地。

25. 起重滑车虽然采取了润滑措施,但(　　　　)仍存在,因此效率永远小于100%。

26. 配电变压器并联运行应符合:额定电压相等,电压比允许相差±0.5%;(　　　　)不得超过10%;接线组别相同;容量比不得超过3∶1。

27. 熔断器遮断容量应大于其安装地点的短路容量,通过的最大负荷电流应小于其(　　　　)。

28. 新的或大修后的变压器投运前,除外观检查合格外,还必须有出厂试验合格证和供电局(电力局)(　　　　)的试验合格证。

29. 导线架设施工验收时,观察驰度的误差不应超过设计误差的(　　　　),运行中的驰度误差不超过−5%或+10%。

30. 运行人员应将发现的缺陷详细记入缺陷记录内,并提出(　　　　)。

31. 高压电器是电力系统中的重要设备,在电能的生产、传输和分配过程中起着控制、(　　　　)、测量等作用,其性能直接影响着电力系统的安全和稳定运行。

32. 一次回路是指构成生产、输送和分配电能的电路。高压断路器在正常时起控制作用,故障时起(　　　　)作用。

33. 断路器主要由开断元件、绝缘支持元件、传动元件和(　　　　)四部分组成。

34. 从表面上看,SF₆断路器和油断路器一样有气吹的作用,但其灭弧原理实质上(　　　　)。

35. 断路器的操动机构是用来控制断路器跳闸、合闸和(　　　　)状态的设备。

36. 高压隔离开关不能用来开断负荷电流和(　　　　)。

37. 负荷开关与熔断器配合使用时,由熔断器进行(　　　　)。

38. 负荷开关在分闸状态时有(　　　　),可起隔离开关的作用。

39. 电力变压器按冷却介质分为油浸式和(　　　　)两种。

40. 互感器分为电压互感器和(　　　　)两大类。

41. 为了限制电力系统的高次谐波对电力电容器的影响,常在电力电容器前(　　　　)一定比例的电抗器。

42. 移相(并联)电容器主要用于(　　　　),以提高系统的功率因数。

43. 若干个电容元件并联和串联起来,组成电容器(　　　　)。

44. 串联电容器用于(　　　　),提高线路末端电压水平。

45. 避雷器的作用是用来限制作用于设备上的(　　　　),以保护电气设备。

46. 避雷器常接于导线与(　　　　)之间,与被保护设备并联。

47. 绝缘子是用于支持或悬挂导线并使之与杆塔绝缘的,其应具有足够的绝缘强度和(　　　　)。

48. 悬垂线夹用于将导线固定在直线杆塔的悬垂(　　　　)上。

49. 耐张线夹用于将导线固定在非直线杆塔的(　　　　)上。

50. 连接金具用于将一串或数串(　　　　)绝缘子连接起来。

51. 直角挂板是一种(　　　　),用来改变绝缘子的连接方向。

52. 架空线路常用的接续金具有(　　　　)等。

53. 常用的拉线金具有钢线卡子、楔形线夹、(　　　　)、拉线用U形挂环。

54. 无避雷线的高压配电线路,在居民区的钢筋混凝土电杆宜接地,铁杆应接地,接地电阻均不宜超过( )。

55. 导线爆压,如遇到拒爆时,( )后方可接近药包进行处理。

56. 柱上油开关或隔离开关的防雷装置,其接地装置的接地电阻不应大于( )。

57. 低压配电线路跨越建筑物,导线与建筑物的垂直距离在最大计算弧垂情况下,不应小于( )。

58. 低压线路边线与永久建筑物之间的距离在最大风偏的情况下,不应小于( )。

59. 10 kV 配电线路通过林区应砍伐出通道,通道净宽度为线路两侧向外各延伸( )。

60. 导致介质击穿产生电弧的主要原因是( )。

61. RN6 用于保护( )。

62. 在 SF_6 断路器中,SF_6 气体的作用是( )。

63. 断路器在环境温度为 35 ℃时,其长期允许通过的最大电流( )额定电流。

64. ZN_{12}-10 是指额定电压为( )的户内真空断路器。

65. 断路器在额定电压下能开断的最大电流是指( )。

66. 隔离开关可以拉合( )。

67. GW_4-110D 型隔离开关操作时,由传动轴通过机构带动两个绝缘支柱向相反方向各自转动( ),以实现分、合闸操作。

68. 负荷开关主要用于关合和开断( )。

69. 频繁型负荷开关分合操作次数为( )。

70. 在真空断路器中,真空的作用是( )。

71. 限流型熔断器的额定电压必须( )电网额定电压。

72. 忽略变压器一、二次侧的漏电抗和( )时,可近似的认为 $U_1/U_2 = N_1/N_2$。

73. 对于三相变压器,其额定容量是指( )。

74. 变压器绕组连接组标号为"Y,d11",表示( ),低压绕组三角形连接,低压侧线电压相量超前高压侧线电压相量 30°。

75. 带电换表时,若接有电压、电流互感器,则应分别( )。

76. 在变压器( )带负载时的调压称为有载调压。

77. 单相变压器的额定电流等于变压器额定容量除以( )。

78. 变压器的温升是指变压器所测量部位的温度与( )之差。

79. 考虑线路电降,连接于线路始端的升压变压器,其二次侧额定电压要( )我国输变电线路的电压等级。

80. 接在输变电线路终端的变压器被称为( )。

81. 变压器匝数多的一侧电流小,电压( )。

82. 钳工用的台虎钳应固定在工作台或支架上使用,不能有摇晃现象,夹持工件时,只允许使用钳口最大行程的( )。

83. 变流电的优点很多,其中输电时将电压升高,以减少( )损失;用电时将电压降低,以降低使用电压。

84. 用 500 V 兆欧表测氧化锌 0.22 kV 避雷器的绝缘电阻应不低于( )。

85. 配电线路的 10 kV 高压线路中,直线杆应选用( )。

86. 使用新钢丝绳之前,应以其允许拉断力的(　　)倍做吊荷试验 15 min,合格后方可使用。

87. 当白棕绳需穿过滑车使用时,应选择轮槽直径不小于白棕绳直径(　　)倍的滑车,以免白棕绳承受过大的附加弯曲应力。

88. 正确安全地组织检修工作主要由(　　)负责。

89. 立杆后应把卡盘固定在电杆根部离地面(　　)处。

90. 工作人员工作中正常活动范围与带电设备的安全距离:10 kV 及以下应为(　　)。

91. 拉紧绝缘子的装设位置,应使拉线沿电杆下垂时,绝缘子离地高度在(　　)以上。

92. 采用钢圈连接的钢筋混凝土电杆宜采用(　　)焊接。

93. 固定母线安装夹板时,必须有一个是铜的或钢的,不能全用(　　)的。

94. 导线振动造成的断股、断线故障主要发生在(　　)线路上。

95. 戴维南等效电路说明一个含电源二端网络可以等效为一个电压源和(　　)的串联组合。

96. 在电压、电流为相同参考方向下,当 $P = UI > 0$ 时,说明元件(　　)。

97. 电磁式电压互感器饱和引起的过电压属于(　　)。

98. 氧化锌避雷器(　　)间隙。

99. 同一接地体一般情况下冲击接地电阻(　　)工频接地电阻。

100. 测量介质损失角正切值能较有效的发现(　　)。

101. 爬电比距(　　)绝缘子表面的污秽程度。

102. 电流源两端接入任一电路后,由电流源流入电路的电流与电流源两端的电压(　　)。

103. 切割导爆索、导火索应用(　　)。

104. 架空线路的纵断面图是沿线路中心线的(　　)。

105. 10 kV 柱上开关(　　)的工频耐压试验值为 42 kV。

106. 柱上开关、隔离开关接地装置的接地电阻不应大于(　　)。

107. 中性点不接地系统发生永久性接地故障时,不可用(　　)分段选出故障段。

108. 架空配电线路(　　)可不设相色标志。

109. 10 kV 架空配电线路交接时,在额定电压下对空载线路的冲击合闸试验应进行(　　)。

110. 10 kV 配电线路预防性登杆检查每(　　)至少一次。

111. 夜间巡视应在(　　)时进行,检查导线接点有无发热、打火等现象。

112. 跌落式熔断器的相间距离不足(　　)应及时处理。

113. 绝缘子发生击穿故障后,绝缘子已失去(　　)。

114. 能引起电力导线发生振动的风的方向是(　　)。

115. 每片悬式绝缘子的绝缘电阻不应小于(　　)。

116. YJLV 型额定电压为 8.7 kV 的电力电缆,交接性直流耐压试验的电压值为(　　)。

117. 泄漏电流随时间延长(　　),说明设备绝缘有缺陷。

118. 在连续挡导线力学计算中,我们可以把连续挡看成一个挡距等于(　　)的弧立挡。

119. 针式绝缘子机械强度的使用安全系数不应小于(　　)。

120. 高压配电线路铁横担的最小规格为（　　）。

121. 变压器试运行进行冲击合闸时，第一次受电持续时间不应小于（　　）。

122. 10 kV 重要线路不必（　　）进行一次夜间巡视。

123. 室外安装跌落式熔断器时，相间距离应不小于（　　）。

124. 10 kV 架空电力线路的转角角度（　　）时必须采用转角耐张杆。

125. 在电力线路中，除承受直线杆所承受的荷重外，还要承受顺线路方向全部导线拉力的杆型是（　　）。

126. 在电力线路中，除承受直线杆所承受的荷重外，还要承受分支线路导线的垂直荷重、水平风压、导线架线应力的杆型是（　　）。

127. 螺栓型 NLD-2 型耐张线夹适用于（　　）的导线。

128. 悬垂线夹（　　）适用于截面为 35～70 mm² 的导线。

129. QP-7 型球头挂环适用于（　　）高压悬式绝缘子。

130. 10 kV 高压架空线路直线杆一般选用（　　）针式绝缘子。

131. 在高压架空线路中，耐张杆、转角杆、终端杆一般选用（　　）高压绝缘子。

132. 10 kV 高压架空线路的耐张杆、转角杆、终端杆采用悬式绝缘子串的片数是（　　）片。

133. 架空线路路径的选择，要求线路一般应避开或绕过居民区，必须通过时，塔基础外边缘至地下管道、电缆等的水平距离不得小于（　　）。

134. 架空线路路径的选择，要求送电线路通过林区时，应砍伐出不小于线路宽度加林区主要树种高度（　　）倍的通道。

135. 架空线路路径的选择，要求在线路与爆炸物、易燃物或可燃液体的生产厂房、仓库等建筑物接近时，与它们的距离不应小于杆塔高度的（　　）倍。

136. 在其他条件相同时，线路导线通过电流时的弧垂（　　）不通过电流时的弧垂。

137. 在其他条件相同时，由于温差导致 LGJ-120 导线的弧垂变化（　　）LJ-120 导线的弧垂变化。

138. 当导线比载、应力、截面积相同时，弧垂则与挡距的（　　）成正比。

139. 观测弧垂时，若紧线段为 1～5 挡者，可（　　）选一挡观测。

140. 观测弧垂时，若紧线段为 6～12 挡者，可尽量在（　　）各选一挡进行观测。

141. 为保证观测精度，弧垂观测点及观测视线与电线的相切点，应尽量设法切在弧垂（　　）处。

142. 单芯电缆的导线截面为（　　）。

143. 在多芯电缆中，为了区别各线芯，在线芯绝缘层的外层纸带上打印了数字号或分色。分色时，中性线芯外层纸带则多是（　　）。

144. 电力电缆由（　　）组成。

145. 电缆线路的缺点是（　　）。

146. 电力电缆中绝缘性较高的是油浸（　　）电缆。

147. 电力电缆柔软性好、易弯曲，但只能作低压使用的是（　　）绝缘电缆。

148. 我国电缆产品的型号由大写的汉语拼音字母和阿拉伯数字组成，数字除标注电缆的一些参数外，还标注电缆的（　　）。

149. 由电力电缆的型号 ZQ-3×50-10-250 可以看出,该电缆的适用电压为(　　　)。

150. 由电力电缆型号 YJLV23-3×120-10-300 可以看出,该电缆的长度是(　　　)。

151. 架空敷设或在有爆炸危险场所敷设应选用(　　　)电缆。

152. 在含有腐蚀性土壤的地区应选用(　　　)电缆。

153. 大跨度跨越栈桥或排水沟道应选用(　　　)电缆。

154. 多股导线采用插接法进行直线连接时,将剥除绝缘层的接头线芯的中心一根剪去(　　　)。

155. 多股导线采用插接法进行直线连接时,缠绕长度应为导线直径的(　　　)倍。

156. 多股导线采用 U 形轧进行直线连接时,两副 U 形轧相隔距离应为(　　　)mm。

157. 变压器原绕组加入交流电压,流过原绕组的电流在铁芯中产生交变磁通,交变磁通在原绕组和副绕组中分别建立(　　　)。

158. 将变压器一次绕组加额定电压,二次绕组开路时的状态称为(　　　)。

159. 空载时变压器二次绕组的电压等于二次绕组的(　　　)。

160. 变压器的型号表明变压器的结构特点、额定容量和(　　　)的额定电压。

161. S9-500/10 型变压器中的 500 表示(　　　)。

162. S9-500/10 型变压器中的 10 表示(　　　)。

163. 变压器的额定电流是根据(　　　)而规定的满载电流值。

164. 变压器的额定电压是指(　　　)。

165. 变压器的额定容量单位符号是(　　　)。

166. 配电变压器空载运行时的损耗近似等于(　　　)。

167. 配电变压器负载运行时的损耗近似等于(　　　)。

168. 电源电压不变,配电变压器的(　　　)也基本不变。

169. 若 P_1 为输入功率,P_2 为输出功率,$\sum P$ 为总损耗,则变压器的效率 $n = P_2 /$ (　　　)。

170. 当变压器的负荷率为(　　　)时,变压器的效率最高。

171. 当变压器的铁损耗(　　　)铜损耗时,变压器的效率最高。

172. 除(　　　)外,其他变压器均属于特种变压器。

173. 电焊变压器的空载电压一般为(　　　)V。

174. 型号 JSG-10 电压互感器中的 G 表示(　　　)。

175. 高压断路器的基本组成中,(　　　)为关键部分。

176. 在高压断路器中,用于保证开断元件有可靠的对地绝缘,承受开断元件操作力的是(　　　)。

177. 高压断路器传动元件的功能是(　　　)。

178. 高压油断路器是用(　　　)来熄灭电弧和绝缘的。

179. 高压油断路器整体调试,是指测量动触头的分合速度无油、额定电压下进行和检查(　　　)机构的自由脱扣灵活性和可靠性。

180. 高压断路器检修后,传动机构应达到(　　　)、动作灵活。

181. 用电磁铁将电能转变成机械能来实现断路器分、合闸的动力机构称为(　　　)操动机构。

182. 结构简单、便于维护、故障少、不能实现自动控制及自动合闸的高压电器操动机构是

（　　）操动机构。

183. 在操作机构合闸弹簧的储能方式中,既能电动机储能又能手动储能的高压电器操动机构是（　　）操动机构。

184. 高压负荷开关往往和（　　）串联成一个整体,在 10 kV 及以下电力线路中可以很好地代替断路器。

185. 在结构形式上,高压负荷开关与隔离开关的区别是高压负荷开关（　　）。

186. 高压负荷开关与断路器的主要区别是:高压负荷开关不能（　　）电流。

187. 电流互感器容量单位的符号是（　　）。

188. 电流互感器二次绕组额定电流为（　　）A。

189. 电流互感器的精度等级是按照（　　）的大小划分的。

190. 电流互感器一次绕组的电流完全取决于负荷大小而不受二次电流的影响,互感器的这一特性与变压器是（　　）的。

191. 电流互感器两组相同的二次绕组串联时,感应电动势增大 1 倍,其二次回路中的电流（　　）。

192. 运行时的电流互感器相当于短路运行的（　　）。

193. 电压互感器的变比误差、角误差与（　　）无关。

194. 电压互感器的额定电压是指电压互感器（　　）的额定电压。

195. 电压互感器的额定容量是指在功率因数为 0.8 的条件下,其二次侧允许接入的（　　）。

196. 若电压互感器高压侧和低压侧额定电压分别是 60 000 V 和 100 V,则该互感器的互感比为（　　）。

197. 正常运行中的电压互感器相当于一个（　　）运行的降压变压器。

198. 电压互感器将系统的高电压变成（　　）V 的低电压。

199. 跌落式熔断器对下方的电气设备的水平距离不应小于（　　）m。

200. 为了便于跌落式熔断器的操作和熔断丝熔断自跌,瓷座轴线与地面垂线的夹角一般为（　　）。

二、单项选择题

1. 我国工频交流电的周期是（　　）。
(A)0.1 s　　　　(B)0.2 s　　　　(C)0.3 s　　　　(D)0.02 s

2. 欧姆定律是阐述在给定正方向下（　　）之间的关系。
(A)电流和电阻　　　　　　　　(B)电压和电阻
(C)电压和电流　　　　　　　　(D)电压、电流和电阻

3. 交流电机和变压器等设备选用硅钢片作铁芯材料,目的是为了（　　）。
(A)减少涡流　　　　　　　　　(B)减少磁滞损耗
(C)减少涡流和磁滞损耗　　　　(D)增加设备绝缘性能

4. 电位的计算实质上是电压的计算,下列说法正确的是（　　）。
(A)电阻两端的电位是固定值
(B)电压源两端的电位差由其自身确定

(C)电流源两端的电位差由电流源之外的电路决定

(D)电位是一个相对量

5. 在值班期间需要移开或越过遮拦时（　　）。

(A)必须有领导在场 　　　　　　　　(B)必须先停电

(C)必须有监护人在场 　　　　　　　(D)自行决定

6. 在热带多雷地区应选择（　　）避雷器。

(A)FS 　　　　　(B)FCD 　　　　　(C)FZ 　　　　　(D)FCZ-30DT

7. 1 kV 及以下配电装置做交流耐压试验的电压为（　　）。当回路绝缘电阻在 10 MΩ 以上时，可采用 2 500 V 兆欧表代替，试验持续时间为 1 min。

(A)500 V 　　　　(B)1 000 V 　　　　(C)1 500 V 　　　　(D)2 000 V

8. 10 kV 油浸式电力变压器做绝缘工频耐压试验时的试验电压有效值标准：出厂时为（　　）；交接时为 30 kV。

(A)10 kV 　　　　(B)20 kV 　　　　(C)35 kV 　　　　(D)40 kV

9. 垂直接地体的间距不宜小于其长度的（　　）。

(A)1 倍 　　　　(B)2 倍 　　　　(C)3 倍 　　　　(D)4 倍

10. 接地线沿建筑物墙壁水平敷设时，距离地面（　　）为宜。

(A)100～150 mm 　(B)150～200 mm 　(C)200～250 mm 　(D)250～300 mm

11. 独立避雷针(线)的接地网与电气设备接地网的距离不应小于（　　）。

(A)1 m 　　　　(B)2 m 　　　　(C)3 m 　　　　(D)5 m

12. 隔离开关的导电部分的接触好坏，可用 0.05 mm×10 mm 的塞尺检查，对于接触面宽度为 50 mm 及以下时，其塞入深度不应超过（　　）。

(A)2 mm 　　　　(B)4 mm 　　　　(C)6 mm 　　　　(D)8 mm

13. 假定电气设备的绕组绝缘等级是 A 级，那么它的耐热温度是（　　）。

(A)120 ℃ 　　　　(B)110 ℃ 　　　　(C)105 ℃ 　　　　(D)100 ℃

14. 聚氯乙烯塑料电缆的使用电压范围是（　　）。

(A)1～10 kV 　　　(B)10～35 kV 　　　(C)35～110 kV 　　　(D)110 kV 以上

15. 对于各种类型的绝缘导线，其允许工作温度为（　　）。

(A)45 ℃ 　　　　(B)55 ℃ 　　　　(C)65 ℃ 　　　　(D)75 ℃

16. 线路绝缘子的击穿故障发生在（　　）。

(A)绝缘子表面 　　(B)瓷质部分 　　　(C)铁件部分 　　　(D)绝缘子内部

17. 10 kV 配电线路允许的电压偏差为（　　）。

(A)±5% 　　　　(B)±6% 　　　　(C)±7% 　　　　(D)±10%

18. 能经常保证安全供电的，仅有个别的、次要的元件有一般缺陷的电气设备属于（　　）设备。

(A)一类 　　　　(B)二类 　　　　(C)三类 　　　　(D)四类

19. 电气设备的维护管理范围规定，低压供电的，以供电接户线的最后支持物为供电部门与用户的分界点，支持物属（　　）。

(A)国家的 　　　(B)供电局 　　　　(C)用户 　　　　(D)由双方协商解决

20. 交流耐压试验，加至试验标准电压后的持续时间，凡无特殊说明者为（　　）。

(A)30 s　　　　　(B)45 s　　　　　(C)60 s　　　　　(D)90 s

21. 改善功率因数的问题实质上是补偿(　　)功率。

(A)有功　　　　　(B)容性无功　　　　　(C)感性无功　　　　　(D)视在

22. 自阻尼钢芯铝绞线的运行特点是(　　)。

(A)载流量大　　　　(B)电量损耗小　　　　(C)导线振动小　　　　(D)电压稳定

23. 保护继电器根据其(　　)加入物理量的性质分为电量与非电量两大类。

(A)输入端　　　　(B)中端　　　　(C)输出端　　　　(D)两端

24. 当 FS 避雷器的绝缘电阻值不小于(　　)时,可不进行电压电流测量。

(A)1 000 MΩ　　　(B)1 500 MΩ　　　(C)2 000 MΩ　　　(D)2 500 MΩ

25. 木抱杆在使用前进行强度验算时,其允许应力一般可取(　　)进行验算。

(A)600～700 N/cm^2　　　　　　　　(B)700～800 N/cm^2

(C)800～900 N/cm^2　　　　　　　　(D)900～1 000 N/cm^2

26. 钢抱杆应用热镀锌或防锈漆防腐,钢抱杆中心弯曲不宜超过抱杆全长的(　　)。

(A)1%　　　　　(B)3%　　　　　(C)3‰　　　　　(D)1‰

27. 变电站(所)设备接头和线夹的最高允许温度为(　　)。

(A)85 ℃　　　　(B)90 ℃　　　　(C)95 ℃　　　　(D)100 ℃

28. 集成稳压器按工作方式可分为线性串联型和(　　)串联型。

(A)非线性　　　　(B)开关　　　　(C)连续　　　　(D)断续

29. 临时线应有严格的审批制度,临时线最长使用期限是(　　)天,使用完毕后应立即拆除。

(A)7　　　　　(B)10　　　　　(C)15　　　　　(D)30

30. JT-1 型晶体管图示仪输出集电极电压的峰值是(　　)V。

(A)100　　　　(B)200　　　　(C)500　　　　(D)1 000

31. 识读 J50 数控系统电气图的第二步是(　　)。

(A)分析数控装置　　　　　　　　(B)分析测量反馈装置

(C)分析伺服系统装置　　　　　　(D)分析输入/输出设备

32. 识读完 J50 数控系统电气原理图以后,还要进行(　　)。

(A)分析连锁　　　(B)总体检查　　　(C)记录　　　(D)总结

33. 电气设备标牌上英文词汇"asynchronous motor"的中文意思是(　　)。

(A)力矩电动机　　(B)异步电动机　　(C)同步电动机　　(D)同步发电机

34. PLC 的一个工作周期内的工作过程分为输入处理、(　　)和输出处理三个阶段。

(A)程序编排　　　(B)采样　　　(C)程序处理　　　(D)反馈

35. 架空线路交接验收中,在额定电压下对空载线路应进行(　　)次冲击合闸试验。

(A)1　　　　　(B)2　　　　　(C)3　　　　　(D)4

36. 运算放大器是一种标准化的电路,基本上由高输入阻抗差分放大器、高增益电压放大器和(　　)放大器组成。

(A)低阻抗输出　　(B)高阻抗输出　　(C)多级　　　(D)功率

37. 线路电能损耗量是由于线路导线存在电晕及(　　)。

(A)电阻　　　　(B)电容　　　　(C)电抗　　　　(D)电感

38. 10 kV 配电线输送 0.2～2.0 MW 电能的输送距离应在(　　)km 之间。
(A)6～10　　　(B)6～20　　　(C)6～30　　　(D)6～40

39. 理论培训讲义的内容应(　　),并具有条理性和系统性。
(A)由浅入深　　(B)简明扼要　　(C)面面俱到　　(D)具有较深的内容

40. 电力电缆不得过负荷运行,在事故情况下 10 kV 以下电缆只允许连续(　　)运行。
(A)1 h 过负荷 35%　　　　　(B)1.5 h 过负荷 20%
(C)2 h 过负荷 15%　　　　　(D)3 h 过负荷 10%

41. 为了防止加工好的接触面再次氧化形成新的氧化膜,可按照涂(　　)的施工工艺除去接触面的氧化膜。
(A)中性凡士林　　(B)黄油　　(C)导电胶　　(D)电力复合脂

42. 如听到运行中的变压器发生均匀的"嗡嗡"声,则说明(　　)。
(A)变压器正常　　(B)绕组有缺陷　　(C)铁芯有缺陷　　(D)负载电流过大

43. 设备的(　　)是对设备进行全面检查、维护、处理缺陷和改进等综合性工作。
(A)大修　　(B)小修　　(C)临时检修　　(D)定期检查

44. 用(　　)表示正弦量。
(A)三角函数表示式　　　　　(B)相量图
(C)复数　　　　　　　　　(D)度数

45. 触电急救胸外按压与口对口人工呼吸同时救护时,若单人抢救,每按压(　　)后吹气 2 次,反复进行。
(A)5 次　　　(B)10 次　　　(C)15 次　　　(D)20 次

46. 对于不执行有关调度机构批准的检修计划的主管人员和直接责任人员,可由所在单位或上级机关给予(　　)处理。
(A)行政处分　　(B)厂纪厂规处罚　　(C)经济罚款　　(D)法律制裁

47. 导地线爆压时,以药包为中心对人身距离:地面爆压时,一般应大于(　　);杆塔上爆压时,应大于 3 m。
(A)3 m　　　(B)10 m　　　(C)20 m　　　(D)30 m

48. 只要有(　　)存在,其周围必然有磁场。
(A)电压　　(B)电流　　(C)电阻　　(D)电容

49. 1 A＝(　　)mA＝10^6 μA。
(A)10^2　　(B)10^3　　(C)10^4　　(D)10^5

50. 在欧姆定律中,电流的大小与(　　)成正比。
(A)电阻　　(B)电压　　(C)电感　　(D)电容

51. 电路中任意两点间的电位差叫(　　)。
(A)电压　　(B)电流　　(C)电阻　　(D)电动势

52. 电荷在单位时间内做的功称为电功率,单位是(　　)。
(A)P　　(B)R　　(C)A　　(D)W

53. 我国通常采用的交流电的波形是正弦波,其频率是(　　)Hz。
(A)60　　(B)55　　(C)50　　(D)45

54. 导线切割磁力线运动时,导线中会产生(　　)。

(A)感应电动势　　　(B)感应电流　　　(C)磁力线　　　(D)感应磁场

55. 判断载流导线周围磁场的方向用(　　)定则。

(A)左手　　　(B)右手　　　(C)右手螺旋　　　(D)左手螺旋

56. 在正常工作条件下能够承受线路导线的垂直和水平荷载,但不能承受线路方向导线张力的电杆叫(　　)杆。

(A)耐张　　　(B)直线　　　(C)转角　　　(D)分支

57. 在配电线路中最上层横担的中心距杆顶部距离与导线排列方式有关,当水平排列时采用(　　)m。

(A)0.2　　　(B)0.3　　　(C)0.4　　　(D)0.6

58. 在配电线路中最上层横担的中心距杆顶部距离与导线排列方式有关,当等腰三角形排列时采用(　　)m。

(A)0.3　　　(B)0.45　　　(C)0.6　　　(D)0.75

59. 钢芯铝绞线的代号为(　　)。

(A)GJ　　　(B)LGJ　　　(C)LGJQ　　　(D)LGJJ

60. 直角挂扳是一种(　　)金具。

(A)线夹　　　(B)拉线　　　(C)接续　　　(D)连续

61. 楔形线夹属于(　　)金具。

(A)接续　　　(B)连接　　　(C)拉线　　　(D)保护

62. 根据电压等级的高低,10 kV配电网属于(　　)电网。

(A)超高压　　　(B)高压　　　(C)中压　　　(D)低压

63. 杆塔是用以架设导线的构件,在配电线路中常用的是(　　)。

(A)铁塔　　　(B)水泥杆　　　(C)钢管塔　　　(D)木杆

64. 配电装置中,代表A相的相位色为(　　)。

(A)红色　　　(B)黄色　　　(C)淡蓝色　　　(D)绿色

65. 配电线路13 m及以下拔梢电杆的埋设深度,无设计特殊要求时为杆长的1/10外加(　　)。

(A)500 mm　　　(B)800 mm　　　(C)600 mm　　　(D)700 mm

66. 安全帽在使用前应将帽内弹性带系牢,与帽顶应保持(　　)距离的缓冲层,以达到抗冲击保护的作用。

(A)1.5~5 cm　　　(B)2.5~5 cm　　　(C)3.5~5 cm　　　(D)5~7 cm

67. 电流互感器的变比K为100,二次侧电流表读数为4.5 A,则被测电路的一次电流为(　　)。

(A)4.5 A　　　(B)45 A　　　(C)450 A　　　(D)0.45 A

68. 中性点不接地系统的配电变压器台架安装要求(　　)的接地形式。

(A)变压器中性点单独接地　　　(B)中性点和外壳一起接地
(C)中性点和避雷器一起接地　　　(D)中性点、外壳、避雷器接入同一个接地体中

69. 使用的12 in活动扳手,其实际长度为(　　)mm。

(A)150　　　(B)200　　　(C)300　　　(D)350

70. 高压电气设备发生接地时,室内不得接近故障点4 m以内,室外不得接近故障点

( )m 以内。

(A)4　　　　　(B)6　　　　　(C)8　　　　　(D)10

71. 高压设备上工作需要全部停电或部分停电者,需执行( )方式才能进行工作。

(A)第一种工作票　　　　　　　(B)第二种工作票

(C)口头命令　　　　　　　　　(D)电话命令

72. 在高压设备上工作,至少应有( )一起工作。

(A)1 人　　　　(B)2 人　　　　(C)3 人　　　　(D)4 人

73. 对人体伤害最轻的电流途径是( )。

(A)从右手到左脚　　　　　　　(B)从左手到右脚

(C)从左手到右手　　　　　　　(D)从左脚到右脚

74. 起重用的链条葫芦一般起吊高度为( )m。

(A)3.5~5　　　(B)2.5~3　　　(C)3~4.5　　　(D)2.5~5

75. 低压三相异步电动机外壳意外带电造成的后果是( )。

(A)电压明显降低　　　　　　　(B)电流略有减小

(C)电动机发出异常声音　　　　(D)使人受到电击并可能打火放电

76. 导线型号是由代表导线材料、结构的汉语拼音字母和标称截面积(mm²)三部分表示的,如 T 字母处于第一位置时则表示( )。

(A)钢线　　　　(B)铜线　　　　(C)铝线　　　　(D)铝合金线

77. 巡线中有特殊巡视和夜间巡视,当夜间巡视时应在线路( )且没有月光的时间里进行。

(A)正常运行时　　(B)故障时　　(C)负荷最大时　　(D)负荷最小时

78. 导线端部接到接线柱上,如单股导线截面在( )以上,应使用不同规格的接线端子。

(A)4 mm²　　　(B)6 mm²　　　(C)8 mm²　　　(D)10 mm²

79. 单股导线连接:当单股导线截面在( )以下时,可用绞接法连接。

(A)8 mm²　　　(B)6 mm²　　　(C)4 mm²　　　(D)2 mm²

80. 测量低压线路和配电变压器低压侧的电流时,若不允许断开线路时,可使用( ),应注意不触及其他带电部分,防止相间短路。

(A)钳形表　　　(B)电流表　　　(C)电压表　　　(D)万用表

81. 登杆用的踩板必须进行承力试验,其要求是:静荷重( ),持续时间 5 min。

(A)150 kg　　　(B)175 kg　　　(C)200 kg　　　(D)225 kg

82. 登杆用的脚扣必须经静荷重 100 kg 试验,持续时间 5 min,周期试验每( )进行一次。

(A)3 个月　　　(B)6 个月　　　(C)12 个月　　　(D)18 个月

83. 事故紧急处理( ),但应履行许可手续,做好安全措施。

(A)要填写工作票　　　　　　　(B)不需填写工作票

(C)征得领导同意　　　　　　　(D)无需领导同意

84. 在( )及以上的大风、暴雨、打雷、大雾等恶劣天气,应停止露天高空作业。

(A)8 级　　　　(B)7 级　　　　(C)6 级　　　　(D)5 级

85. 操作柱上油断路器时,应注意防止(　　)伤人。

(A)断路器是否处在合闸位置　　　　(B)断路器是否处在分闸位置

(C)断路器爆炸　　　　(D)高空坠物

86. (　　),严禁进行倒闸操作和更换熔丝工作。

(A)雨天时　　　　(B)夜晚时　　　　(C)雷电时　　　　(D)雪天时

87. 钳压法适用于(　　)mm²铝绞线的接续。

(A)LJ-16~70　　　　(B)LJ-16~95　　　　(C)LJ-16~120　　　　(D)LJ-16~185

88. 板桩式地锚,打入地中的方向可分为垂直锚和斜向锚两种,其受力方向最好与锚桩(　　),而且拉力的作用点最好靠近地面,这样受力较好。

(A)互成45°　　　　(B)互成60°　　　　(C)平行　　　　(D)垂直

89. 架空配电线路的导线在针式绝缘子上固定时,常采用绑线缠绑,采用铝绑线的直径在(　　)mm 范围内。

(A)1.5~2.5　　　　(B)2.5~3.0　　　　(C)3.0~3.5　　　　(D)2.0~2.5

90. 绝缘导线连接后必须用绝缘带进行绝缘恢复,方法是从完整的绝缘层开始,从左到右斜叠方向进行,每圈压叠(　　)带宽。

(A)1/5　　　　(B)1/4　　　　(C)1/3　　　　(D)1/2

91. 新建电力线路电杆的编号(　　)。

(A)分支杆允许有重号　　　　(B)不允许有跳号

(C)有少数括号也可以　　　　(D)耐张杆允许有重号

92. 100 kVA 配电变压器低压侧中性点的工作接地电阻一般不应大于(　　)。

(A)4 Ω　　　　(B)10 Ω　　　　(C)20 Ω　　　　(D)30 Ω

93. 万用表测量交流电压时,所测的电压是正弦交流电压的(　　)。

(A)平均值　　　　(B)有效值　　　　(C)最大值　　　　(D)瞬时值

94. 配电变压器的绝缘油在变压器内的作用是(　　)。

(A)绝缘、灭弧　　　　(B)绝缘、冷却　　　　(C)绝缘　　　　(D)灭弧

95. 线路检修挂接地线时,应先接(　　)。

(A)接地端　　　　(B)A 相　　　　(C)U 相　　　　(D)C 相

96. 裂纹和硬伤面积超过(　　)mm² 以上的绝缘子用在线路上,在阴雨天气的运行中,易发生击穿和闪络故障。

(A)100　　　　(B)80　　　　(C)60　　　　(D)40

97. 低压金属氧化物避雷器用 500 V 兆欧表测量电阻值,(　　)以上即为正常。

(A)4 MΩ　　　　(B)3 MΩ　　　　(C)2 MΩ　　　　(D)1 MΩ

98. 三极隔离开关安装时,应调整其三相同期性,使三相不同期性小于(　　)。

(A)2 mm　　　　(B)3 mm　　　　(C)4 mm　　　　(D)5 mm

99. 隔离开关能直接操作励磁电流不超过(　　)的空载变压器。

(A)1 A　　　　(B)2 A　　　　(C)4 A　　　　(D)5 A

100. 跌落式熔断器控制的变压器,在停电时应(　　)。

(A)通知用户将负载切除　　　　(B)先拉开隔离开关

(C)先断开跌落式熔断器　　　　(D)先拉开低压总开关

101. 单杆式变压器台架多用来安装容量在( )变压器。
(A)30 kVA 及以下的三相
(B)30 kVA 及以下的单相
(C)30 kVA 及以下的单相或三相
(D)30 kVA 及以上的单相或三相

102. 线路施工时,耐张绝缘子串的弹簧销子一律( )穿。
(A)向右(面向受电侧)
(B)向左(面向受电侧)
(C)向上
(D)向下

103. 带电线路导线对地的垂直距离,可用( )或在地面抛挂绝缘绳的方法测量。
(A)皮尺
(B)钢卷尺
(C)测量仪
(D)目测

104. 某线路开关停电检修,线路侧旁路运行,这时应该在该开关操作手把上悬挂( )的标示牌。
(A)在此工作
(B)禁止合闸
(C)禁止攀登、高压危险
(D)有电危险

105. 配电线路立杆时用的叉杆,是由细长圆杆组成的,其梢径不小于 80 mm,根径应不小于( )。
(A)800 mm
(B)100 mm
(C)120 mm
(D)140 mm

106. 在直线杆上安装分支横担,作业人员应先确定分支横担位置,其安装位置是距直线横担基准线下方( )处划印。
(A)450 mm
(B)600 mm
(C)750 mm
(D)900 mm

107. 转角双并横担安装前,先量取从杆顶往下( )处划印,安装拉线抱箍后再装设双并横担。
(A)150 mm
(B)200 mm
(C)250 mm
(D)300 mm

108. 在 10 kV 及以下的带电杆塔上进行工作,工作人员距最下层高压带电导线垂直距离不得小于( )。
(A)1.5 m
(B)1.1 m
(C)0.9 m
(D)0.7 m

109. 钢丝绳是由 19、37、61 根钢丝捻成股线,再由( )股线及中间加浸油的麻绳芯合成的。
(A)3 股
(B)4 股
(C)5 股
(D)6 股

110. 手拉葫芦在使用中,当重物离开地面约( )时停留一段时间,确认各部件受力正常后,再继续起吊。
(A)0.1 m
(B)0.2 m
(C)0.3 m
(D)0.4 m

111. 隔离开关是低压配电装置中最简单和应用最广泛的电器,主要用于( )。
(A)通断额定电流
(B)停电时有明显的断开点
(C)切断短路电流
(D)切断过载电流

112. 不按工作票要求布置安全措施,工作负责人应负( )。
(A)主要责任
(B)次要责任
(C)直接责任
(D)连带责任

113. 未经医生许可,严禁用( )来进行触电急救。
(A)心肺复苏法
(B)打强心针
(C)仰卧压胸法
(D)举臂压胸法

114. 用滚杆拖运笨重物体时,添放滚杆的人员应站在( ),并不得戴手套。
(A)滚动物体的前方
(B)滚动物体的后方

(C)滚动物体的侧方　　　　　　　　(D)方便添放滚杆的方向

115. 一段导线的电阻为 8 Ω,若将该段导线从中间对折合并成一条新导线,新导线的电阻为( )。

(A)32 Ω　　　　(B)16 Ω　　　　(C)4 Ω　　　　(D)2 Ω

116. 在感性负载交流电路中,常用( )方法来提高电路功率因数。

(A)负载串联电阻　　　　　　　　(B)负载并联电阻

(C)负载串联电容器　　　　　　　(D)负载并联电容器

117. 在纯电感交流电路中,电流与电压的相位关系是( )。

(A)电流与电压同相　　　　　　　(B)电流与电压反相

(C)电流超前电压 90°　　　　　　(D)电流滞后电压 90°

118. 在 R、L、C 串联电路中,当 $X_L = X_C$ 时,比较电阻上电压 U_R 和电路总电压 U 的大小为( )。

(A)$U_R < U$　　(B)$U_R = U$　　(C)$U_R > U$　　(D)$U_R = 0, U \neq 0$

119. 1 kV 及以下配电装置及馈电线路的绝缘电阻值不应小于( )MΩ。

(A)0.2　　　　(B)0.5　　　　(C)1.0　　　　(D)1.5

120. 基坑施工前的定位应符合以下规定:10 kV 及以下架空电力线路顺线路方向的位移不应超过设计挡距的( )。

(A)4%　　　　(B)3%　　　　(C)2%　　　　(D)1%

121. 基坑施工前的定位应符合以下规定:10 kV 及以下架空电力线路直线杆横线路方向的位移不应超过( )mm。

(A)20　　　　(B)30　　　　(C)40　　　　(D)50

122. 10 kV 及以下架空电力线路基坑每回填土达( )时,应夯实一次。

(A)200 mm　　(B)300 mm　　(C)400 mm　　(D)500 mm

123. 拉线盘的埋深和方向应符合设计要求,拉线棒与拉线盘应垂直,拉线棒外露地面部分的长度为( )mm。

(A)200~300　　(B)300~400　　(C)400~500　　(D)500~700

124. 拉线安装后对地平面夹角与设计值允许误差:当为 10 kV 及以下架空电力线路时不应大于( )。

(A)3°　　　　(B)5°　　　　(C)7°　　　　(D)9°

125. 瓷横担绝缘子安装,当直立安装时,顶端顺线路歪斜不应大于( )mm。

(A)10　　　　(B)20　　　　(C)25　　　　(D)30

126. 单金属导线在同一处损伤的面积占总面积的 7%以上,但不超过( )时,以补修管进行补修处理。

(A)17%　　　　(B)15%　　　　(C)13%　　　　(D)11%

127. 导线与接续管进行钳压时,压接后的接续管弯曲度不应大于管长的( ),有明显弯曲时应校直。

(A)8%　　　　(B)6%　　　　(C)4%　　　　(D)2%

128. 10 kV 及以下架空电力线路的导线紧好后,弧垂的误差不应超过设计弧垂的( )。

(A)±7%　　　　(B)±5%　　　　(C)±3%　　　　(D)±1%

129. 10 kV 及以下架空电力线路紧线时,同挡内各相导线弧垂宜一致,水平排列时的导线弧垂相差不应大于( )mm。

(A)50　　　　(B)40　　　　(C)30　　　　(D)20

130. 线路的导线与拉线、电杆或构架之间安装后的净空距离:1~10 kV 时不应小于( )mm。

(A)400　　　　(B)300　　　　(C)200　　　　(D)100

131. 1~10 kV 线路每相引流线、引下线与邻相的引流线、引下线或导线之间,安装后的净空距离不应小于( )mm。

(A)500　　　　(B)400　　　　(C)300　　　　(D)200

132. 10~35 kV 架空电力线路的引流线当采用并沟线夹连接时,线夹数量不应小于( )。

(A)1 个　　　　(B)2 个　　　　(C)3 个　　　　(D)4 个

133. 杆上隔离开关安装要求刀刃合闸后接角紧密,分闸后应有不小于( )mm 的空气隙。

(A)140　　　　(B)160　　　　(C)180　　　　(D)200

134. 10 kV 及以下电力接户线安装时,挡距内( )。

(A)允许有 1 个接头　　　　　　　(B)允许有 2 个接头

(C)不超过 3 个接头　　　　　　　(D)不应有接头

135. 10 kV 及以下电力接户线固定端当采用绑扎固定时,其绑扎长度应满足:当导线为 25~50 mm² 时,应绑扎长度( )。

(A)≥50 mm　　　(B)≥80 mm　　　(C)≥120 mm　　　(D)≥200 mm

136. 接地体当采用搭接焊连接时,要求扁钢的搭接长度应为其宽度的( )倍,四面施焊。

(A)1　　　　(B)2　　　　(C)3　　　　(D)4

137. 电压波动以电压变化期间( )之差相对于电压额定值的百分数来表示。

(A)电压实际值与电压额定值　　　　(B)电压最大值与电压最小值

(C)电压最大值与电压额定值　　　　(D)电压实际值与电压最小值

138. 触电急救中,在现场抢救时不要为了方便而随意移动触电者,如确需移动触电者,其抢救时间不得中断( )。

(A)30 s　　　　(B)40 s　　　　(C)50 s　　　　(D)60 s

139. LGJ-95 导线使用压接管接续时,钳压口数为( )个。

(A)10　　　　(B)14　　　　(C)20　　　　(D)24

140. 带电作业绝缘工具的电气试验周期是( )。

(A)2 年　　　　(B)18 个月　　　　(C)6 个月　　　　(D)3 个月

141. 10 kV 配电线路的通道宽度应为线路宽度外加( )。

(A)5 m　　　　(B)8 m　　　　(C)9 m　　　　(D)10 m

142. 在《全国供用电规则》中明确规定,功率因数低于( )时,供电局可不予以供电。

(A)0.9　　　　(B)0.85　　　　(C)0.7　　　　(D)0.75

143. 钳形电流表使用完后,应将量程开关挡位放在( )。

(A)最高挡　　　　(B)最低挡　　　　(C)中间挡　　　　(D)任意挡

144. 6～10 kV的验电器试验周期为每（　　）个月1次。

(A)3　　　　　　　(B)6　　　　　　　(C)12　　　　　　(D)18

145. 6～10 kV的验电器做交流耐压试验时,施加的试验电压为（　　）kV,试验时间为5 min。

(A)11　　　　　　(B)22　　　　　　(C)33　　　　　　(D)45

146. 与电容器连接的导线长期允许电流应不小于电容器额定电流的（　　）倍。

(A)1.1　　　　　(B)1.3　　　　　(C)1.5　　　　　(D)1.7

147. 直线杆10 kV间各导线横担间的最小垂直距离为（　　）。

(A)0.6 m　　　　(B)0.8 m　　　　(C)1.0 m　　　　(D)1.2 m

148. 铝绞线、钢芯线在正常运行时,表面最高温升不应超过（　　）。

(A)30 ℃　　　　(B)40 ℃　　　　(C)50 ℃　　　　(D)60 ℃

149. 3～10 kV的配电变压器应尽量采用（　　）来进行防雷保护。

(A)避雷线　　　(B)避雷针　　　(C)避雷器　　　(D)火花间隙

150. 配电变压器中性点接地属（　　）。

(A)保护接地　　(B)防雷接地　　(C)工作接地　　(D)过电压保护接地

151. 带电作业人体感知交流电流的最小值是（　　）。

(A)0.5 mA　　　(B)1 mA　　　　(C)1.5 mA　　　(D)2 mA

152. 高压接户线的铜线截面应不小于（　　）。

(A)10 mm²　　　(B)16 mm²　　　(C)25 mm²　　　(D)35 mm²

153. 吸收比是兆欧表在额定转速下60 s的绝缘电阻读数和（　　）的绝缘电阻读数之比。

(A)60 s　　　　(B)45 s　　　　(C)30 s　　　　(D)15 s

154. 测量变压器直流电阻,对于中小型变压器高压绕组可用（　　）测量。

(A)万用表　　　(B)兆欧表　　　(C)单臂电桥　　　(D)双臂电桥

155. 对于开关柜等较重的配电屏,一般可采用焊接方式固定。焊缝不宜过长,开关柜一般为（　　）。

(A)10～20 mm　(B)20～30 mm　(C)20～40 mm　(D)30～40 mm

156. 二次回路接线工作完成后,要进行交流耐压试验,试验电压为（　　）,持续1 min。

(A)220 V　　　　(B)500 V　　　　(C)1000 V　　　(D)2 500 V

157. 10 kV电缆终端头制作前,要对电缆用2 500 V兆欧表测量其绝缘电阻,要求绝缘电阻不小于（　　）。

(A)50 MΩ　　　(B)100 MΩ　　　(C)150 MΩ　　　(D)200 MΩ

158. 纯电容交流电路中,电流与电压的相位关系为电流（　　）。

(A)超前90°　　(B)滞后90°　　(C)同相　　　(D)超前0～90°

159. 在有风时,逐相操作跌落式熔断器应按（　　）顺序进行。

(A)先下风相、后上风相　　　　　　　(B)先中间相、后两边相

(C)先上风相、后下风相　　　　　　　(D)先中间相、继下风相、后上风相

160. 线路零序保护动作后,故障形式为（　　）。

(A)短路　　　　(B)接地　　　　(C)过负载　　　(D)过电压

161. 广义质量除包括产品质量外,还包括（　　）。

(A)设计质量　　　(B)宣传质量　　　(C)工作质量　　　(D)售后服务质量

162. 拉紧绝缘子的装设位置,应使拉线沿电杆下垂时,绝缘子离地高度在(　　　)。

(A)1 m 以上　　　(B)1.5 m 以上　　　(C)2 m 以上　　　(D)2.5 m 以上

163. 变压器二次绕组开路,一次绕组施加(　　　)的额定电压时,一次绕组中流过的电流为空载电流。

(A)额定功率　　　(B)任意功率　　　(C)最大功率　　　(D)最小功率

164. 用于确定载流导体在磁场中所受磁场力(电磁力)方向的法则是(　　　)。

(A)左手定则　　　(B)右手定则　　　(C)左手螺旋定则　　　(D)右手螺旋定则

165. 用于确定导线在磁场中切割磁力线运动产生的感应电动势方向的法则是(　　　)。

(A)左手定则　　　(B)右手定则　　　(C)左手螺旋定则　　　(D)右手螺旋定则

166. 一般居民住宅、办公场所,若以防止触电为主要目的时,应选用漏电动作电流为(　　)的漏电保护开关。

(A)6 mA　　　(B)15 mA　　　(C)30 mA　　　(D)50 mA

167. 电气工作人员连续中断电气工作(　　　)以上者,必须重新学习有关规程,经考试合格后方能恢复工作。

(A)三个月　　　(B)半年　　　(C)一年　　　(D)两年

168. 电阻、电感、电容串联电路中,电源电压与电流的相位关系是(　　　)。

(A)电压超前电流　　　(B)电压滞后电流　　　(C)不确定　　　(D)同相

169. 并联电路的总电容与各分电容的关系是(　　　)。

(A)总电容大于分电容　　　　　　　　(B)总电容等于分电容

(C)总电容小于分电容　　　　　　　　(D)无关

170. 电流表的量程应当按工作电流的(　　　)倍左右选取。

(A)1　　　(B)1.5　　　(C)2　　　(D)2.5

171. 为了爱护兆欧表,应慎做兆欧表的短路试验。兆欧表短路试验的目的是(　　　)。

(A)检查兆欧表机械部分有无故障　　　(B)估计兆欧表的零值误差

(C)检测兆欧表的输出电压　　　　　　(D)检查兆欧表的输出电流

172. 就对被测电路的影响而言,电压表的内阻(　　　)。

(A)越大越好　　　(B)越小越好　　　(C)适中为好　　　(D)大小均可

173. 配电线路的 10 kV 高压线路中,直线杆应选用(　　　)。

(A)悬式绝缘子　　　(B)针式绝缘子　　　(C)蝶式绝缘子　　　(D)合成绝缘子

174. 工作人员工作中正常活动范围与带电设备的安全距离:10 kV 及以下应为(　　　)。

(A)0.2 m　　　(B)0.3 m　　　(C)0.4 m　　　(D)0.6 m

175. 在雷雨天气,下列跨步电压电击危险性较小的位置是(　　　)。

(A)高墙旁边　　　(B)电杆旁边　　　(C)高大建筑物内　　　(D)大树下方

176. 导线接头最容易发生故障的是(　　　)连接形式。

(A)铜-铜　　　(B)铜-铝　　　(C)铝-铝　　　(D)铜-铁

177. 小接地短路电流系统的接地电阻应(　　　)。

(A)≤0.5 Ω　　　(B)≤4 Ω　　　(C)≤10 Ω　　　(D)≤30 Ω

178. 造成人身伤亡达 3 人以上的事故为(　　)。

(A)特别重大事故　　(B)重大事故　　　　(C)人身伤亡事故　　(D)一般事故

179. 杆上营救的最佳位置是救护人高出被救者约(　　)。

(A)50 mm　　　　　(B)500 mm　　　　(C)20 mm　　　　(D)200 mm

180. 电力事故造成直接经济损失(　　)及以上者,属特别重大事故。

(A)10 万元　　　　(B)100 万元　　　(C)1 000 万元　　(D)1 亿元

181. 中央直辖市全市减供负载 50%及以上,省会城市全市停电时属(　　)。

(A)一类障碍　　　(B)一般事故　　　(C)重大事故　　　(D)特别重大事故

182. 配电变压器高压侧装设防雷装置和跌落式熔断器,当容量在(　　)以上者,应增设负荷开关。

(A)30 kVA　　　　(B)50 kVA　　　　(C)100 kVA　　　(D)315 kVA

183. 绝缘子发生闪络的原因是(　　)。

(A)表面光滑　　　(B)表面毛糙　　　(C)表面潮湿　　　(D)表面污湿

184. 配电变压器上的硅胶吸潮后呈(　　)。

(A)蓝色　　　　　(B)白色　　　　　(C)淡红色　　　　(D)红色

185. 成套接地线应用有透明护套的多股软铜线组成,其截面不得小于(　　),同时应满足装设地点短路电流的要求。

(A) 35 mm^2　　　(B)25 mm^2　　　(C)15 mm^2　　　(D) 20 mm^2

186. 配电变压器着火时,应采用(　　)灭火。

(A)水　　　　　　(B)干砂　　　　　(C)干粉灭火器　　(D)泡沫灭火器

187. 假如电气设备的绕组绝缘等级是 F 级,那么它的耐热最高点是(　　)。

(A)135 ℃　　　　(B)145 ℃　　　　(C)155 ℃　　　　(D)165 ℃

188. 线路导线的电阻与温度的关系是(　　)。

(A)温度升高,电阻增大　　　　　　　(B)温度升高,电阻变小

(C)温度降低,电阻不变　　　　　　　(D)温度降低,电阻增大

189. 下列对高压设备的试验中,属于破坏性试验的是(　　)。

(A)绝缘电阻和泄漏电流测试　　　　　(B)直流耐压和交流耐压试验

(C)介质损失角正切值测试　　　　　　(D)变比试验

190. 敷设电缆时,应防止电缆扭伤和过分弯曲,电缆弯曲半径与电缆外径的比值,交联乙烯护套多芯电缆为(　　)倍。

(A)5　　　　　　　(B)10　　　　　　(C)15　　　　　　(D)20

191. 标号为 250 号的混凝土,其抗压强度为(　　)。

(A)150 kg/cm^2　　(B)200 kg/cm^2　　(C)250 kg/cm^2　　(D)300 kg/cm^2

192. 选择配电线路路径和导线截面时,应考虑用电负载的发展,一般考虑年限为(　　)。

(A)3 年　　　　　(B)5 年　　　　　(C)7 年　　　　　(D)10 年

193. 变压器室必须是耐火的,当变压器油量在(　　)及以上时,应设置单独变压器室。

(A)40 kg　　　　　(B)60 kg　　　　　(C)80 kg　　　　　(D)100 kg

194. 变压器中的绝缘油,作为使用条件,下列项目中(　　)是错误的。

(A)绝缘强度高　　(B)化学稳定好　　(C)黏度大　　　　(D)闪点高

195. 导线避雷线在放线过程中,出现灯笼状的直径超过导线直径的(　　)而又无法修复

时,应锯断重接。

(A)1.5 倍　　　　(B)1.6 倍　　　　(C)1.8 倍　　　　(D)2.0 倍

196. 为提高 10 kV 配电线路的耐雷水平、加强绝缘,如采用铁横担时,宜采用(　　)型绝缘子。

(A)P-6　　　　(B)P-10　　　　(C)P-15　　　　(D)P-35

197. 10 kV 及以下网络中解、合环路的均衡电流应小于 7 A,隔离开关断开两侧的电位差:对竖隔离开关不大于(　　),对横隔离开关不大于 100 V。

(A)200 V　　　　(B)180 V　　　　(C)160 V　　　　(D)120 V

198. 变压器内部发出"咕嘟"声,可以判断为(　　)。

(A)过负载　　　　　　　　(B)缺相运行

(C)绕组层间或匝间短路　　　　(D)穿芯螺杆松动

199. 变压器油中溶解气体的总烃量应小于 150×10^{-6},乙炔量应小于(　　),氢气量应小于 150×10^{-6}。

(A)5×10^{-6}　　　　　　　　(B)10×10^{-6}

(C)20×10^{-6}　　　　　　　　(D)30×10^{-6}

200. 事故发生后,事故调查组组成之前,(　　)要及时收集有关资料,并妥善保管。

(A)保卫部门　　　(B)事故发生单位　　　(C)主管部门　　　(D)安监部门

三、多项选择题

1. 分析放大电路的基本方法有(　　)。

(A)图解法　　　　　　　　(B)估算法

(C)微变等效电路法　　　　　(D)变量法

2. 通常根据矫顽力的大小把铁磁材料分成(　　)。

(A)软磁材料　　　(B)硬磁材料　　　(C)矩磁材料　　　(D)中性材料

3. 下列属于磁路基本定律的有(　　)。

(A)欧姆定律　　　(B)基尔霍夫定律　　　(C)叠加定律　　　(D)楞次定律

4. 电磁铁的形式很多,但基本组成部分相同,一般由(　　)组成。

(A)励磁线圈　　　(B)铁芯　　　(C)衔铁　　　(D)绕组

5. 集成电路按照功能可分为(　　)。

(A)模拟集成电路　　　　　　(B)数字集成电路

(C)半导体集成电路　　　　　(D)双极型集成电路

6. 集成电路按照导电类型可分为(　　)。

(A)单极型集成电路　　　　　(B)双极型集成电路

(C)兼容型集成电路　　　　　(D)半导体集成电路

7. 集成电路按照制造工艺可分为(　　)。

(A)半导体集成电路　　　　　(B)薄膜集成电路

(C)数字集成电路　　　　　　(D)厚膜集成电路

8. 下列属于集成电路封装类型的有(　　)。

(A)塑料扁平　　　　　　　(B)陶瓷双列直插

(C)陶瓷扁平　　　　　　　(D)金属圆形

(E)塑料双列直插

9. 集成运算放大器可分为(   )。

(A)普通型   (B)特殊型   (C)通用型   (D)兼容型

10. 特殊型集成运算放大器可分为(   )等。

(A)高输入阻抗型   (B)高精度型

(C)宽带型   (D)低功耗型

(E)高速型

11. 集成运算放大器由(   )组成。

(A)输入级   (B)中间级   (C)输出级   (D)偏置电路

12. 下列指标中,属于集成运算放大器主要技术指标的有(   )。

(A)输入失调电压   (B)差模输入电阻

(C)最大输出电压   (D)输入失调电流

13. 下列属于晶闸管主要参数的有(   )。

(A)正向重复峰值电压   (B)正向平均电流

(C)维持电流   (D)正向平均管压降

(E)反向重复峰值电压

14. 高压电动机一般应装设的保护有(   )。

(A)电流速断保护   (B)纵联差动保护

(C)过负荷保护   (D)单相接地保护

(E)低电压保护

15. 下列参数中,属于 TTL 与非门电路主要技术参数的有(   )。

(A)输出高电平   (B)开门电平

(C)空载损耗   (D)输入短路电流

(E)差模输入电阻

16. 由(   )组成的集成电路简称 CMOS 电路。

(A)金属   (B)氧化物   (C)磁性物   (D)半导体场效应管

17. 下列属于集成触发器类型的有(   )。

(A)T 触发器   (B)JK 触发器   (C)D 触发器   (D)RS 触发器

18. 电动机的机械特性按硬度可分为(   )。

(A)绝对硬特性   (B)硬特性   (C)软特性   (D)绝对软特性

19. 电动机的机械特性按运行条件可分为(   )。

(A)固有特性   (B)人为特性   (C)一般特性   (D)双向特性

20. 电动机的运行状态可分为(   )。

(A)静态   (B)动态   (C)调速状态   (D)过渡过程

21. 直流电动机的调速方法有(   )。

(A)降低电源电压调速   (B)电枢串电阻调速

(C)减弱磁调速   (D)加大磁调速

22. 三相异步电动机的调速方法有(   )。

(A)改变供电电源的频率   (B)改变定子极对数

(C)改变电动机的转差率 　　　　(D)降低电源电压

23. 电动机的制动方法有(　　)。

(A)机械制动　　(B)电气制动　　(C)自由制动　　(D)人为制动

24. 立井提升速度图分为(　　)。

(A)罐笼提升　　(B)箕斗提升　　(C)双钩串车　　(D)单购串车

25. 可编程控制器一般采用的编程语言有(　　)。

(A)梯形图　　(B)语句表　　(C)功能图编程　　(D)高级编程语言

26. 可编程控器中存储器有(　　)。

(A)系统程序存储器　　　　　　(B)用户程序存储器

(C)备用存储器　　　　　　　　(D)读写存储器

27. PLC 机在循环扫描工作中每一扫描周期的工作阶段是(　　)。

(A)输入采样阶段　　　　　　　(B)程序监控阶段

(C)程序执行阶段　　　　　　　(D)输出刷新阶段

28. 状态转移的组成部分是(　　)。

(A)初始步　　　　　　　　　　(B)中间工作步

(C)终止工作步　　　　　　　　(D)有向连线

(E)转换和转换条件

29. 状态转移图的基本结构有(　　)。

(A)语句表　　　　　　　　　　(B)单流程

(C)步进梯形图　　　　　　　　(D)选择性和并行性流程

(E)跳转与循环流程

30. 在 PLC 的顺序控制序中,采用步进指令方式编程的优点有(　　)。

(A)方法简单、规律性强　　　　(B)提高编程工作效率、修改程序方便

(C)程序不能修改　　　　　　　(D)功能性强、专用指令多

31. 基本逻辑门电路有(　　)。

(A)与门　　(B)或门　　(C)非门　　(D)与非门

32. 串联稳压电路包括的环节有(　　)。

(A)整流滤波　　　　　　　　　(B)取样

(C)基准　　　　　　　　　　　(D)放大

(E)调整

33. 常用的脉冲信号波形有(　　)。

(A)矩形波　　(B)三角波　　(C)锯齿波　　(D)菱形波

34. 触发电路必须具备的基本环节有(　　)。

(A)同步电压形成　　(B)移相　　(C)脉冲形成　　(D)脉冲输出

35. 直流电机改善换向的常用方法有(　　)。

(A)选用适当的电刷　　　　　　(B)移动电刷的位置

(C)加装换向磁极　　　　　　　(D)改变电枢回路电阻

36. 直流电动机的制动常采用(　　)。

(A)能耗制动　　(B)反接制动　　(C)回馈制动　　(D)机械制动

37. 电弧炉主要用于(　　)等的冶炼和制取。
(A)特种钢　　　　(B)普通钢　　　　(C)活泼金属　　　　(D)铝合金

38. 变压器绝缘油中的(　　)含量高,说明设备中有电弧放电缺陷。
(A)总烃　　　　(B)乙炔　　　　(C)氢　　　　(D)氧

39. 所谓系统总线,指的是(　　)。
(A)数据总线　　　　　　　　(B)地址总线
(C)内部总线　　　　　　　　(D)外部总线
(E)控制总线

40. 下述条件中,能封锁主机对中断的响应的条件是(　　)。
(A)一个同级或高一级的中断正在处理中
(B)当前周期不是执行当前指令的最后一个周期
(C)当前执行的指令是 RETI 指令或对 IE 或 IP 寄存器进行读/写指令
(D)当前执行的指令是长跳转指令
(E)一个低级的中断正在处理中

41. 中断请求的撤除有(　　)。
(A)定时/计数中断硬件自动撤除　　　(B)脉冲方式外部中断自动撤除
(C)电平方式外部中断强制撤除　　　(D)串行中断软件撤除
(E)串行中断硬件自动撤除

42. 电流互感器的接线方式最常用的有(　　)。
(A)单相接线　　　　　　　　(B)星形接线
(C)不完全星形接线　　　　　　(D)V 型接线
(E)三角形接线

43. 对 TTL 数字集成电路来说,在使用中应注意(　　)。
(A)电源电压极性不得接反,其额定值为 5 V
(B)与非门不使用的输入端接"1"
(C)与非门输入端可以串有电阻器,但其值不应大于该门电阻
(D)三态门的输出端可以并接,但三态门的控制端所加的控制信号电平只能使其中一个门处于工作状态,而其他所有相并联的三态门均处于高阻状态
(E)或非门不使用的输入端接"0"

44. 用(　　)组成的变频器,主电路简单。
(A)大功率晶闸管　　　　　　(B)大功率晶体管
(C)可关断晶闸管　　　　　　(D)普通晶闸管
(E)高电压晶闸管

45. 脉宽调制型 PWM 变频器主要由(　　)组成。
(A)交-直流交换的整流器　　　　(B)直-交变换的逆变器
(C)大功率晶闸管　　　　　　(D)高电压可关断晶闸管
(E)正弦脉宽调制器

46. 数控机床中,通常采用的插补方法有(　　)。
(A)数字微分法　　　　　　　(B)数字积分法

(C)逐点比较法   (D)逐点积分法

(E)脉冲数字乘法器

47.造成逆变失败的主要原因是(　　)。

(A)控制角太小   (B)逆变角太小

(C)逆变角太大   (D)触发脉冲太宽

(E)触发脉冲丢失

48.逐点比较法插补过程主要步骤是(　　)。

(A)确定偏差   (B)偏差判别

(C)坐标进给   (D)偏差计算

(E)终点判别

49.电力系统是由(　　)构成的。

(A)发电厂   (B)变压器

(C)输电网   (D)配电网

(E)用电设备

50.工厂供电电压等级的确定与(　　)等因素有关。

(A)电压变化   (B)供电距离   (C)负荷大小   (D)供电方式

51.正常工作线路杆塔属于起承力作用的杆塔有(　　)。

(A)直线杆   (B)分支杆

(C)转角杆   (D)耐张杆

(E)终端杆

52.变压器在运行时,外部检查的项目有(　　)。

(A)油面高低   (B)上层油面温度

(C)外壳接地是否良好   (D)检查套管是否清洁

(E)声音是否正常   (F)冷却装置运行情况

(G)绝缘电阻测量

53.在变压器继电保护中,轻瓦斯动作原因有(　　)。

(A)变压器外部接地   (B)加油时将空气进入

(C)水冷却系统重新投入使用   (D)变压器漏油缓慢

(E)变压器内部故障产生少量气体   (F)变压器内部短路

(G)保护装置二次回路故障

54.变压器空载试验的目的是(　　)。

(A)确定电压比   (B)判断铁芯质量

(C)测量励磁电流   (D)确定线圈有无匝间短路故障

(E)测量空载损耗

55.变压器短路试验的目的是(　　)。

(A)测定阻抗电压   (B)测量负载损耗

(C)计算短路参数   (D)确定绕组损耗

56.工厂变配电所对电气主接线要求是(　　)。

(A)可靠性   (B)灵活性

(C)操作方便　　　　　　　　　　(D)经济性

(E)有扩建可能性

57. 电流互感器产生的误差有变比误差、角误差,其原因是与( )有关。

(A)一次电流大小　　　　　　　(B)铁芯质量

(C)结构尺寸　　　　　　　　　(D)二次负载阻抗

58. 电压互感器的误差主要是变比误差和角误差,其产生原因与( )有关。

(A)原副绕组电阻及漏抗　　　　(B)空载电流

(C)二次负载电流大小　　　　　(D)功率因数 $\cos\varphi_2$

59. 供电系统对保护装置的要求是( )。

(A)选择性　　　　　　　　　　(B)速动性

(C)可靠性　　　　　　　　　　(D)扩展性

(E)灵敏性　　　　　　　　　　(F)经济性

60. 厂区 6～10 kV 架空线路常用的继电保护方式是( )。

(A)差动保护　　　　　　　　　(B)过流保护

(C)过负荷保护　　　　　　　　(D)低电压保护

(E)电流速断保护

61. 3～10 kV 高压电动机常用的继电保护方式是( )。

(A)过流保护　　　　　　　　　(B)过负荷保护

(C)电流速断保护　　　　　　　(D)纵联差动保护

(E)低电压保护

62. 内部过电压分为( )。

(A)操作过电压　　　　　　　　(B)弧光接地过电压

(C)工频过电压　　　　　　　　(D)谐振过电压

(E)参数谐振过电压

63. 输入端的 TTL 或非门,在逻辑电路中使用时,其中有 5 个输入端是多余的,对多余的输入端应做如下处理,正确的方法有( )。

(A)将多余端与使用端连接在一起　(B)将多余端悬空

(C)将多余端通过一个电阻接工作电源　(D)将多余端接地

(E)将多余端直接接电源

64. 高压电气设备上的缺陷分为( )。

(A)危急缺陷　　　(B)严重缺陷　　　(C)一般缺陷　　　(D)零缺陷

65. 下列说法正确的是( )。

(A)TTL 与非门输入端可以接任意电阻

(B)TTL 与非门输出端不能关联使用

(C)译码器、计数器、全加器、寄存器都是组合逻辑电路

(D)N 进制计数器可以实现 N 分频

(E)某一时刻编码器只能对一个输入信号进行编码

66. 将尖顶波变换成与之对应的等宽的脉冲应采用( )。

(A)单稳态触发器　　　　　　　(B)双稳态触发器

(C)施密特触发器　　　　　　　　　(D)无稳态触发器

67. 555 集成定时器由(　　)等部分组成。

(A)电压比较器　　　　　　　　　　(B)电压分压器

(C)三极管开关输出缓冲器　　　　　(D)JK 触发器

(E)基本 RS 触发器

68. 可变损耗包括(　　)。

(A)变压器空载损耗　　　　　　　　(B)变压器电阻中的损耗

(C)线路电阻中的损耗　　　　　　　(D)线路电导中的损耗

69. 下列触发器中,具有翻转的逻辑功能的是(　　)。

(A)JK 触发器　　　　　　　　　　(B)RS 触发器

(C)T′触发器　　　　　　　　　　(D)D 触发器

(E)T 触发器

70. 荧光数码管的特点是(　　)。

(A)工作电压低,电流小　　　　　　(B)字形清晰悦目

(C)运行稳定可靠,视距较大　　　　(D)寿命长

(E)响应速度快

71. 半导体数码显示器的特点是(　　)。

(A)运行稳定可靠,视距较大　　　　(B)数字清晰悦目

(C)工作电压低,体积小　　　　　　(D)寿命长

(E)响应速度快,运行可靠

72. 在异步计数器中,计数从 0 计到 144 时,需要(　　)触发器。

(A)4 个　　　　　　　　　　　　　(B)5 个

(C)6 个　　　　　　　　　　　　　(D)23 个

(E)2×4 个

73. 具有 12 个触发器个数的二进制异步计数器,具有(　　)种状态。

(A)256　　　　　　　　　　　　　(B)4 096

(C)1 024×4　　　　　　　　　　　(D)6 536

(E)212

74. 与非门其逻辑功能的特点是(　　)。

(A)当输入全为 1,输出为 0　　　　(B)只要输入有 0,输出为 1

(C)只有输入全为 0,输出为 1　　　(D)只要输入有 1,输出为 0

75. 或非门其逻辑功能的特点是(　　)。

(A)当输入全为 1,输出为 0　　　　(B)只要输入有 0,输出为 1

(C)只有输入全为 0,输出为 1　　　(D)只要输入有 1,输出为 0

76. KC04 集成移相触发器由(　　)等环节组成。

(A)同步信号　　　　　　　　　　　(B)锯齿波形成

(C)移相控制　　　　　　　　　　　(D)脉冲形成

(E)功率放大

77. 目前较大功率晶闸管的触发电路形式有(　　)。

(A)单结晶体管触发器 　　　　　　(B)程控单结晶闸管触发器

(C)同步信号为正弦波触发器 　　　　(D)同步信号为锯齿波触发器

(E)KC 系列集成触发器

78. 造成晶闸管误触发的主要原因有(　　)。

(A)触发器信号不同步 　　　　　　　(B)触发信号过强

(C)控制极与阴极间存在磁场干扰 　　(D)触发器含有干扰信号

(E)阳极电压上升率过大

79. 常见大功率可控整流电路接线形式有(　　)。

(A)带平衡电抗器的双反星形 　　　　(B)不带平衡电抗器的双反星形

(C)大功率三相星形整流 　　　　　　(D)大功率三相半控整流

(E)十二相整流电路

80. 控制角 α 为 0°,整流输出功率平均电压为 $2.34U_2\cos\alpha$,电路有(　　)。

(A)三相全控桥 　　　　　　　　　　(B)单相全控桥

(C)三相半控桥 　　　　　　　　　　(D)单相半控桥

(E)三相半波

81. 整流电路最大导通角为 $2\pi/3$ 的有(　　)电路。

(A)三相全控桥 　　　　　　　　　　(B)单相全控桥

(C)三相半控桥 　　　　　　　　　　(D)单相半控桥

(E)三相半波

82. 可以逆变的整流电路有(　　)。

(A)三相全控桥 　　　　　　　　　　(B)单相全控桥

(C)三相半控桥 　　　　　　　　　　(D)单相半控桥

(E)三相半波

83. 通常用的电阻性负载有(　　)。

(A)电炉 　　　　　(B)电焊 　　　　(C)电解 　　　　　(D)电镀

84. 晶闸管可控整流电路通常接有三种不同的电性负载,它们是(　　)。

(A)电阻性 　　　　(B)电感性 　　　(C)反电势 　　　　(D)电容性

85. 三相可控整流电路的基本类型有(　　)。

(A)三相全控桥 　　　　　　　　　　(B)单相全控桥

(C)三相半控桥 　　　　　　　　　　(D)单相半控桥

(E)三相半波

86. 在我国采用电力系统中性点直接接地运行的电压等级有(　　)。

(A)220 kV 　　　(B)110 kV 　　　(C)60 kV 　　　　(D)10 kV

87. 运算放大器目前应用很广泛的实例有(　　)。

(A)恒压源和恒流源 　　　　　　　　(B)逆变

(C)电压比较器 　　　　　　　　　　(D)锯齿波发生器

(E)自动检测电路

88. 集成运放的保护有(　　)。

(A)电源接反 　　　　　　　　　　　(B)输入过压

(C)输出短路　　　　　　　　　　　　(D)输出漂移

(E)自激振荡

89. 一个理想运放应具备的条件是(　　)。

(A)$R_I \to \infty$　　　　　　　　　　　(B)$A_{VOD} \to \infty$

(C)$K_{CMR} \to \infty$　　　　　　　　　　(D)$R_O \to 0$

(E)$V_{IO} \to 0, I_{IO} \to 0$

90. 集成反相器的条件是(　　)。

(A)$A_F = -1$　　　　　　　　　　　(B)$A_F = 1$

(C)$R_F = 0$　　　　　　　　　　　(D)$R_F = \infty$

(E)$R_F = R$

91. 集成运算放大器若输入电压过高,会对输入级(　　)。

(A)造成损坏　　　　　　　　(B)造成输入管的不平稳,使运放的各项性能变差

(C)影响很小　　　　　　　　(D)没有影响

92. 判断理想运放是否工作在线性区的方法是(　　)。

(A)看是否引入负反馈　　　　　　　(B)看是否引入正反馈

(C)看是否开环　　　　　　　　　　(D)看是否闭环

93. 反相比例运算电路的重要特点是(　　)。

(A)虚断　　　　　　　　　　　　　(B)虚断、虚短、虚地

(C)虚断、虚短　　　　　　　　　　(D)虚地

94. 理想运放工作在线性区时的特点是(　　)。

(A)$U_+ - U_- = 0$　　(B)$U_+ - U_- = \infty$　　(C)$U_+ - U_- = U_I$　　(D)$U_+ = U_-$

95. 用集成运算放大器组成模拟信号运算电路时,通常工作在(　　)。

(A)线性区　　　　　(B)非线性区　　　　　(C)饱和区　　　　　(D)放大状态

96. 在正弦交流电路中,下列公式正确的是(　　)。

(A)$i_C = dU_C/dt$　　　　　　　　(B)$I_C = jw_C U$

(C)$U_C = -jw_C t$　　　　　　　　(D)$X_C = 1/w_C$

(E)$Q_C = UI \sin\varphi$

97. 对于三相对称交流电路,不论星形或三角形接法,下列公式正确的有(　　)。

(A)$P = 3U_m I_m \cos\varphi$　　　　　　　(B)$S = 3U_m I_m$

(C)$Q = U_1 I_1 \sin\varphi$　　　　　　　(D)$S = E_S = 3UI$

98. 多级放大器极间耦合形式是(　　)。

(A)二极管　　　　　　　　　　　　(B)电阻

(C)阻容　　　　　　　　　　　　　(D)变压器

(E)直接

99. 良好的电能质量包括(　　)。

(A)电压质量　　　　(B)频率质量　　　　(C)波形质量　　　　(D)相角质量

100. 架空线路可以架设在(　　)上。

(A)木杆　　　　　　　　　　　　　(B)钢筋混凝土杆

(C)树木　　　　　　　　　　　　　(D)脚手架

(E)高大机械

101. 电缆线路可以（　　　）敷设。

(A)沿地面 　　　　　　　　　　(B)埋地

(C)沿围墙 　　　　　　　　　　(D)沿电杆或支架

(E)沿脚手架

102. 室内绝缘导线配电线路可采用（　　　）敷设。

(A)嵌绝缘槽 　　　　　　　　　(B)穿塑料管

(C)沿钢索 　　　　　　　　　　(D)直埋墙

(E)直埋地

103. 对外电线路防护的基本措施是（　　　）。

(A)保证安全操作距离 　　　　　(B)搭设安全防护设施

(C)迁移外电线路 　　　　　　　(D)停用外电线路

(E)施工人员主观防范

104. 搭设外电防护设施的主要材料是（　　　）。

(A)木材 　　　　　　　　　　　(B)竹材

(C)钢管 　　　　　　　　　　　(D)钢筋

(E)安全网

105. 直接接触触电防护的适应性措施是（　　　）。

(A)绝缘 　　　　　　　　　　　(B)屏护

(C)安全距离 　　　　　　　　　(D)采用 24 V 及以下安全特低电压

(E)采用漏电保护器

106. 总配电箱中电气设置种类的组合应是（　　　）。

(A)刀开关、断路器、漏电保护器 　(B)刀开关、熔断器、漏电保护器

(C)刀开关、断路器或熔断器、漏电保护器 (D)刀开关、断路器

(E)断路器、漏电保护器

107. 配电箱中的刀型开关在正常情况下可用于（　　　）。

(A)接通空载电路 　　　　　　　(B)分断空载电路

(C)电源隔离 　　　　　　　　　(D)接通负载电路

(E)分断负载电路

108. 开关箱中的漏电断路器在正常情况下可用于（　　　）。

(A)电源隔离 　　　　　　　　　(B)频繁通、断电路

(C)电路的过载保护 　　　　　　(D)电路的短路保护

(E)电路的漏电保护

109. 照明开关箱中电气配置组合可以是（　　　）。

(A)刀开关、熔断器、漏电保护器 　(B)刀开关、断路器、漏电保护器

(C)刀开关、漏电保护器 　　　　(D)断路器、漏电保护器

(E)刀开关、熔断器

110. 5.5 kW 以上电动机开关箱中电气配置组合可以是（　　　）。

(A)刀开关、断路器、漏电保护器 　(B)断路器、漏电保护器

(C)刀开关、漏电断路器 　　　　　　　(D)刀开关、熔断器、漏电保护器

(E)刀开关、断路器

111. 自然接地体可利用的地下设施有（　　）。

(A)结构钢筋体 　　　　　　　　　　　(B)金属井管

(C)金属水管 　　　　　　　　　　　　(D)金属燃气管

(E)铠装电缆的钢铠

112. 在 TN-S 接零保护系统中，PE 线的引出位置可以是（　　）。

(A)电力变压器中性点接地处

(B)总配电箱三相四线进线时，与 N 线相连接的 PE 端子板

(C)总配电箱三相四线进线时，总漏电保护器的 N 线进线端

(D)总配电箱三相四线进线时，总漏电保护器的 N 线出线端

(E)总配电箱三相四线进线时，与 PE 端子板电气连接的金属箱体

113. 36 V 照明适用的场所条件是（　　）。

(A)高温 　　　　　　　　　　　　　　(B)有导电灰尘

(C)潮湿 　　　　　　　　　　　　　　(D)易触及带电体

(E)灯高低于 2.5 m

114. 行灯的电源电压可以是（　　）。

(A)220 V 　　　　　　　　　　　　　(B)110 V

(C)36 V 　　　　　　　　　　　　　　(D)24 V

(E)12 V

115. Ⅱ类手持式电动工具适用的场所为（　　）。

(A)潮湿场所 　　　　　　　　　　　　(B)金属构件上

(C)锅炉内 　　　　　　　　　　　　　(D)地沟内

(E)管道内

116. 施工现场电工的职责是承担用电工程的（　　）。

(A)安装 　　　　　　　　　　　　　　(B)巡检

(C)维修 　　　　　　　　　　　　　　(D)拆除

(E)用电组织设计

117. 总配电箱中漏电保护器的额定漏电动作电流 I_Δ 和额定漏电动作时间 T_Δ 可分别选择为（　　）。

(A)$I_\Delta=50$ mA　$T_\Delta=0.2$ s 　　　(B)$I_\Delta=75$ mA　$T_\Delta=0.2$ s

(C)$I_\Delta=100$ mA　$T_\Delta=0.2$ s 　　(D)$I_\Delta=200$ mA　$T_\Delta=0.15$ s

(E)$I_\Delta=500$ mA　$T_\Delta=0.1$ s

118. 配电系统中漏电保护器的设置位置应是（　　）。

(A)总配电箱总路、分配电箱总路 　　　(B)分配电箱总路、开关箱

(C)总配电箱总路、开关箱 　　　　　　(D)总配电箱各分路、开关箱

(E)分配电箱各分路、开关箱

119. 施工现场需要编制用电组织设计的基准条件是（　　）。

(A)用电设备 5 台及以上

(B)用电设备 10 台及以上

(C)用电设备总容量 50 kW 及以上

(D)用电设备总容量 100 kW 及以上

(E)用电设备 5 台及以上,且用电设备总容量 100 kW 及以上

120. 施工现场临时用电必须编制专项施工方案,建立安全技术档案,(   )临时用电工程必须由专业电工完成,且电工等级应同工程的难易程度和技术复杂性相适宜。

(A)安装   (B)维修

(C)设计   (D)编制

(E)拆除

121. 变压器一次侧额定电压的取值可以等于(   )。

(A)线路的额定电压   (B)用电设备的额定电压

(C)整流器的额定电压   (D)发电机的额定电压

122. 电力系统主要包括(   )。

(A)生产电能的设备   (B)变换电能的设备

(C)输送和分配电能的设备   (D)消耗电能的设备

123. 下列产品中,(   )应当具备中国强制认证标志(即"CCC"认证),禁止不合格产品在施工现场使用。

(A)电动工具   (B)小功率电动机

(C)电焊机   (D)电线电缆

(E)低压电器

124. 当不可避免在输电线路附近勘察作业时,导电物体的任何部位(含提引钻具、管等)动态位置与输电线(包括风偏位置)的安全净空距离应大于下列(   )项相应的最小距离。

(A)输电线电压 $U<1$ kV 时,最小距离为 1.5 m

(B)输电线电压 $U=(1\sim35)$kV 时,最小距离为 3 m

(C)输电线电压 $U<1$ kV 时,最小距离为 3 m

(D)输电线电压 $U\geqslant60$ kV 时,最小距离为$[0.01(U-50)+3]$m

125. 施工现场临时用电按照"三级配电两级保护"原则,总配电箱、分配电箱和开关箱应当根据(   )设置并选用相应的规格,做到安全、经济用电。

(A)用电负荷   (B)使用性能

(C)日负荷量   (D)设备体积

(E)设备绝缘性能

126. 施工现场必须设置配电室,每一个电气回路中应该合理配置(   )功能。

(A)电气隔离   (B)短路

(C)过载   (D)漏电保护

(E)断路

127. 保护零线必须在(   )做重复接地。

(A)超长的配电线路的中间   (B)超长的配电线路的末端处

(C)总配电箱   (D)配电室

(E)所有设备的金属外壳

128. 施工现场禁止使用木制配电箱,淘汰(　　)或不符合标准的移动卷线开关盘,必须使用由专业厂家生产并符合用电规范的各种系列配电箱、开关箱。

(A)因铁板锈蚀的老旧铁壳开关箱

(B)电气元件布设不合理的老旧铁壳开关箱

(C)进出线口不在箱体底部的老旧铁壳开关箱

(D)无零线端子板的老旧铁壳开关箱

(E)自制配电箱

129. 施工现场临时用电总体目标应当做到:在施工现场专用的中性点直接接地的电力线路中必须采用 TN-S 接零保护系统,(　　)等。

(A)配电箱和开关箱合格率应达到100%

(B)用电设备配备应设置专用的开关箱,实行"一机一闸一漏一箱"制

(C)施工现场临时用电必须编制专项施工方案

(D)安装、维修或拆除临时用电工程必须由专业电工完成

(E)建立安全技术档案

130. 关于临时用电三项基本技术原则,下列说法不正确的是(　　)。

(A)二级配电系统、TN-S 接零保护系统、二级漏电保护系统

(B)三级配电系统、TN-S 接零保护系统、三级漏电保护系统

(C)三级配电系统、TN-C 接零保护系统、二级漏电保护系统

(D)三级配电系统、TN-S 接零保护系统、二级漏电保护系统

(E)三级配电系统、TN-C-S 接零保护系统、二级漏电保护系统

131. 关于隔离开关,下列说法正确的是(　　)。

(A)应设置于电源的进线端

(B)应具有明显可见分断点

(C)能同时断开电源所有电极

(D)采用具有可见分断点的断路器,同时仍须设置隔离开关

132. 关于开关箱的安全使用,下列说法正确的是(　　)。

(A)"一机一箱"是指每台用电设备都应使用开关箱供电,开关箱可以混用

(B)"一机一闸"是指开关箱内的电源开关只能控制一台电气设备

(C)"一机一漏"是指开关箱内应安装漏电保护器

(D)"一箱一锁"是指每个开关箱都要配锁

133. 关于手持式电动工具的漏电保护器,下列说法正确的是(　　)。

(A)应遵守"一机一漏"制

(B)参数选择应符合使用于潮湿或有腐蚀介质场所的要求

(C)额定漏电动作电流应大于 30 mA

(D)额定漏电动作时间不应大于 0.1 s

134. 关于电工安全用具,下列说法正确的是(　　)。

(A)基本安全用具可以直接与带电体接触,用于带电作业

(B)基本安全用具有绝缘杆、绝缘钳、绝缘棒等

(C)辅助安全用具包括绝缘手套、绝缘靴、绝缘垫(台)等

(D)辅助安全用具也可以直接与带电体接触

135.关于配电室的安全措施,下列说法正确的是(　　)。

(A)配电柜的电源隔离开关分断时应有明显可见的分断点

(B)配电柜停电维修时可以不挂接地线,但应悬挂"禁止合闸、有人工作"停电标志牌

(C)配电柜的电流表与计费电度表不得共用一组电流互感器

(D)成列的配电柜和控制柜两端应与重复接地线及保护零线做电气连接

136.关于施工现场的架空线路,下列说法正确的是(　　)。

(A)架空线必须采用绝缘线

(B)线路末端电压偏差不大于额定电压的10%

(C)三相五线制线路的N线和PE线截面不小于相线截面的50%

(D)按机械强度要求,绝缘铜线截面不小于10 mm²,绝缘铝线截面不小于16 mm²

137.关于接地电阻的测量,下列说法正确的是(　　)。

(A)普通的万用表不宜用来测量接地电阻

(B)接地电阻应使用接地电阻测量仪进行测量

(C)测量接地电阻时,被测接地电阻极的连线可以不断开

(D)不得在雷雨天测量,不得带电测量,易燃易爆场所应采用安全火花型接地电阻测量仪

138.关于测量绝缘电阻的安全事项,下列说法正确的是(　　)。

(A)测量时要戴绝缘手套

(B)测量前要切断设备电源,并将电容器、变压器、电机、电缆线路等对地放电

(C)测量过程中,特别是手摇发电机正在运转时,不许人体触及被测物体

(D)停止摇动发电机后,人体即可接触被测物体

139.关于电褥子的安全使用常识,下列说法正确的是(　　)。

(A)不使用劣质产品,要防止受潮　　　　(B)可以连续通电使用

(C)不得拆叠使用,床板要平整　　　　(D)可以不用漏电保护器

140.选择漏电保护器额定动作参数的依据有(　　)。

(A)负荷的大小　　　　(B)负荷的种类

(C)设置的配电装置种类　　　　(D)设置的环境条件

(E)安全界限值

141.关于夯土机械的安全用电事项,下列说法不正确的是(　　)。

(A)夯土机械的操作扶手如已绝缘,使用时可不用穿戴绝缘用品

(B)单人操作时应注意调整电缆,电缆严禁缠绕、扭结和被夯土机械跨越

(C)多台夯土机械并列工作时,其间距不得小于5 m

(D)多台夯土机械前后工作时,其间距不得小于10 m

142.配电室布置应符合的要求有(　　)。

(A)配电室的天棚与地面的距离不得小于2.5 m

(B)配电柜侧面通道宽度不得小于1 m

(C)配电装置上端距顶棚不小于0.5 m

(D)单列配置的配电柜操作通道宽度不小于1.5 m

143.配电线路的(　　)应设有相色标志。

(A)每条线的出口杆塔 　　　　　　　(B)分支杆塔

(C)转角杆塔 　　　　　　　　　　　(D)直线杆塔

144.关于电动机械的维护保养,下列说法正确的是(　　)。

(A)维护保养前应首先将断路器分断

(B)维护保养时应谨防损伤电源线、保护接零(地)线、电源开关等

(C)使用期间临时保管电动机械时应防雨、防潮、防暴晒、防腐蚀

(D)维护保养时不需保护其电气部分

145.TN系统中不带电外露可导电部分应做保护接零的电气设备是(　　)。

(A)电机 　　　　　　　　　　　　(B)电器

(C)照明器具 　　　　　　　　　　(D)安装在配电柜金属框架上的电气仪表

146.变压器内部的高、低压引线是经绝缘套管引到油箱外部的,绝缘套管的作用包括(　　)。

(A)固定引线 　　(B)对地绝缘 　　(C)导通引线 　　(D)对地接地

147.总配电柜应装设电源隔离开关及(　　)。

(A)短路保护电器 　(B)过载保护电器 　(C)漏电保护电器 　(D)电流敏感器

148.关于外用电梯和物料提升机的安全用电事项,下列说法正确的是(　　)。

(A)每日工作前必须对行程开关、紧急停止开关、驱动机和制动器进行空载检查

(B)外用电梯笼内应安装紧急停止开关,梯笼外不得安装紧急停止开关

(C)上、下极限位置应设置限位开关

(D)使用电梯时对运送物品重量没有要求

149.关于室内配线所用导线或电缆截面面积,正确的是(　　)。

(A)铜线截面积不应小于1.5 mm² 　　　(B)铜线截面积不应小于2.5 mm²

(C)铝线截面积不应小于2.5 mm² 　　　(D)铝线截面积不应小于4 mm²

150.配电室位置应符合的要求有(　　)。

(A)配电室应远离电源

(B)配电室应靠近负荷中心

(C)配电室应进、出线方便

(D)配电室应避开污染源的下风侧和易积水场所的正下方

151.进入作业现场应将使用的带电作业工具放置在(　　)上。

(A)干燥的地面 　　(B)防潮的帆布 　　(C)绝缘垫 　　　(D)彩条布

152.在急救中判断心肺复苏是否有效,可以根据(　　)等方面综合考虑。

(A)自主呼吸 　　　　　　　　　　(B)神志

(C)面色(口唇) 　　　　　　　　　(D)颈动脉搏动

(E)瞳孔

153.移动式起重设备应安置平稳牢固,并应设有制动和逆止装置。禁止使用制动装置(　　)的起重机械。

(A)不灵敏 　　　(B)失灵 　　　　(C)不合格 　　　(D)未检验

154.手持电动工器具如有(　　)或有损于安全的机械损伤等故障时,应立即进行修理,在未修复前,不准继续使用。

(A)保护线脱落 　(B)插头插座裂开 　(C)绝缘损坏 　　(D)电源线护套破裂

155. 电力网主要由(　　)组成。
(A)送电线路　　　　(B)变电所　　　　　(C)配电所　　　　　(D)配电线路

156. 中性点直接接地系统发生接地故障,在三相中将产生大小相等、相位相同的(　　)。
(A)零序电压　　　　　　　　　　　(B)零序电流
(C)正序电压　　　　　　　　　　　(D)正序电流
(E)负序电流　　　　　　　　　　　(F)负序电压

157. 中性点非直接接地包括电力系统中性点经(　　)与接地装置相连接等。
(A)消弧线圈　　　(B)小阻抗　　　　(C)高电阻　　　　(D)电压互感器

158. 不对称短路中,有零序电流的是(　　)。
(A)两相短路　　　(B)两相接地短路　　(C)单相接地短路　　(D)三相短路

159. 电力系统不对称短路包括(　　)。
(A)两相短路　　　(B)三相短路　　　(C)单相接地短路　　(D)两相接地短路

160. 二次系统或二次回路主要包括(　　)。
(A)继电保护及自动装置系统　　　　(B)操作电源系统
(C)测量及监测系统　　　　　　　　(D)控制系统
(E)信号系统　　　　　　　　　　　(F)调节系统

161. 微机保护程序入口初始化模块包括(　　)等功能。
(A)并行口初始化　　　　　　　　　(B)开关量状态保存
(C)软硬件全面自检　　　　　　　　(D)标志清零
(E)数据采集系统初始化

162. 一般把继电保护的(　　)称为继电保护的整定计算。
(A)继电器选择　　　　　　　　　　(B)动作值的计算
(C)灵敏度的校验　　　　　　　　　(D)动作时间的计算

163. 电压继电器是反映电压变化的继电器,按电压动作类型可分为(　　)。
(A)过电压继电器　　　　　　　　　(B)低电压继电器
(C)中间继电器　　　　　　　　　　(D)信号继电器

164. 变压器需同时装设(　　)共同作为变压器的主保护。
(A)过电流保护　　　(B)过负荷保护　　(C)差动保护　　　(D)气体保护

165. 常用的变压器相间短路的后备保护可能有(　　)和阻抗保护等。
(A)过电流保护　　　　　　　　　　(B)低电压启动的过电流保护
(C)复合电压启动的过电流保护　　　(D)负序过电流保护

166. 变压器瓦斯保护接线中切换片 XB 有(　　)两个位置。
(A)试验位置　　　(B)合闸位置　　　(C)信号位置　　　(D)跳闸位置

167. 变压器纵差动保护或电流速断保护可以反映(　　)。
(A)过电流　　　　　　　　　　　　(B)引出线的短路故障
(C)油箱漏油造成油面降低　　　　　(D)变压器绕组、套管故障

168. 下列变压器中,(　　)应装设瓦斯保护。
(A)800 kVA 及以上的油浸式变压器
(B)800 kVA 及以下的油浸式变压器

(C)400 kVA 及以上的车间内油浸式变压器

(D)400 kVA 及以下的车间内油浸式变压器

169. 变压器发生下列( )情况时,将发出轻瓦斯信号。

(A)变压器绕组、套管故障   (B)引出线的短路故障

(C)油箱漏油造成油面降低   (D)内部发生轻微故障,产生少量气体流向油枕

170. 变压器异常运行包括( )等。

(A)过负荷   (B)油箱漏油造成油面降低

(C)外部短路引起的过电流   (D)绕组间的相间故障

171. 电动机的低电压保护装于( )。

(A)电压恢复时为保证重要电动机的启动而需要断开的次要电动机

(B)不允许自启动的电动机

(C)不需要自启动的电动机

(D)所有电动机

172. 变电站自动化系统中通信方式包括( )。

(A)变电站自动化系统内部的现场级通信 (B)变电站自动化系统与上级调度的通信

(C)无线通信   (D)有线通信

173. 变电站自动化系统中操作控制包括( )。

(A)断路器和隔离开关操作控制   (B)变压器分接头位置操作控制

(C)电容器投切操作控制   (D)微机保护操作

174. 分立元件构成的继电保护二次接线图中,展开图按供给二次回路的独立电源划分,将( )分开表示。

(A)交流电流回路   (B)交流电压回路

(C)直流操作回路   (D)信号回路

175. 断路器控制方式中,按照控制断路器数量的不同可分为( )。

(A)一对一控制   (B)N 对二控制   (C)N 对三控制   (D)一对 N 控制

176. 分立元件构成的继电保护二次接线图,展开式原理图中负电源采用的标号为( )。

(A)101   (B)201   (C)102   (D)202

177. 变压器套管由带电部分和绝缘部分组成,绝缘部分分为两部分,包括( )。

(A)外绝缘   (B)长绝缘   (C)短绝缘   (D)内绝缘

178. 在( )巡线应由两人进行。

(A)电缆隧道   (B)偏僻山区   (C)人口密集地区   (D)夜间

179. 巡视线路时,下列( )情况,巡视人员应穿绝缘鞋或绝缘靴。

(A)雷雨天气   (B)大风天气

(C)夜间   (D)事故巡线

(E)偏僻山区

180. 摘、挂跌落式熔断器的熔管时,应( )。

(A)穿绝缘靴   (B)使用绝缘棒

(C)填用第二种工作票   (D)设专人监护

(E)戴护目眼镜

181. 绝缘架空地线应视为带电体,如需在绝缘架空地线上作业,应(　　　)。
(A)将其可靠接地　　　　　　　　(B)采用等电位方式进行
(C)用绝缘工具或戴绝缘手套　　　(D)不需要任何保护

182. 在居民区及交通道路附近开挖的基坑,应(　　　)。
(A)设坑盖或可靠遮拦　　　　　　(B)加挂警告标示牌
(C)夜间挂红灯　　　　　　　　　(D)不需要任何标示

183. 进行石坑、冻土坑打眼或打桩时,下列做法正确的是(　　　)。
(A)应检查锤把、锤头及钢钎　　　(B)扶钎人应站在打锤人对面
(C)作业人员应戴安全帽　　　　　(D)钎头有开花现象时,应及时修理或更换
(E)打锤人戴手套　　　　　　　　(F)派专人监护

184. 上杆塔作业前,应先检查(　　　)是否牢固。
(A)根部　　　　(B)基础　　　　(C)拉线　　　　(D)接地线

185. 攀登有(　　　)的杆塔时,应采取防滑措施。
(A)覆冰　　　　　　　　　　　　(B)霜冻
(C)雨雾　　　　　　　　　　　　(D)冰雪
(E)积雪

186. 在居民区和交通道路附近立、撤杆时,应具备相应的交通组织方案,并设(　　　),必要时派专人看守。
(A)接地线　　　　　　　　　　　(B)警戒范围
(C)警告标志　　　　　　　　　　(D)标准路栏
(E)警示灯

187. 使用抱杆立、撤杆塔时,(　　　)应在一条直线上。
(A)主牵引绳　　　　　　　　　　(B)指挥人员
(C)尾绳　　　　　　　　　　　　(D)杆塔中心
(E)抱杆顶

188. 对硬质梯子的要求是(　　　)。
(A)梯子应坚固完整
(B)支柱能承受作业人员携带工具、材料攀登时的总重量
(C)梯阶距离不大于 40 cm
(D)横挡应嵌在支柱上
(E)长度在 5 m 以上
(F)在距梯顶 1 m 处设限高标志
(G)有供人扶持的把手

189. 高处作业安全带禁止系挂在(　　　)支持体上。
(A)和作业位置一样高的　　　　　(B)移动的
(C)低于作业位置的　　　　　　　(D)不牢固的

190. 下列对起重设备的操作人员和指挥人员的规定,正确的是(　　　)。
(A)取得合格证后上岗作业
(B)经专业技术培训

(C)经实际操作及有关安全规程考试合格

(D)其合格证种类应与所操作(指挥)的起重机类型相符合

191. 起重工作由专人指挥,明确分工;指挥信号应(　　)。

(A)通俗易懂　　　　　　　　　(B)简明

(C)统一　　　　　　　　　　　(D)畅通

(E)符合国家标准

192. 起吊物体应绑扎牢固,若物件有(　　)的部位时,在该部位与绳子接触处应加以包垫。

(A)塑料　　　　　　　　　　　(B)棱角

(C)金属　　　　　　　　　　　(D)特别光滑

(E)柔软

193. 多人抬扛电杆时应(　　)。

(A)同肩　　　　　　　　　　　(B)步调一致

(C)设专人监护　　　　　　　　(D)起、放时应相互呼应协调

(E)穿绝缘鞋

194. 带电作业工具房除应通风良好、清洁干燥以外,还应做到(　　)。

(A)采用防爆灯具　　　　　　　(B)地面、墙面及顶面采用不起尘、阻燃材料制作

(C)装设强力通风设备　　　　　(D)门窗应密闭严实

四、判 断 题

1. 交流电流过零点是交流电弧最为有利的灭弧时机。(　　)

2. 引起心室颤动的电流即为致命电流。(　　)

3. 电压表内阻很小,测量时应并接在电路中。(　　)

4. 刚体、变形体都是力学研究中客观存在的物体。(　　)

5. 物体的重心不一定在物体内部。(　　)

6. 当变压器一次侧的电压和频率不变时,其铁损的大小随二次侧的负载变化。(　　)

7. 电力线路的电能损耗是单位时间内线路损耗的有功功率和无功功率的平均值。(　　)

8. 避雷针保护范围的大小与它的高度有关。(　　)

9. 在电动系功率因数表的测量机构中,两个可动线圈都可以自由转动,它们的夹角就是被测的相位差角。(　　)

10. 工作线路的断路器同继电保护装置动作跳闸后,备用电源自动投入装置应将备用线路投入,以保证供电的连续性。(　　)

11. 为提高功率因数,减少无功功率在电网中通过,无功补偿设备应在输电线路中间装设。(　　)

12. 合理地选择变压器的位置和配电线路的方法是降低线路损耗的措施。(　　)

13. 环境式接地装置外侧敷设一些与接地体无连接的金属,实质上无意义。(　　)

14. 电磁式继电器是继电保护装置的先期产品,具有一定的灵敏性和可靠性,但体积大、能耗大,也存在一些缺点。(　　)

15. 将各种电气设备按一、二次接线的要求组装在一起,称为成套配电装置。(　　)

16. 跌落式熔断器的灭弧方法是自产气吹弧灭弧法。（　　）

17. 无论正常或事故情况下,带电体与地或带电体相间都不会发生电击穿的间距叫作安全间距。（　　）

18. 短路电流的阻抗可用欧姆值计算,但不能用标幺值计算。（　　）

19. 数字式仪表的准确性和灵敏度比一般指示仪表高。（　　）

20. 为提高功率因数,减少无功功率在电网中通过,无功补偿设备应在用户就地装设。（　　）

21. 配电电压高、低压的确定,取决于厂区范围、用电负荷以及用电设备的电压。（　　）

22. 选择电气设备的额定电流时,应使设备的工作电流大于或等于负荷电流。（　　）

23. 带电作业必须设专人监护,监护人应由具有带电作业实践经验的人员担任。（　　）

24. 锯割时压力的大小应随材料的性质而变化,锯软材料时压力可大些,锯硬材料时压力要小些,工件快锯断时压力要减小。（　　）

25. 短时间内危及人生命安全的最小电流为 50 mA。（　　）

26. 经久耐用的产品就是高质量的产品。（　　）

27. 地锚坑的抗拔力是指地锚受外力垂直向上的分力作用时,抵抗向上滑动的能力。（　　）

28. 工作许可人不得签发工作票,也不许担任工作负责人。（　　）

29. 只要线路绝缘良好,即可利用独立避雷针的杆塔正常安装通讯线、广播线和低压线。（　　）

30. 测量过程中不得转动万用表的转换开关,必须退出后换挡。（　　）

31. 钢绞线在输配电线路中,用于避雷线时,其安全系数不应低于 2.5;用于杆塔拉线时,其安全系数不应低于 3。（　　）

32. 普通钢筋混凝土电杆或构件的设计强度安全系数不应小于 1.7。（　　）

33. 配电线路上对横担厚度的要求是不应小于 4 mm。（　　）

34. 电力系统的技术资料是分析处理电气故障和事故的依据之一。（　　）

35. 带电作业时,人身与带电体的安全距离:10 kV 及以下者不小于 0.7 m。（　　）

36. 电缆线路在敷设的过程中,运行部门应经常进行监督及分段验收。（　　）

37. 当环境温度高于 40 ℃时,仍可按电器的额定电流来选择使用电器。（　　）

38. 交流耐压试验的试验波形对试验无影响,故对试验波形不作要求。（　　）

39. 48 V 及以下的二次回路在交接验收时也应做交流耐压试验。（　　）

40. 防爆电器出厂时涂的黄油是防锈的,使用时不应抹去。（　　）

41. 变压器的负荷最高时,也是损耗最小时和处于经济运行方式时。（　　）

42. 电力系统发生短路故障时,系统的总阻抗会突然增大。（　　）

43. 电气设备的评级主要是根据运行和检修中发现的缺陷的结果来进行的。（　　）

44. 电气设备从开箱检查时开始,即应建立技术档案及维护记录,并进行登记编号。（　　）

45. 立杆牵引绳在电杆刚起吊时受力最大。（　　）

46. 整体立杆吊点绳的最大受力,是发生在起立角度最大时。（　　）

47. 为了确保混凝土的浇筑质量,主要应把好配合比设计、支模及浇筑、振捣、养护几个关

口。(　　)

48. 施工中造成杆塔损坏的原因主要是吊点选择错误、跑线、卡线。(　　)

49. 为避免用电设备遭受短路电流的冲击,应采用短路保护。(　　)

50. 定时限过流保护装置的时限一经整定便不能变动。(　　)

51. 保护用直流母线电压,在最大负荷情况下保护动作时,不应低于额定电压的85%。(　　)

52. 电机安装完毕,交付使用前应进行负载试运行,但不必进行空载试运行。(　　)

53. 配电线路因导线断线而进行某一相换新线时,其弧度值应与其他两相一致。(　　)

54. 检测变压器切换开关时,若发现有连续两个位置的变比或直流电阻相等,则可能是切换开关的触点没有切换。(　　)

55. 配电变压器铁芯进行干燥处理时,器身温度不得超过100 ℃。(　　)

56. 触电时,手会不由自主地紧握导线不放开,是因为电有吸引力。(　　)

57. 采用铰刀进行锥形孔的铰切时,应先顺时针转一圈,然后逆时针退半圈,以利切屑的退出。(　　)

58. 质量波动是由人、机器、方法、环境和材料五方面的因素变化造成的。(　　)

59. 尺寸界线用来表示所注尺寸的范围。(　　)

60. 通过滑轮组机械牵引时,牵引钢丝绳应按安全系数为4.5、不平衡系数为1、动荷系数为1.2选择。(　　)

61. 两只阻值相同的电阻并联后,其阻值等于单只电阻值的1/2。(　　)

62. 风是使导线产生振动的主要原因。(　　)

63. 工作接地主要是为了保障工作人员的安全而进行的接地。(　　)

64. 火雷管的装药与点火,电雷管的接线与引爆必须由两人分别担任。(　　)

65. 架空线路的纵断面图能反映被跨越物的位置和高程。(　　)

66. 四腿直角挂板可以直接与杆塔横担相连,作为绝缘子串的首件。(　　)

67. FS型避雷器的绝缘电阻应不小于1 000 MΩ。(　　)

68. 变压器有冒油、冒烟、外壳发热的现象应断开电源立即处理。(　　)

69. 10 kV配电变压器预防性试验必须测量绕组连同套管的泄漏电流。(　　)

70. 柱上断路器的接地电阻每两年至少测量一次。(　　)

71. 继电保护的可靠性是指保护该动体时应可作动作,不该动作时尽量不动作。(　　)

72. 配电线路与三级弱电线路的交叉角不受限制。(　　)

73. 10 kV配电线路对标准轨顶最小垂直距离为7.0 m。(　　)

74. 配电线路跨越三、四级公路的导线支持方式可采用单固定。(　　)

75. 当变压器的绝缘电阻值低于允许值时,为保证运行安全需进一步做耐压试验。(　　)

76. 配电运行部门的工作人员可先清除可能影响供电安全的收音机、电视机的天线,之后再及时通知有关部门。(　　)

77. 接地电阻值的大小与接地体形状有关。(　　)

78. 电力系统发生故障时,通常伴随电流和电压的相位发生变化。(　　)

79. 均匀稳定的气流容易使导线产生振动。(　　)

80. 内部过电压是由系统内部的电磁能量转换所引起的。（　　　）

81. 在确定超高压电力系统电气设备绝缘水平时，大气过电压起重要作用。（　　　）

82. 可以在线路上加装并联电抗器来限制空载长线路的过电压。（　　　）

83. 避雷器的保护比越大，说明其保护性能越好。（　　　）

84. 交接或大修后的柱上开关每相导电回路电阻值不宜大于 500 MΩ。（　　　）

85. 运行中的 FS 型避雷器的工频放电电压不应大于 33 kV。（　　　）

86. 相同条件下，吸收比越接近于 1，设备的绝缘性能越好。（　　　）

87. 线路绝缘子发生闪络故障后，绝缘子通常并不失掉绝缘性能。（　　　）

88. 接于中性点接地系统的变压器在进行冲击合闸试验时，其中性点必须接地。（　　　）

89. 配电线路应与变电站等部门划分明确的分界点。（　　　）

90. 测量绝缘电阻和 $\tan\delta$ 值均能有效地发现设备的穿透性导电通道。（　　　）

91. 在电路中，任意两点之间电压的大小与参考点的选择无关。（　　　）

92. 任何物体在电场中都会受到电场力的作用。（　　　）

93. 通常，金属导体的电阻与温度无关。（　　　）

94. 1 kWh＝36×10^{-5} J。（　　　）

95. 地球本身是一个磁体。（　　　）

96. 载流导体在磁场中要受到力的作用。（　　　）

97. 绝缘子的主要作用是支持和固定导线。（　　　）

98. 针式绝缘子常用于电压较低和导线张力不大的配电线路上。（　　　）

99. 由于铝导线比铜导线的导电性能好，故使用广泛。（　　　）

100. 并沟线夹也适用在导线的受力部分接续。（　　　）

101. 导线的材料一般是铜、铝、钢和铝合金等。（　　　）

102. 导线接头不良，往往是事故的根源。（　　　）

103. 悬式绝缘子的绝缘电阻应在 500 MΩ 以上。（　　　）

104. 针式绝缘子的绝缘电阻应在 300 MΩ 以上。（　　　）

105. 对于直线杆及 15° 以下的转角杆小截面导线，可装设单横担。（　　　）

106. 对于 45° 以上的转角杆应装设双横担。（　　　）

107. 钢筋混凝土电杆的杆身弯曲不得超过杆长的 2‰。（　　　）

108. 在使用瓷横担时，其弯曲度不应大于 2‰。（　　　）

109. 变压器是一种变换电压的静止电器。（　　　）

110. 导线两悬挂点的连线与导线最低点间的垂直距离称为弧垂。（　　　）

111. 避雷器是用来限制雷电过电压的主要保护电器。（　　　）

112. 低压三相电源和负载一般都按星形连接。（　　　）

113. 三相四线制中的中性线也应装设熔断器。（　　　）

114. 隔离开关主要是用来隔离电路形成可见的空气间隔的。（　　　）

115. 隔离开关可直接进行电压互感器或避雷器的开、合操作。（　　　）

116. 同一挡距内，同一根导线上的接头不允许超过一个。（　　　）

117. 不同金属、不同规格、不同绞向的导线，严禁在挡距内连接。（　　　）

118. 有两条线路供电的负荷，称之为一级负荷。（　　　）

119. 高压负荷开关与高压隔离开关的主要不同点是高压负荷开关有灭弧装置。(　　)

120. 动滑轮只能改变力的方向,而不省力。(　　)

121. 力的大小、方向、作用点合称为力的三要素。(　　)

122. 变压器着火时,可采用泡沫灭火剂灭火。(　　)

123. 当铝排需锯割时,应采用细锯条。(　　)

124. 杆上作业时,应将工具放在方便工作的位置上。(　　)

125. 用扳手紧松螺母时,手离扳手头部越远越省力。(　　)

126. 兆欧表在使用时,只要保证每分钟 120 转,就能保证测量结果的准确性。(　　)

127. 电流表应并联在电路中使用。(　　)

128. 低压验电笔检测电压的范围为 220～380 V。(　　)

129. 活动扳手不可反用,即动扳唇不可作重力点使用;也不可加长手柄的长度来施加较大的扳拧力矩。(　　)

130. 配电线路的导线在针式绝缘子上固定时用的绑线,可采用任何材质的导线。(　　)

131. 装设拉线时,普通拉线与电杆的夹角一般为 45°,受地形限制时不应小于 30°。(　　)

132. 配电线路直线杆安装单横担时,应将横担装在电源侧。(　　)

133. 由于配电线路电压较低,故裸导线在绝缘子上固定时无须缠绕铝包带。(　　)

134. 绝缘导线连接好后,均应用绝缘带包扎。(　　)

135. 配电变压器低压侧中性点接地叫作保护接地。(　　)

136. 避雷器接地也叫作过电压保护接地。(　　)

137. 三相四线制线路的中性线,其截面允许比相线小 50%。(　　)

138. 凡装变压器台架的电杆坑,坑底必须填有防电杆下沉的底盘。(　　)

139. 横担必须装得水平,其倾斜度不得大于 5%。(　　)

140. 配电线路使用悬式绝缘子时,耐张绝缘子串上的销子应由上向下穿。(　　)

141. 配电线路导线连接方法很多,直径为 3.2 mm 以上的单股铜线可采用捻接法。(　　)

142. 在配电线路放线时,采用放线滑轮可达到省力又不会磨伤导线的目的。(　　)

143. 低压带电工作需要断开导线时,应先断地线后断火线;搭接导线时,顺序应相反。(　　)

144. 高压电既会造成严重电击,也会造成严重电弧烧伤;低压电只会造成严重电击,不会造成严重电弧烧伤。(　　)

145. 在运行中的配电变压室内工作,应填用第一种工作票。(　　)

146. 在搬动配电变压器时,应将绳索绑扎在箱体上。(　　)

147. 配电装置平常不带电的金属部分,不须与接地装置作可靠的电气连接。(　　)

148. 电工作业人员包括从事电气装置运行、检修和试验工作的人员,不包括电气安装和装修人员。(　　)

149. 导电接触面需用锉刀打磨时,应采用细锉进行。(　　)

150. 起锯是锯割工作的开始,一般采用远起锯,锯割则比较顺利。(　　)

151. 钢丝绳在绞磨上使用时,磨芯的最小直径不得小于钢丝绳直径的 9～10 倍。(　　)

152. 液压千斤顶必须垂直使用,并在重物、地面与千斤顶接触处垫以木块。（　　）

153. 电位是相对的,离开参考点谈电位没有意义。（　　）

154. 电流的热效应是对电气运行的一大危害。（　　）

155. 给电容器充电就是把直流电能储存到电容器内。（　　）

156. 两条平行导线中流过相反方向的电流时,导线相互吸引。（　　）

157. 变压器和电动机都是依靠电磁来传递和转换能量的。（　　）

158. 变压器的效率等于其输出视在功率与输入视在功率的比值。（　　）

159. 用户装设无功补偿设备是为了节约电能。（　　）

160. 导线之间保持一定的距离是为了防止相间短路和导线间发生气体放电现象。（　　）

161. 事故停电是影响供电可靠性的主要原因,而设备故障是事故停电的主要原因。（　　）

162. 三相角形连接线电压等于相电压。（　　）

163. 同一横担上,不允许架设不同金属的导线。（　　）

164. 铝的导电性虽比铜差,但铝比铜量多且便宜,密度为铜的 30%,故在一般情况多用铝作导体。（　　）

165. 对架空线路的定期检查,重点是绝缘子和导线连接处。（　　）

166. 变压器的损耗包括铜损、铁损两类。（　　）

167. 在易燃易爆场所带电作业时,只要注意安全,防止触电,一般不会发生危险。（　　）

168. 二氧化碳灭火器可以用来扑灭未切断电源的电气火灾。（　　）

169. 钢筋混凝土杆在使用中不应有纵向裂纹。（　　）

170. 角钢横担与电杆的安装部位必须装有一块弧形垫铁,其弧度必须与安装处电杆的外圆弧度配合。（　　）

171. 在小导线进行直接捻接时,只需将绝缘层除去即可进行连接。（　　）

172. 各种线夹除承受机械荷载外,还可作为导电体。（　　）

173. 在立杆工作中,可采用白棕绳作为临时拉线。（　　）

174. 紧线时,弧垂大,则导线受力大。（　　）

175. 配电线路与 35 kV 线路同杆架设时,两线路导线之间的垂直距离不应小于 2 m。（　　）

176. 10 kV 电力系统通常采用中性点不接地方式。（　　）

177. 配电变压器双杆式台架安装时,要求两杆之间距离为 2.5～3.5 m。（　　）

178. 单杆式变压器台架适用于安装容量 50 kVA 以下的配电变压器。（　　）

179. 在市内进行配电线路导线连接时,不允许采用爆压。（　　）

180. 在施工现场使用电焊机时,除应对电焊机进行检查外,还必须进行保护接地。（　　）

181. 钢丝绳套在制作时,各股应穿插 4 次以上。使用前必须经过 100% 的负荷试验。（　　）

182. 麻绳、棕绳用于捆绑和在潮湿状态下使用时,其允许拉力应减半计算。（　　）

183. 线路验电时,只要一相无电压,则可认为线路确无电压。（　　）

184. 放紧线时,应按导地线的规格及每相导线的根数和荷重来选用放线滑车。(　　)

185. 配电线路导线连接管必须采用与导线相同的材料制成。(　　)

186. 截面为 240 mm² 的钢芯铝绞线的连接应使用两个钳压管,管与管之间的距离不小于 15 mm。(　　)

187. 登杆用的脚扣每半年进行一次试验,试验荷重为 10 kg,持续时间为 5 min。(　　)

188. 容量在 630 kVA 以上的变压器,只要在运输中无异常情况,安装前不必进行吊芯检查。(　　)

189. 配电变压器绝缘电阻的测量,对于高压绝缘,应选用 1 000 V 的兆欧表。(　　)

190. 发现有人触电时,应当先打 120 请医生,等医生到达后立即开始人工急救。(　　)

191. 特种作业人员进行作业前禁止喝含有酒精的饮料。(　　)

192. 工作终结即工作票终结。(　　)

193. 绝缘站台在室外使用时,站台应放在坚硬的地面上,以防止绝缘瓶陷入泥中或草中降低绝缘性能。(　　)

194. 工作负责人为了工作方便,在同一时间内可以填写两张工作票。(　　)

195. 高压长线路空载运行时,线路末端电压高于首端电压。(　　)

196. 保护金具分为电气类保护金具和机械类保护金具。(　　)

197. 针对高压电容器组外壳严重膨胀故障,处理办法之一是经常清扫。(　　)

198. 电压互感器工作时相当于一台负载运行的降压变压器。(　　)

199. 多绕组变压器的额定容量是各个绕组额定容量之和。(　　)

200. 由送电、变电、配电和用电组成的整体称为电力系统。(　　)

五、简 答 题

1. 直流电路中,什么条件下负载能得到最大功率?

2. 电气设备绝缘试验可分为哪两大类?

3. 测量 tanδ 对哪些绝缘缺陷是较灵敏和有效的?

4. 什么是远后备保护方式?

5. 配电线路横担安装偏差有什么要求?

6. 直线跨越杆的导线固定有什么要求?

7. 配电线路与建筑物之间的水平距离有什么要求?

8. 配电线路与弱电线路的交叉角有什么要求?

9. 怎样确定配电变压器的安装方式?

10. 交接和大修后的柱上油开关应做哪些试验项目?

11. 怎样选择熔断器的遮断容量和额定电流?

12. 配电线路及设备的主要标志内容有哪些?

13. 符合并列条件的配电变压器并列运行前后应进行哪些工作?

14. YJLY 型电缆交接试验包括哪些项目?

15. 氧化锌避雷器应做哪些预防性试验?

16. 为什么力偶只能使物体产生转动效应?

17. 力偶的作用效应取决于哪些因素?

18. 什么叫吸收比?

19. 柱上油开关的防雷装置有什么要求?

20. 什么叫力偶?

21. 接地装置可分为哪几类?

22. 什么是继电保护的选择性?

23. 单相自动重合闸的特点是什么?

24. 哪些工作填用第一种工作票?

25. 配电线路单横担安装方向有什么规定?

26. 配电线路导线与拉线的净空距离有什么要求?

27. 配电线路导线与建筑物的垂直距离有什么要求?

28. 接户线与弱电线路的交叉距离有什么要求?

29. 低压配电线路零线排列有什么要求?

30. 高压配电线路耐张杆宜采用什么样的绝缘子串?

31. 配电线路巡视分为哪几种?

32. 配电线路哪些杆塔应有相色标志?

33. 导线展放过程应防止发生什么现象?

34. 怎样对同杆塔架设的多层电力线路进行验电?

35. 接地线有什么要求?

36. 通知工作负责人许可开始工作的命令可采用哪些方法?

37. 在什么情况下电气设备可引起空间爆炸?

38. 如何划分高压配电线路和低压配电线路?

39. 停运后的变压器送电前应做哪些试验?

40. 什么叫零点漂移? 发生零点漂移的原因是什么?

41. 配电线路所使用的器材在什么情况下应重做试验?

42. 绝缘子在安装前外观检查应满足哪些要求?

43. 配电线路线材施工前外观检查应符合哪些要求?

44. 电杆基础采用卡盘时应符合哪些规定?

45. 配电线路电杆立好后应符合哪些规定?

46. 配电线路以螺栓连接的构件应符合哪些规定?

47. 怎样确定转角杆所采用的横担?

48. 哪些电杆不宜装设变压器台?

49. 怎样选择单台配电变压器的熔丝?

50. 钢芯铝绞线导线的零线截面有什么要求?

51. 为什么空载线路末端会产生过电压?

52. 配电运行部门工作人员对哪些事项可先行处理?

53. 提高继电保护装置的速动性有什么作用?

54. 配电线路电杆应按哪些荷载条件进行计算?

55. 杆上作业安装横担时应遵守什么规定?

56. 在起吊和牵引过程中,对起吊重物、开门滑车各有什么要求?

57. 上树砍剪树木时应执行哪些规定？
58. 测量带电导线垂直距离应遵守哪些规定？
59. 在带电情况下砍树应执行什么规定？
60. 填用第二种工作票的工作有哪些？
61. 测量误差分为哪几类？引起这些误差的主要原因是什么？
62. 在带电的电压互感器二次回路上工作时，应注意的安全事项是什么？
63. 架空线路工程验收应按哪几个程序进行？验收合格后要进行哪些电气试验？
64. 交流电动机线圈的绝缘电阻和吸收比在交接试验时是如何规定的？
65. 用电设备功率因数降低后将带来哪些不良后果？
66. 什么是距离保护？
67. 什么是阻抗继电器？
68. 后备保护的作用是什么？
69. 何谓近后备保护？
70. 电缆头制作的基本要求是什么？

六、综合题

1. 为什么吸收比能反映物体的绝缘状况？
2. 切除空载变压器引起过电压的实质是什么？
3. 为什么保护变压器的避雷器要尽量靠近变压器安装？
4. 线路金具在使用前外观检查应满足哪些要求？
5. 杆上隔离开关安装有哪些规定？
6. 配电线路的路径和杆位的选择应符合哪些要求？
7. 导线架设时，导线操作在什么情况下应锯断重接？
8. 跌落式熔断器的安装应符合哪些规定？
9. 配电线路跨越建筑物有什么要求？
10. 设备缺陷分类的原则是什么？
11. 在什么情况下应测量配电线路的电压？
12. 配电系统发现哪些情况时必须迅速查明原因，及时处理？
13. 柱上油断路器和负荷开关定期巡视检查的内容有哪些？
14. 白天工作间断时应遵守什么规定？
15. 电力线路工作完工后工作负责人必须执行什么工作？
16. 地线装设地点是怎样规定的？
17. 装拆地线有什么要求？
18. 地线规格有什么规定？
19. 挖坑前和在超过 1.5 m 深的坑内工作时，应遵守哪些规定？
20. 石坑、冻土坑打眼时应遵守什么规定？
21. 使用抱杆立杆时应执行哪些规定？
22. 在杆塔上工作必须注意哪些安全事项？
23. 紧线前和紧线时应检查些什么？注意些什么？

24. 炸药和雷管的运输、携带应执行哪些规定？

25. 起重工作对人员、设备有什么要求？

26. 负载为星形接线的对称三相电路,电源的线电压为 380 V,每相阻抗 $R=8$ Ω,$X_{线}=6$ Ω,求负载的相电流及线电流。

27. 一组星形接线的三角形负载,接在线电压为 380 V 的三相电源上,负载每相阻抗 $R=4$ Ω,$X_{线}=3$ Ω,求三相电路的有功功率、无功功率及视在功率。

28. 电路如图 1 所示,已知 $C=318.4$ μF,$L=47.76$ mH,$R=5$ Ω,求当在 AB 两端加以 220 V 直流后 C 和 L 上的电压是多少？

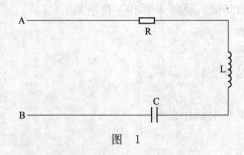

图　1

29. 写出图 2 中 A～F 及 1、2 的名称。

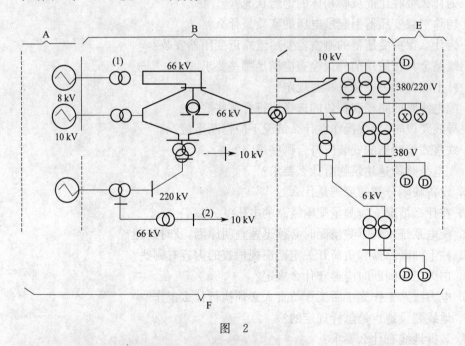

图　2

30. 画出同频率两个正弦量正交时的波形图。

31. 请用下列给定的元件,按要求画出电路图。元件:电灯两盏,开关两个,电池一组。要求:两盏灯并联,闭合任一开关,两灯均发亮。

32. 某 10 kV 专线线路长 5 km,最大负荷为 3 000 kVA,最大负荷利用小时数 $T_{min}=4$ 400 h,导线单位长度的电阻 $R_0=0.16$ Ω/km,求每年消耗在导线上的电能是多少？

33. 已知一台变压器的额定容量 $S_n=100$ kVA,空载损耗 $P_0=0.6$ kW,短路损耗 $P_d=$

2.4 kW,求满载并且 $\cos\varphi_2=0.8$ 时的效率。

34. 单相变压器的一次电压 $U_1=3\,000$ V,其变比 $K=15$,当二次电流 $I_2=60$ A 时,试分别求一次电流及二次电压为多少?

35. 已知一钢芯铝绞线的钢芯有 7 股,每股直径为 2.0 mm,铝芯有 28 股,每股直径为 2.3 mm,试判断其导线型号。

送电、配电线路工(高级工)答案

一、填 空 题

1. 一致　　2. 受力相同　　3. 消弧线圈　　4. 倒装式
5. 增强　　6. 火花间隙　　7. 自行恢复　　8. 升高
9. 1 km　　10. 土壤　　11. 施工紧线　　12. 平面图
13. 延长环　　14. 2 500 V　　15. 最大负荷电流　　16. 12 V
17. 主保护　　18. 相间　　19. 水平　　20. 增大
21. 测量绝缘电阻　　22. 2　　23. 90%　　24. 电源点
25. 摩擦力　　26. 阻抗电压相差　　27. 额定电流　　28. 试验部门
29. ±5%　　30. 处理意见　　31. 保护　　32. 保护
33. 操作元件　　34. 不同　　35. 维持合闸　　36. 短路电流
37. 短路保护　　38. 明显的断口　　39. 干式　　40. 电流互感器
41. 串联　　42. 补偿无功功率　　43. 芯子　　44. 补偿线路电抗
45. 过电压　　46. 大地　　47. 机械强度　　48. 绝缘子串
49. 耐张绝缘子串　　50. 悬式　　51. 转向金具
52. 钳压管、压接管、补修管、并沟线夹　　53. UT 型线夹　　54. 30 Ω
55. 15 min　　56. 10 Ω　　57. 2.5 m　　58. 1 m
59. 5 m　　60. 碰撞游离　　61. 电压互感器　　62. 绝缘和灭弧
63. 大于　　64. 10 kV　　65. 额定开断电流　　66. 电压互感器
67. 90°　　68. 负荷电流　　69. 150 次　　70. 绝缘和灭弧
71. 等于　　72. 电阻　　73. 三相容量之和　　74. 高压绕组星形连接
75. 开路、短路　　76. 二次侧　　77. 额定电压　　78. 周围环境温度
79. 高于　　80. 降压变压器　　81. 高　　82. 2/3
83. 线路　　84. 2 MΩ　　85. 针式绝缘子　　86. 2
87. 10　　88. 工作负责人　　89. 500 mm　　90. 0.4 m
91. 2.5 m　　92. 电弧　　93. 铁　　94. 大挡距
95. 电阻　　96. 吸收功率　　97. 谐振过电压　　98. 不带
99. 小于　　100. 受潮　　101. 不反映　　102. 无关
103. 锋利小刀　　104. 剖面图　　105. 出厂试验　　106. 10 Ω
107. 隔离刀闸　　108. 直线杆　　109. 3 次　　110. 5 年
111. 线路高峰负荷或阴雾天气　　112. 500 mm　　113. 绝缘性能
114. 垂直线路方向　　115. 300 MΩ　　116. 35 kV　　117. 成正比增大
118. 代表挡距　　119. 2.5　　120. L63×5　　121. 10 min

122. 每年　　　　123. 0.7 m　　　　124. 大于45°　　　125. 终端杆

126. 分支杆　　　127. LGJ-50～70　128. XGU-2　　　129. XP-7

130. P-15T　　　 131. X-4.5　　　　132. 2　　　　　133. 0.7 m

134. 2　　　　　 135. 1.5　　　　　136. 大于　　　　137. 小于

138. 平方　　　　139. 靠近中间　　 140. 靠近两端　　141. 最大

142. 圆形　　　　143. 彩色纸　　　 144. 线芯、绝缘层、保护层

145. 成本高,建设投资较大　　　　　146. 纸绝缘　　　147. 橡胶

148. 外护层类型　149. 10 kV　　　　150. 300 m　　　151. 裸铜铠装

152. 塑料护层　　153. 钢丝铅装　　 154. 1/2　　　　155. 10

156. 150～200　　157. 感应电动势　 158. 空载　　　　159. 电动势

160. 高压侧　　　161. 额定容量　　 162. 高压侧的额定电压

163. 允许发热条件 164. 线电压有效值 165. kVA　　　　166. 铁损耗

167. 铜损耗　　　168. 铁损耗　　　 169. $P_2+\sum P$　　170. 50%～60%

171. 等于　　　　172. 油浸式变压器 173. 60～70　　　174. 干式

175. 开断元件　　176. 绝缘支持元件 177. 传递操作力　178. 变压器油

179. 脱扣　　　　180. 润滑良好　　 181. 电磁式　　　182. 手动

183. 弹簧蓄能式　184. 高压熔断器　 185. 有灭弧装置　186. 分断短路

187. V·A　　　　188. 5　　　　　　189. 电流误差　　190. 不同

191. 不变　　　　192. 变压器　　　 193. 互感器容量大小 194. 一次线圈

195. 视在功率　　196. 600/1　　　　197. 空载　　　　198. 100 或 100/$\sqrt{3}$

199. 0.5　　　　 200. 15°～30°

二、单项选择题

1. D	2. D	3. C	4. A	5. C	6. D	7. B	8. C	9. B
10. D	11. D	12. B	13. C	14. A	15. C	16. D	17. C	18. B
19. B	20. C	21. B	22. C	23. A	24. D	25. D	26. C	27. D
28. B	29. A	30. B	31. C	32. B	33. D	34. C	35. C	36. A
37. A	38. B	39. A	40. C	41. D	42. A	43. A	44. C	45. C
46. A	47. D	48. B	49. D	50. D	51. D	52. D	53. D	54. A
55. C	56. B	57. B	58. C	59. B	60. D	61. C	62. C	63. B
64. B	65. D	66. B	67. C	68. D	69. C	70. C	71. A	72. B
73. D	74. D	75. D	76. B	77. C	78. D	79. B	80. A	81. D
82. D	83. B	84. D	85. D	86. B	87. D	88. D	89. B	90. D
91. B	92. B	93. B	94. B	95. A	96. A	97. C	98. B	99. B
100. A	101. C	102. D	103. C	104. C	105. C	106. A	107. D	108. D
109. D	110. B	111. B	112. A	113. B	114. C	115. D	116. D	117. D
118. B	119. B	120. B	121. D	122. D	123. D	124. A	125. A	126. A
127. D	128. B	129. A	130. C	131. C	132. B	133. D	134. D	135. C
136. B	137. C	138. A	139. D	140. C	141. D	142. C	143. A	144. B

145. D   146. B   147. B   148. B   149. C   150. C   151. B   152. B   153. D
154. C   155. C   156. C   157. D   158. A   159. D   160. B   161. C   162. D
163. A   164. A   165. B   166. C   167. A   168. C   169. A   170. B   171. B
172. A   173. B   174. C   175. C   176. B   177. C   178. B   179. D   180. C
181. D   182. D   183. D   184. C   185. B   186. C   187. C   188. A   189. B
190. C   191. C   192. B   193. B   194. C   195. A   196. C   197. A   198. C
199. A   200. D

三、多项选择题

1. ABC   2. ABC   3. ABC   4. ABC   5. AB   6. ABC
7. ABD   8. ABCDE   9. BC   10. ABCDE   11. ABCD   12. ABCD
13. ABCDE   14. ABCDE   15. ABCD   16. ABD   17. ABCD   18. ABC
19. AB   20. ABD   21. ABC   22. ABC   23. AB   24. AB
25. ABCD   26. AB   27. ACD   28. ABCE   29. BDE   30. AB
31. ABC   32. ABCDE   33. ABC   34. ABCD   35. ABCD   36. ABC
37. ABC   38. ABC   39. ABE   40. ABC   41. ABCD   42. ABC
43. ABDE   44. BC   45. AB   46. BCE   47. BE   48. BCDE
49. ACDE   50. BCD   51. BCE   52. ABCDEF 53. BCDEFG 54. ABCE
55. ABC   56. ABCDE   57. ABCD   58. ABCD   59. ABCE   60. BE
61. BCDE   62. ACD   63. AD   64. ABC   65. BDE   66. ACD
67. ABCE   68. BC   69. AE   70. ACE   71. BCDE   72. DE
73. BCE   74. AB   75. CD   76. ABCDE   77. BCDE   78. ACDE
79. AE   80. AC   81. ACD   82. ABC   83. ABC   84. ABC
85. ACE   86. AB   87. ACDE   88. ABC   89. ABCDE   90. AE
91. AB   92. AD   93. BD   94. AD   95. AD   96. BDE
97. ABC   98. CDE   99. ABC   100. AB   101. BCD   102. ABC
103. ABCD   104. AB   105. ABCD   106. ABC   107. ABC   108. CDE
109. ABC   110. AC   111. ABCE   112. ABC   113. ABE   114. CDE
115. AB   116. ABCD   117. ABCD   118. CD   119. AC   120. ABE
121. AD   122. ABCD   123. ABCDE 124. ABD   125. AB   126. ABCD
127. ABCD   128. ABCDE 129. ABCDE 130. ABC   131. ABC   132. BCD
133. ABD   134. ABC   135. ACD   136. ACD   137. ABD   138. ABC
139. AC   140. ADE   141. AB   142. BCD   143. ABC   144. ABC
145. ABC   146. AB   147. ABC   148. AC   149. AC   150. BCD
151. BC   152. ABCDE 153. AB   154. ABCD   155. ABCD   156. AB
157. ACD   158. BC   159. ACD   160. ABCDEF 161. ABCDE 162. BCD
163. AB   164. CD   165. ABCD   166. AD   167. BD   168. AC
169. CD   170. ABC   171. ABC   172. AB   173. ABCD   174. ABCD
175. AD   176. CD   177. AD   178. ABD   179. ABD   180. BD

181. AB 182. ABC 183. ACD 184. ABC 185. AE 186. BC

187. ACDE 188. ABCDF 189. BCD 190. ABCD 191. BCD 192. BD

193. ABD 194. BD

四、判 断 题

1. √ 2. √ 3. × 4. × 5. √ 6. × 7. × 8. √ 9. ×

10. × 11. × 12. √ 13. × 14. √ 15. √ 16. √ 17. √ 18. ×

19. √ 20. √ 21. √ 22. × 23. √ 24. √ 25. √ 26. × 27. √

28. × 29. √ 30. √ 31. × 32. √ 33. √ 34. √ 35. √ 36. √

37. × 38. × 39. × 40. × 41. × 42. √ 43. × 44. √ 45. √

46. × 47. √ 48. √ 49. √ 50. √ 51. √ 52. √ 53. √ 54. √

55. × 56. √ 57. √ 58. √ 59. √ 60. √ 61. × 62. √ 63. ×

64. × 65. √ 66. √ 67. √ 68. √ 69. √ 70. √ 71. √ 72. √

73. × 74. √ 75. √ 76. √ 77. √ 78. √ 79. √ 80. √ 81. ×

82. √ 83. √ 84. √ 85. √ 86. √ 87. √ 88. √ 89. √ 90. √

91. × 92. × 93. √ 94. √ 95. √ 96. √ 97. √ 98. √ 99. √

100. × 101. √ 102. √ 103. √ 104. √ 105. √ 106. √ 107. √ 108. √

109. √ 110. √ 111. √ 112. √ 113. × 114. √ 115. √ 116. √ 117. √

118. √ 119. √ 120. √ 121. √ 122. √ 123. √ 124. √ 125. √ 126. ×

127. √ 128. × 129. √ 130. √ 131. √ 132. √ 133. √ 134. √ 135. ×

136. √ 137. √ 138. √ 139. √ 140. √ 141. √ 142. √ 143. √ 144. √

145. × 146. √ 147. × 148. √ 149. √ 150. √ 151. √ 152. √ 153. √

154. √ 155. √ 156. √ 157. √ 158. √ 159. √ 160. √ 161. √ 162. √

163. √ 164. √ 165. √ 166. √ 167. × 168. √ 169. √ 170. √ 171. ×

172. √ 173. × 174. × 175. √ 176. √ 177. √ 178. √ 179. √ 180. √

181. × 182. √ 183. √ 184. √ 185. √ 186. √ 187. √ 188. √ 189. √

190. × 191. √ 192. √ 193. √ 194. √ 195. √ 196. √ 197. √ 198. √

199. × 200. ×

五、简 答 题

1. 答:直流电路中,当负载电阻等于电源内阻时,负载电阻上可得到最大的功率(5分)。

2. 答:电气设备绝缘试验可分为耐压试验(又称破坏性试验)(2.5分)和检查性试验(又称非破坏性试验)(2.5分)。

3. 答:测量 $\tan\delta$ 值对检测较大面积分布性绝缘缺陷或贯穿性绝缘缺陷较灵敏和有效,但对个别局部的非贯穿性绝缘缺陷却不灵敏和不太有效(5分)。

4. 答:当主保护或断路器拒动时,由相邻电力设备或线路的保护来实现后备保护的方式称为远后备保护(5分)。

5. 答:配电线路横担安装偏差不应超过下列规定数值:(1)横担端部上、下歪斜不应大于20 mm(2.5分);(2)横担端部左、右扭斜不应大于 20 mm(2.5分)。

6. 答:直线跨越杆两边相导线应固定在外侧瓷瓶上,中相导线应固定在右侧瓷瓶上(面向电源侧),导线本体不应在固定处出现角度(5分)。

7. 答:配电线路与建筑物之间的距离在最大风偏情况下,不应小于下列数值:1～10 kV不应小于1.5 m,1 kV以下不应小于1.0 m(5分)。

8. 答:配电线路与弱电线路的交叉角应符合下列规定:(1)弱电线路为一级时,交叉角大于45°(2分);(2)弱电线路为二级时,交叉角大于30°(2分);(3)弱电线路为三级时,交叉角不限制(1分)。

9. 答:400 kVA及以下的变压器,宜采用柱上式变压器台;400 kVA以上的变压器,市区内宜采用室内装置,郊外宜采用落地式变压器台(5分)。

10. 答:(1)绝缘电阻测量(2分);(2)每相导电回路测量(1分);(3)工频耐压试验(1分);(4)绝缘油试验(1分)。

11. 答:熔断器遮断容量应大于其安装点的短路容量,通过隔离开关和熔断器的最大负荷电流应小于其额定电流(5分)。

12. 答:(1)配电线路名称、线路编号和杆塔编号(2分);(2)配变站的名称和编号(1分);(3)相位标志(1分);(4)开关的调度名称和编号(1分)。

13. 答:变压器并列前应做核相试验,并列运行后应在低压侧测量电流分配,在最大负荷时任何一台变压器都不应过负荷(5分)。

14. 答:(1)测量绝缘电阻(2分);(2)直流电压试验及泄漏电流测量(2分);(3)电缆线路的相位(1分)。

15. 答:(1)测量绝缘电阻(2分);(2)测量直流1 mA以下的电压(U)及0.75U下的泄漏电流(2分);(3)测量运行电压下交流泄漏电流(1分)。

16. 答:因为力偶中两个力大小相等、方向相反、作用线平行,因此这两个力在任何坐标轴上投影之和等于零,即力偶无合力,所以不会对物体产生移动效应,只能使物体转动(5分)。

17. 答:力偶的作用效应取决于下列三个因素:(1)力偶的大小(2分);(2)力偶的转向(2分);(3)力偶的作用平面(1分)。

18. 答:通常把时间为60 s与15 s时所测得的绝缘电阻值之比(简写为$R60/R15$)称为吸收比(5分)。

19. 答:柱上油开关的防雷装置应采用阀型避雷器。经常开路运行而又带电的柱上油开关或隔离开关两侧均应设防雷装置,其接地线与柱上油开关等金属外壳应连接(5分)。

20. 答:作用于一个物体上的两个力大小相等、方向相反,但不在同一条直线上,这样的一对力叫力偶(5分)。

21. 答:接地装置按用途可分为工作接地、保护接地和防雷接地(5分)。

22. 答:继电保护的选择性是指首先由故障设备或线路的保护切除故障(2分),当故障设备或线路的保护或断路器拒动时,应由相邻设备或线路的保护切除故障(3分)。

23. 答:(1)需要装设故障判别元件和故障选相元件(2分);(2)应考虑潜供电流的影响(2分);(3)应考虑非全相运行状态的各种影响(1分)。

24. 答:(1)在停电线路(或在双回线路中的一回停电线路)上的工作(2分);(2)在全部或部分停电的配电变压器台架或配电变压器室内的所有电源线路均已全部断开者(3分)。

25. 答:配电线路单横担的安装:直线杆单横担应装于受电侧(2.5分);90°转角杆及终端

杆当采用单横担时,应装于拉线侧(2.5分)。

26. 答:配电线路导线与拉线的净空距离的要求为:1~10 kV 线路的导线与拉线、电杆或构架之间的净空距离,不应小于 200 mm(2.5分);1 kV 以下配电线路,不应小于 50 mm(2.5分)。

27. 答:配电线路与建筑物的垂直距离在最大驰度下(2分),高压配电线路不应小于3.0 m(1.5分),低压配电线路不应小于 2.5 m(1.5分)。

28. 答:接户线与弱电线路的交叉距离不应小于下列数值:在弱电线路上方时垂直距离为600 mm(2.5分),在弱电线路下方时垂直距离为 300 mm(2.5分)。

29. 答:同一地区低压配电线路的零线排列应统一(2分),零线应靠电杆或靠近建筑物(1.5分),同一回路的零线不应高于相线(1.5分)。

30. 答:高压配电线路耐张杆宜采用一个悬式绝缘子和一个 E-10(6)型蝴蝶式绝缘子或两个悬式绝缘子组成的绝缘子串(5分)。

31. 答:配电线路巡视分为定期巡视、特殊性巡视、夜间巡视、故障性巡视和监察性巡视(5分)。

32. 答:(1)每条线的出口杆塔(2分);(2)分支杆塔(1.5分);(3)转角杆塔(1.5分)。

33. 答:导线在展放过程中应防止发生磨伤、断股、扭弯等现象(5分)。

34. 答:对同杆塔架设的多层电力线路进行验电时,应先验低电压后验高压(2.5分),先验下层后验上层(2.5分)。

35. 答:接地线应有接地和短路导线构成的成套接地线(1分)。成套接地线必须用多股软铜线组成(0.5分),其截面不得小于 25 mm²(1分),如利用铁塔接地时,允许每相个别接地(1分),但铁塔与接地线连接部分应清除油漆,接触良好(1.5分)。

36. 答:可采用的方法有:(1)当面通知(2分);(2)电话传达(2分);(3)派人传达(1分)。

37. 答:设备短路(1.5分)、遭遇雷击(1.5分)、绝缘被破坏(2分)都有可能引起空间爆炸。

38. 答:1~10 kV 线路为高压配电线路(2.5分);1 kV 及以下线路为低压配电线路(2.5分)。

39. 答:变压器停运满 1 个月者,在恢复送电前应测量绝缘电阻,合格后方可投入运行(2分)。搁置或停运 6 个月以上的变压器,投运前应做绝缘电阻和绝缘油耐压试验(1.5分)。干燥、寒冷地区的排灌专用变压器,停运期可适当延长,但不宜超过 8 个月(1.5分)。

40. 答:所谓零点漂移,是指当放大器的输入端短路时,在输出端有不规律的、变化缓慢的电压产生的现象(2.5分)。发生零点漂移的主要原因是温度的变化对晶体管参数的影响以及电源电压的波动等。在多级放大器中,前级的零点漂移影响最大,级数越多和放大倍数越大,则零点漂移越严重(2.5分)。

41. 答:配电线路所使用的器材、设备或原材料具有下列情况之一者,应重做试验:(1)超过规定保管期限(2分);(2)因保管、运输不良等原因而有变质损坏可能(2分);(3)对原试验结果有怀疑(1分)。

42. 答:(1)瓷件与铁件应结合紧密,铁件镀锌良好(2分);(2)瓷釉光滑,无裂纹、缺釉、斑点、烧痕、气泡或瓷釉烧坏等缺陷(2分);(3)严禁使用硫磺浇灌的绝缘子(1分)。

43. 答:(1)不应有松股、交叉、折叠、断裂及破损等缺陷(2分);(2)裸铝绞线不应有严重腐蚀现象(1.5分);(3)钢绞线、镀锌铁线表面应镀锌良好,无锈蚀(1.5分)。

44. 答:(1)卡盘上口距离地面不应小于 0.5 m(2分);(2)直线杆:卡盘应与线路平行并应在线路电杆左、右侧交替埋设(1.5分);(3)承力杆:卡盘埋设在承力侧(1.5分)。

45. 答:(1)直线杆的横向位移不应大于 50 mm,电杆的倾斜不应使杆梢的位移大于杆梢直径的 1/2(2分);(2)转角杆应向外角预偏,紧线后不应向内角倾斜,向外角的倾斜不应使杆梢位移大于杆梢直径(1.5分);(3)终端杆应向拉线侧预偏,紧线后不应向拉线反方向倾斜,拉线侧倾斜不应使杆梢位移大于杆梢直径(1.5分)。

46. 答:(1)螺杆应与构件面垂直,螺头平面与构件间不应有间隙(1.5分);(2)螺栓紧好后,螺杆丝扣露出的长度:单螺母不应少于 2 扣,双螺母可平扣(2分);(3)必须加垫圈者,每端垫圈不应超过 2 个(1.5分)。

47. 答:转角杆的横担应根据受力情况确定(2分)。一般情况下,15°以下转角杆宜采用单横担(1分);15°～45°转角杆宜采用双横担(1分);45°以上转角杆宜采用十字横担(1分)。

48. 答:(1)转角、分支电杆(1分);(2)设有高压接户线或高压电缆的电杆(1分);(3)设有线路开关设备的电杆(1分);(4)交叉路口的电杆(1分);(5)低压接户线较多的电杆(1分)。

49. 答:容量在 100 kVA 及以下者,高压侧熔丝按变压器容量额定电流的 2～3 倍选择(2分);容量在 100 kVA 以上者,高压侧熔丝按变压器容量额定电流的 1.5～2 倍选择(2分)。变压器低压侧熔丝(片)按低压侧额定电流选择(1分)。

50. 答:单相制的零线截面应与相线截面相同(1分),三相四线制当相线截面为 LGJ-70 以下时,零线截面与相线截面相同(2分),当相线截面为 LGJ-70 以上时,零线截面不小于相线截面的 50%(2分)。

51. 答:对输电线路而言,除线路感性阻抗外,还有线路对地电容,一般线路的容抗远大于线路的感抗(1分),这样空载线路中将流过容性电流,它在线路电感上的压降 U_L 与电容上的电压 V_C 相反(2分),即 $U_C=E+V_C$,抬高了电容上的电压,于是线路末端有较高的电压升高,产生过电压(2分)。

52. 答:(1)修剪超过规定界限的树木(1分);(2)为处理电力线路事故,砍伐林区个别树木(2分);(3)清除可能影响供电安全的收音机、电视机天线、铁烟囱或其他凸出物(2分)。

53. 答:速动性是指保护装置应能尽快地切除短路故障,其目的是提高系统稳定性,限制故障设备和线路的损坏程度,缩小故障波及范围,提高自动重合闸和设备用电源或备用设备自动投入的效果等(5分)。

54. 答:(1)最大风速、无冰、未断线(1分);(2)覆冰、相应风速、未断线(2分);(3)最低气温、无冰、无风、未断线(适用于转角杆和终端杆)(2分)。

55. 答:(1)现场人员应戴安全帽(2分);(2)杆上作业人员应防止掉东西,使用的工具、材料应用绳索传递,不得乱扔(1分);(3)杆下应防止行人逗留(1分);(4)上横担时,应检查横担腐朽锈蚀情况,检查时安全带应系在主杆上(1分)。

56. 答:(1)起吊物体必须绑牢,物体若有棱角或特别光滑的部位时,在棱角和滑面与绳子接触处应加以包垫(3分);(2)使用开门滑车时,应将开门勾环扣紧,防止绳索自动跑出(2分)。

57. 答:(1)上树砍剪树木时,不应攀抓脆弱和枯死的树枝(2分);(2)人员、树林、绳索应与导线保持安全距离(1分);(3)应注意马蜂等昆虫或动物伤人(1分);(4)使用安全带,安全带不得系在待砍树枝的断口附近或以上(1分)。

58. 答:(1)带电线路导线的垂直距离(导线弛度、交叉跨越距离)可用测量仪或在地面用抛挂绝缘绳的方法测量(3分);(2)严禁使用皮尺、线尺(夹有金属丝者)等测量带电线路导线的垂直距离(2分)。

59. 答:在线路带电情况下,砍伐靠近线路的树木时,工作负责人必须在工作开始前,向全体人员说明:(1)电力线路有电,不得攀登杆塔(2.5分);(2)树木、绳索不得接触导线(2.5分)。

60. 答:填写第二种工作票的工作有:(1)带电作业(1分);(2)带电线路杆塔上的工作(2分);(3)在运行中的配电变压器台上或配电变压器室内的工作(2分)。

61. 答:测量误差可分三类:(1)系统误差(1分);(2)偶然误差(1分);(3)疏忽误差(1分)。引起这些误差的主要原因是:测量仪表不够准确,人的感觉器官反应能力限制,测量经验不足,方法不适当和不完善等(2分)。

62. 答:(1)严格防止电压互感器二次侧短路或接地,工作时应使用绝缘工具,戴绝缘手套(2分);(2)根据需要将有关保护停用,防止保护拒动和误动(2分);(3)接临时负荷应装设专用的刀闸和熔断器(1分)。

63. 答:架空线路的工程验收程序:隐蔽工程验收检查→中间验收检查→竣工验收检查(2.5分)。验收合格后,要进行线路绝缘测定、线路相位测定、冲击合闸三次等三项电气试验(2.5分)。

64. 答:额定电压为1000 V及以上者,在接近运行温度时的绝缘电阻值,定子线圈应不低于每千伏1 MΩ,转子线圈应不低于每千伏0.5 MΩ(1.5分);额定电压为1 000 V以下者,常温下绝缘电阻不应低于0.5MΩ(1.5分)。1 000 V以上的电动机应测量吸收比,吸收比应不低于1.2,有条件时应分相测量(2分)。

65. 答:有以下不良后果:(1)使电力系统内的电气设备容量不能得到充分利用(2分);(2)增加电力网中输电线路上的有功功率损耗和电能损耗(2分);(3)功率因数过低将使线路的电压损失增大,使负荷端的电压下降(1分)。

66. 答:距离保护是反映故障点至保护安装地点之间的距离(或阻抗),并根据距离的远近而确定动作时间的一种保护装置(5分)。

67. 答:阻抗继电器是距离保护装置的核心元件,其主要作用是测量短路点到保护安装地点之间的阻抗,并与整定值进行比较,以确定保护是否应该动作(5分)。

68. 答:后备保护的作用是电力系统发生故障时,当主保护或断路器拒动,由后备保护以较长的时间切除故障,从而保证非故障部分继续运行(5分)。

69. 答:近后备保护是在保护范围内故障主保护拒动时,首先动作的后备保护(5分)。

70. 答:(1)密封良好(1分);(2)绝缘可靠(1分);(3)导体连接良好(1分);(4)足够的机械强度(1分);(5)良好的热性能(1分)。

六、综 合 题

1. 答:一般情况下,如果物体的绝缘良好,则其泄漏电阻和有损极化所形成的等效电阻都比较大,这就不仅使最后稳定的绝缘电阻值(即泄漏电阻)较高,而且要经过较长的时间才能达到此稳定值(因有损极化等效支路时间常数较大)(5分);反之,如果绝缘受潮或存在某些穿透性的导电通道,则不仅最后稳定的绝缘电阻值很低,而且还会很快达到稳定值(5分)。所以吸收比可以反映物体的绝缘状况。

2. 答:在切除空载变压器时,由于励磁电流很小,而开关的去游离作用较强,故当电流不为零时就会发生强制熄弧的切流现象。这样电感中贮藏的能量就将全部转化为电能，而通常变压器的励磁电感远远大于对地电容，因此将产生较高过电压。这就是切除空载变压器引起过电压的实质(10分)。

3. 答：由高电压技术知识可知，当雷电波入侵变压器时，变压器上所受到的冲击电压最高值为 $U_T = U_{6.5} + 2aL/V$，其中，$U_{6.5}$ 为避雷器的残压；a 为雷电入侵波陡度；V 为入侵波波速；L 为避雷器与变压器之间的电气距离。因此当避雷器与变压器的电气距离越远时，变压器所受到的冲击电压最大值就越大。所以避雷器应尽量靠近变压器安装(10分)。

4. 答：(1)表面应光洁，无裂纹、毛刺、飞边、砂眼、气泡等缺陷(3分)；(2)线夹船体压板与导线接触面应光滑(3分)；(3)应热镀锌，遇有局部锌皮剥落者，除锈后应涂刷红樟丹及油漆(4分)。

5. 答：(1)瓷件良好，安装牢固(2分)；(2)操动机构动作灵活(2分)；(3)隔离刀刃合闸时应接触紧密，分闸时应有足够的空气间隙(2分)；(4)与引线的连接应紧密可靠(2分)；(5)隔离刀刃分闸时应使静触头带电(2分)。

6. 答：(1)与城镇规划相协调，与配电网络改造相结合(2分)；(2)综合考虑运行、施工、交通条件和路径长度等因素(2分)；(3)不占或少占农田(2分)；(4)避开洼地、冲刷地带及易被车辆碰撞等地段(2分)；(5)避开有爆炸物、易燃物、可燃液(气)体的生产厂房、仓库、贮罐等(1分)；(6)避免引起交通和机耕的困难(1分)。

7. 答：(1)在同一截面内，损坏面积超过导线的导电部分截面积的17%(2.5分)；(2)钢芯铝绞线的钢芯断一股(2.5分)；(3)导线出现灯笼的直径超过导线直径的1.5倍而又无法修复(2.5分)；(4)金钩、破股已形成无法修复的永久变形(2.5分)。

8. 答：(1)各部分零件完整、安装牢固(1分)；(2)转轴光滑灵活，铸件不应有裂纹、砂眼、锈蚀(1分)；(3)瓷件良好，熔丝管不应有吸潮膨胀或弯曲现象(2分)；(4)熔断器安装牢固、排列整齐、高低一致，熔管轴线与地面的垂线夹角为15°～30°(2分)；(5)动作灵活可靠，接触紧密，合熔丝管时上触头应有一定的压缩行程(2分)；(6)上、下引线应压紧，与线路导线的连接应紧密可靠(2分)。

9. 答：高压配电线路不应跨越屋顶为易燃材料做成的建筑物(2分)；对耐火屋顶的建筑物，应尽量不跨越，如需跨越时应与有关单位协商或取得当地政府的同意(4分)，此时导线与建筑物的垂直距离，在最大计算弧垂情况下，高压线路不应小于3 m(2分)，低压线路不应小于2.5 m(2分)。

10. 答：设备缺陷按其严重程度分为三类：一般缺陷、重大缺陷、紧急缺陷(1分)。(1)一般缺陷：是指对近期安全运行影响不大的缺陷，可列入年、季度检修计划或日常维护工作中消除(3分)；(2)重大缺陷：是指缺陷较严重，但设备仍可短期继续安全运行，该缺陷应在短期内消除，消除前应加强监视(3分)；(3)紧急缺陷：是指严重程度已使设备不能继续安全运行，随时可能导致发生事故危及人身安全的缺陷，必须尽快消除或采取必要的安全技术措施进行临时处理(3分)。

11. 答：(1)投入较大负荷(2分)；(2)用户反映电压不正常(2分)；(3)三相电压不平衡，烧坏用电设备(器具)(2分)；(4)更换新装变压器(2分)；(5)调整变压器分接头(2分)。

12. 答：(1)断路器掉闸(不论重合是否成功)或熔断器跌落(熔丝熔断)(2分)；(2)发生永久性接地或频发性接地(2分)；(3)变压器一次或二次熔丝熔断(2分)；(4)线路倒杆、断线，发生火灾、触电伤亡等意外事件(2分);(5)用户报告无电或电压异常(2分)。

13. 答:(1)外壳有无渗、漏油和锈蚀现象(2分);(2)套管有无破损、裂纹、严重脏污和闪络放电的痕迹(2分);(3)开关的固定是否牢固,引线接触是否良好,线间和对地距离是否足够(2分);(4)油位是否正常(2分);(5)开关分、合位置指示是否正确、清晰(2分)。

14. 答:(1)白天工作间断时,工作地点的全部接地线仍保留不动(3分);(2)如果工作班须暂时离开工作地点,则必须采取安全措施和派人看守,不让人、畜接近挖好的基坑或接近未竖立稳固的杆塔以及负载的起重和牵引机械装置等(3分);(3)恢复工作前,应检查接地线等各项安全措施的完整性(4分)。

15. 答:(1)完工后,工作负责人(包括小组负责人)必须检查线路检修地段的状况及在杆塔上、导线上及瓷瓶上有无遗留的工具、材料等(3分);(2)通知并查明全部工作人员由杆塔上撤下后,再命令拆除接地线(3分);(3)接地线拆除后,应即认为线路带电,不准任何人再登杆进行任何工作(4分)。

16. 答:(1)线路经过验明确实无电压后,各工作班(组)应立即在工作地段两端挂接地线(2.5分);(2)凡有可能送电到停电线路的分支线也要挂接地线(2.5分);(3)若有感应电压反映在停电线路上时,应加挂接地线(2.5分);(4)同时要注意在拆除地线时,防止感应电压触电(2.5分)。

17. 答:(1)挂接地线时,应先接接地端,后接导线端,接地线连接要可靠,不准缠绕(2.5分);(2)拆接地线的程序与此相反(2.5分);(3)装、拆接地线时,工作人员应使用绝缘棒或戴绝缘手套,人体不得碰触接地线(2.5分);(4)若杆塔无接地引下线时,可采用临时接地棒,接地棒在地面下深度不得小于 0.6 m(2.5分)。

18. 答:(1)接地线应有接地和短路导线构成的成套接地线(3分);(2)成套接地线必须用多股软铜线组成,其截面不得小于 25 mm²,如利用铁塔接地线时,允许每相个别接地,但铁塔与接地线连接部分应清除油漆,接触良好(3分);(3)严禁使用其他导线作接地线和短路线(4分)。

19. 答:(1)挖坑前必须与有关地下管道、电缆的主管单位取得联系,明确地下设施的确实位置,做好防护措施(3分);(2)组织外来人员施工时,应交待清楚,并加强监护(3分);(3)在超过 1.5 m 深的坑内工作时,抛土要特别注意防止土石回落坑内(4分)。

20. 答:(1)石坑、冻土坑打眼时,应检查锤把、锤头及钢钎子(2.5分);(2)持锤人应站在扶钎人侧面,严禁站在对面,并不得戴手套(2.5分);(3)扶钎人应戴安全帽(2.5分);(4)钎头有开花现象时,应更换修理(2.5分)。

21. 答:(1)使用抱杆立杆时,主牵引绳、尾绳、杆塔中心及抱杆顶应在一条直线上(3分);(2)抱杆应受力均匀,两侧拉绳应拉好,不得左右倾斜(3分);(3)固定临时拉线时,不得固定在有可能移动或其他不可靠的物体上(4分)。

22. 答:(1)在杆、塔上工作时,必须使用安全带(2分);(2)安全带应系在电杆及牢固的构件上(2分);(3)应防止安全带从杆顶脱出或防止被锋利物割断(2分);(4)系安全带后必须检查扣环是否扣牢(2分);(5)杆上作业转位时,不得失去安全带保护(1分);(6)杆塔上有人工作,不准调整或拆除拉线(1分)。

23. 答:(1)紧线前应检查导线有无障碍物挂住(2分);(2)紧线时应检查接线管或接线头以及过滑轮、横担、树枝、房屋等有无卡住现象(2分);(3)工作人员不得跨在导线上或站在导线内角侧,防止意外跑线时抽伤(2分);(4)紧线、撤线前应先检查拉线、拉桩及杆根,如不能适用时,应加设临时拉线加固(2分);(5)严禁采用突然剪断导、地线的做法松线(2分)。

24. 答:(1)炸药和雷管应分别运输、携带和存放,严禁和易燃物放在一起,并应有专人保管(2.5分);(2)运输中雷管应有防振措施,携带电雷管时必须将引线短路,电雷管与电池不得由同一人携带(2.5分);(3)雷雨天不应携带电雷管,并应停止爆破作业,在强电场附近不得使用电雷管(2.5分);(4)如在车辆不足的情况下,允许同车携带少量炸药(不超过 10 kg)和雷管(不超过 20 个),携带雷管人员应坐在驾驶室内,车上炸药应有专人管理(2.5分)。

25. 答:(1)起重工作必须由有经验的人领导,并应统一指挥,统一信号,明确分工,做好安全措施(3分);(2)起重机械必须安置平稳牢固,并应设有制动和逆制装置(3分);(3)当重物吊离地面后,工作负责人应再检查各受力部位,无异常情况后方可正式起吊。在起吊牵引过程中,受力钢丝绳的周围、上下方、内侧和起吊物的下面,严禁有人逗留和通过(4分)。

26. 解:每相电流:$I=U/Z=220/10=22$(A)(4分)

又由于负载为星形接线,线电流与相电流相等,故:$I=I_{线}=22$ A(4分)

答:负载的相、线电流均为 22 A(2分)。

27. 解:由于负载为星形接线,$U_{线}=380$ V,则 $U=220$ V

根据阻抗三角形:$Z=\sqrt{R^2+X^2}=\sqrt{4^2+3^2}=5(\Omega)$(2分)

$$I=U/I=220/5=44(\text{A})(2分)$$

$$P=3UI\cos\varphi=3\times220\times44\times0.8=23.23(\text{kW})(2分)$$

$$Q=3UI\sin\varphi=3\times220\times44\times0.6=17.42(\text{kvar})(2分)$$

$$S=3UI=3\times220\times44=29.04(\text{kVA})(2分)$$

答:有功功率为 23.23 kW,无功功率为 17.42 kvar,视在功率为 29.04 kVA。

28. 解:当加以 220 V 直流电压后,因电容器不能流过直流电流,所以:

回路中电流:$I=0$ V(3分)

电感压降:$U=0$ V(3分)

电容压降:$U=220$ V(4分)

答:电感上的电压为 220 V,电容上的电压为 0 V。

29. 答:A—发电机(2分);B—电力网(2分);E—用电设备(2分);F—电力系统(2分);(1)—升压变压器(1分);(2)—降压变压器(1分)。

30. 答:波形图如图 1 所示(10分)。

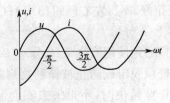

图　1

31. 答:电路图如图 2 所示(10分)。

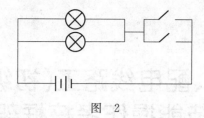

图 2

32. 解:由 $S=\sqrt{3}UI$(2 分)得:
$$I=S/\sqrt{3}U=3\ 000/(\sqrt{3}\times10)=173.2(\text{A})(2\ \text{分})$$
$$R=R_0\cdot L=0.16\times5=0.80(\Omega)(2\ \text{分})$$
$$\Delta W=3I^2RT(2\ \text{分})$$
$$=3\times173.2^2\times0.8\times4\ 400$$
$$=316\ 781(\text{kWh})(1\ \text{分})$$

答:每年消耗在导线上的电能为 316 781 kWh(1 分)。

33. 解:$\eta=\beta S_n\cos\varphi_2/(\beta S_n\cos\varphi+P_0+\beta^2P_d)\times100\%$(5 分)
$$=1\times100\times0.8/(1\times100\times0.8+0.6+1^2\times2.4)\times100\%$$
$$=96.4\%(4\ \text{分})$$

答:此时效率为 96.4%(1 分)。

34. 解:(1)二次电压 U_2
由 $U_1/U_2=K$(2.5 分)得:
$$U_2=U_1/K=3\ 000/15=200(\text{V})(2\ \text{分})$$
(2)一次电流 I_1
由 $I_1/I_2=1/K$(2.5 分)得:
$$I_1=I_2/K=60/15=4(\text{A})(2\ \text{分})$$

答:二次电压为 200 V(0.5 分),一次电流为 4 A(0.5 分)。

35. 解:(1)钢芯的实际截面:$S_g=7\times\pi\times(2.0/2)^2=21.98(\text{mm}^2)$(3 分)
(2)铝芯的实际截面:$S_L=28\times\pi\times(2.3/2)^2=116.27(\text{mm}^2)$(3 分)

因为铝芯截面略小于 120 mm²,所以其标称截面为 120 mm²(1 分)。

因为 $S_L/S_g=5.29$,即铝钢截面比约为 5.3,所以为普通型钢芯铝绞线(2 分)。

答:导线型号为 LGJ-120(1 分)。

送电、配电线路工(初级工)
技能操作考核框架

一、框架说明

1. 依据《国家职业标准》^注,以及中国中车确定的"岗位个性服从于职业共性"的原则,提出送电、配电线路工(初级工)技能操作考核框架(以下简称:技能考核框架)。

2. 本职业等级技能操作考核评分采用百分制。即:满分为 100 分,60 分为及格,低于 60 分为不及格。

3. 实施"技能考核框架"时,考核制件(活动)命题可以选用本企业的加工件(活动项目),也可以结合实际另外组织命题。

4. 实施"技能考核框架"时,考核的时间和场地条件等应依据《国家职业标准》,并结合企业实际确定。

5. 实施"技能考核框架"时,其"职业功能"的分类按以下要求确定:

(1)"停送电操作"、"安装检修设备"属于本职业等级技能操作的核心职业活动,其"项目代码"为"E"。

(2)"工艺准备"、"设备维护与保养"属于本职业等级技能操作的辅助性活动,其"项目代码"分别为"D"和"F"。

6. 实施"技能考核框架"时,其"鉴定项目"和"选考数量"按以下要求确定:

(1)按照《国家职业标准》有关技能操作鉴定比重的要求,本职业等级技能操作考核制件的"鉴定项目"应按"D"+"E"+"F"组合,其考核配分比例相应为:"D"占 20 分,"E"占 70 分(其中:停送电 10 分,安装检修 60 分),"F"占 10 分。

(2)依据中国中车确定的"核心职业活动选取 2/3,并向上取整"的规定,在"E"类鉴定项目——"停送电操作"与"安装检修设备"的全部 5 项中,至少选取 4 项。

(3)依据中国中车确定的"其余'鉴定项目'的数量可以任选"的规定,"D"和"F"类鉴定项目——"工艺准备"、"设备维护与保养"中,至少分别选取 1 项。

(4)依据中国中车确定的"确定'选考数量'时,所涉及'鉴定要素'的数量占比,应不低于对应'鉴定项目'范围内'鉴定要素'总数的 60%,并向上取整"的规定,考核制件的鉴定要素"选考数量"应按以下要求确定:

①在"D"类"鉴定项目"中,在已选定的 1 个或全部鉴定项目中,至少选取已选鉴定项目所对应的全部鉴定要素的 60%项,并向上保留整数。

②在"E"类"鉴定项目"中,在已选定的 4 个鉴定项目所包含的全部鉴定要素中,至少选取总数的 60%项,并向上保留整数。

③在"F"类"鉴定项目"中,对应"设备维护与保养"的 3 个鉴定要素,至少选取 2 项。

举例分析:

　　按照上述"第6条"要求,若命题时按最少数量选取,即:在"D"类鉴定项目中选取了"基本操作"1项,在"E"类鉴定项目中选取了"停、送电操作"、"安装检修配电线路"、"安装检修配电变压器"3项,在"F"类鉴定项目中选取了"设备的维护与保养"1项,则:

　　此考核制件所涉及的"鉴定项目"总数为5项,具体包括:"基本操作"、"停、送电操作"、"安装检修配电线路"、"安装检修配电变压器"、"设备的维护与保养";

　　此考核制件所涉及的鉴定要素"选考数量"相应为15项,具体包括:"基本操作"鉴定项目包含的全部4个鉴定要素中的3项,"停、送电操作"、"安装检修配电线路"、"安装检修配电变压器"3个鉴定项目包含的全部12个鉴定要素中的10项,"设备的维护与保养"鉴定项目包含的全部3个鉴定要素中的2项。

　　7. 本职业等级技能操作需要两人及以上共同作业的,可由鉴定组织机构根据"必要、辅助"的原则,结合实际情况确定协助人员的数量。在整个操作过程中,协助人员只能起必要、简单的辅助作用。否则,每违反一次,至少扣减应考者的技能考核总成绩10分,直至取消其考试资格。

　　8. 实施"技能考核框架"时,应同时对应考者在质量、安全、工艺纪律、文明生产等方面行为进行考核。对于在技能操作考核过程中出现的违章作业现象,每违反一项(次)至少扣减技能考核总成绩10分,直至取消其考试资格。

　　注:按照中国中车规定,各《职业技能操作考核框架》的编制依据现行的《国家职业标准》或现行的《行业职业标准》或现行的《中国中车职业标准》的顺序执行。

二、送电、配电线路工(初级工)技能操作鉴定要素细目表

职业功能	鉴定项目				鉴定要素		
	项目代码	名　称	鉴定比重(%)	选考方式	要素代码	名　称	重要程度
工艺准备	D	基本操作	20	任选	001	用脚扣登杆	X
					002	验电、挂接地线	X
					003	正确使用电工工具	X
		工作前准备			001	了解电力系统图纸	X
					002	正确穿戴和使用劳动保护用品	X
					003	熟悉电气材料	Y
停送电操作	E	停电前的准备	70	至少选择4项	001	确认停电线路	X
		停、送电操作			001	停电操作	X
					002	做好停电后的防护工作	X
					003	送电前的检查	X
					004	送电操作	X
安装检修设备		安装检修配电线路			001	能够正确使用配电线路常用材料	X
					002	导线的剖削	X
					003	导线的连接	X
					004	正确接地、接零及防雷保护装置安装	X
					005	一般电气线路安装检修	Y

职业功能	鉴定项目				鉴定要素		
	项目代码	名　称	鉴定比重（%）	选考方式	要素代码	名　称	重要程度
安装检修设备	E	安装检修配电变压器	70	至少选择4项	001	能够对配电变压器运行状态检查	X
					002	能够调整变压器电压电位	X
					003	测量变压器接地电阻	X
		使用仪器仪表			001	使用万用表测量电压	X
					002	使用万用表测量电阻	X
					003	测量接地电阻	X
设备维护与保养	F	设备的维护与保养	10	必选	001	设备操作规程	X
					002	防护用品的保养、定检周期	X
					03	清理工作现场	Y

注:重要程度中 X 表示核心要素,Y 表示一般要素,Z 表示辅助要素。下同。

送电、配电线路工(初级工)
技能操作考核样题与分析

职 业 名 称:＿＿＿＿＿＿＿＿＿＿

考 核 等 级:＿＿＿＿＿＿＿＿＿＿

存 档 编 号:＿＿＿＿＿＿＿＿＿＿

考核站名称:＿＿＿＿＿＿＿＿＿＿

鉴 定 责 任 人:＿＿＿＿＿＿＿＿＿＿

命 题 责 任 人:＿＿＿＿＿＿＿＿＿＿

主 管 负 责 人:＿＿＿＿＿＿＿＿＿＿

中国中车股份有限公司劳动工资部制

职业技能鉴定技能操作考核制件图示或内容

操作考核规定及说明

1. 操作程序说明
(1)准备工作；
(2)安装电路；
(3)闭合数字万用表电源开关；
(4)清理现场；
(5)安全文明操作。
2. 考核规定说明
(1)如操作违章或未按操作程序执行操作,将停止考核；
(2)考核采用百分制,考核项目得分按鉴定比重进行折算。
3. 考核方式说明
该项目为实际操作(结果型),考核过程按评分标准及操作过程进行评分。
4. 测量技能说明
本项目主要测量考生对安装单相三极及三相四极插座的熟练程度和对使用数字式万用表测量交流电压的熟练程度。

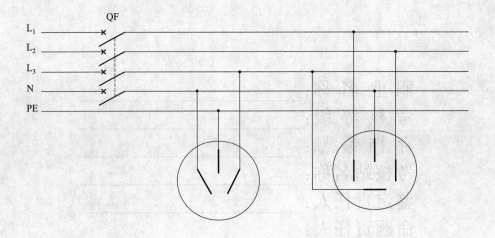

职业名称	送电、配电线路工
考核等级	初级工
试题名称	用数字式万用表测量新装插座电压
材质等信息	

职业技能鉴定技能操作考核准备单

职业名称	送电、配电线路工
考核等级	初级工
试题名称	用数字式万用表测量新装插座电压

一、材料准备

(1)材质:塑铜线;规格:1.5 mm²;数量:黄、绿、红、蓝、黄绿相间色各 5 m;

(2)材质:多股绝缘塑料导线;规格:2.5 mm²;数量:黄、绿、红、蓝色各 5 m;

(3)材质:细木工板;规格:40 cm×50 cm;数量:1 块;

(4)材质:螺丝;规格:长度 20 mm;数量:20 个;

(5)材质:端子排;规格:JD0-1020,380 V,10 A;数量:30 节。

二、设备、工、量、卡具准备清单

序号	名称	规格	数量	备注
1	一字螺钉旋具		1把	
2	十字螺钉旋具		1把	
3	尖嘴钳		1把	
4	剥线钳		1把	
5	数字式万用表	DT890	1块	
6	线手套		1副	
7	单相三极插座	10 A	1个	
8	三相四极插座	15 A	1个	
9	高分断小型断路器	NB1-63,10 A,4 极	1个	
10	三相四线插头	NO:199	1个	

三、考场准备

1. 相应的公用设备、工具

(1)工作台;

(2)电源。

2. 相应的场地及安全防范措施

3. 其他准备

四、考核内容及要求

1. 考核内容

按职业技能鉴定技能操作考核制件图示或内容制作。

2. 考核时限

70 min,提前完成操作不加分,到时停止操作考核。

3. 考核评分（表）

工　种			送电、配电线路工	开始时间		
试题名称			用数字式万用表测量新装插座电压	结束时间		
序号	项目	配分	评定标准	实测结果	扣分	得分
1	基本操作	5	未按规定使用工具扣5分			
2	工作前准备	15	未根据图纸选择材料扣5分			
			未正确使用劳保用品扣5分			
			材料选择不正确扣5分			
3	停、送电操作	10	未对操作线路进行确认扣2分			
			未进行停电操作扣2分			
			停电未验电扣2分			
			未按操作规程送电扣2分			
			安装完后未检查直接送电扣2分			
4	安装检修配电线路	35	未进行选择、检查电气元件扣5分			
			露铜超过2 mm扣5分			
			零线、地线错接扣10分			
			导线与端子接触良好得4分			
			无导线绝缘皮压入端子得4分			
			布线整齐美观，主回路按规定颜色得4分			
			主回路横平竖直、弯成直角得3分			
5	使用仪器仪表	25	表笔插入错误扣2分			
			未闭合万用表电源开关扣3分			
			挡位选择错误扣5分			
			量程选择错误扣5分			
			电压数值读取错误扣5分			
			测量完毕未将挡位开关调至交流电压最大挡或空挡扣3分			
			未断开万用表电源开关扣2分			
6	清理现场	不限	未清理现场扣5分			
7	考核时限	不限	每超时5min扣10分			
8	工艺纪律	不限	依据企业有关工艺纪律管理规定执行，每违反一次扣10分			
9	劳动保护	不限	依据企业有关劳动保护管理规定执行，每违反一次扣10分			
10	文明生产	不限	依据企业有关文明生产管理规定执行，每违反一次扣10分			
11	安全生产	不限	依据企业有关安全生产管理规定执行，每违反一次扣10分			
				合计		
考评员				专业组长		

职业技能鉴定技能考核制件(内容)分析

职业名称	送电、配电线路工
考核等级	初级工
试题名称	用数字式万用表测量新装插座电压
职业标准依据	国家职业标准

试题中鉴定项目及鉴定要素的分析与确定

分析事项 \ 鉴定项目分类	基本技能"D"	专业技能"E"	相关技能"F"	合计	数量与占比说明
鉴定项目总数	2	5	1	8	专业技能"E"满足鉴定项目占比高于2/3的要求,鉴定要素数量占比满足大于60%的要求
选取的鉴定项目数量	2	4	1	7	
选取的鉴定项目数量占比(%)	100	80	100	87.5	
对应选取鉴定项目所包含的鉴定要素总数	6	18	3	27	
选取的鉴定要素数量	4	11	2	17	
选取的鉴定要素数量占比(%)	66	61	66	63	

所选取鉴定项目及相应鉴定要素分解与说明

鉴定项目类别	鉴定项目名称	国家职业标准规定比重(%)	《框架》中鉴定要素名称	本命题中具体鉴定要素分解	配分	评分标准	考核难点说明
"D"	基本操作	20	正确使用电工工具	简单常用工具使用	5	未按规定使用工具扣5分	
	工作前准备		了解电力系统图纸	了解电力系统图纸	5	未根据图纸选择材料扣5分	
			正确穿戴和使用劳动保护用品	正确穿戴和使用劳动保护用品	5	未正确使用劳保用品扣5分	
			熟悉电气材料	熟悉电气材料	5	材料选择不正确扣5分	
"E"	停电前的准备	70	确认停电线路	对要停电的线路进行确认	2	未对操作线路进行确认扣2分	
	停、送电操作		停电操作	进行停电作业	2	未进行停电操作扣2分	
			做好停电后的防护工作	验电,接地	2	停电未验电扣2分	
			送电前的检查	安装完毕,对线路进行检查确认	2	安装完后未检查直接送电扣2分	
			送电操作	进行送电操作	2	未按操作规程送电扣2分	
	安装检修配电线路		能够正确使用配电线路常用材料	选取正确材料	5	未进行选择、检查电气元件扣5分	
			导线的剖削	导线露铜不宜过长	5	露铜超过2 mm扣5分	
			导线的连接	导线的连接	15	导线与端子接触良好得4分,无导线绝缘皮压入端子得4分,布线整齐美观、主回路按规定颜色得4分,主回路横平竖直、弯成直角得3分	
			正确接地、接零及防雷保护装置安装	正确接地、接零	10	零线、地线错接扣10分	

续上表

鉴定项目类别	鉴定项目名称	国家职业标准规定比重(%)	《框架》中鉴定要素名称	本命题中具体鉴定要素分解	配分	评分标准	考核难点说明
"E"	使用仪器仪表	70	使用万用表测量电压	使用万用表测量电压	25	表笔插入错误扣2分,未闭合万用表电源开关扣3分,挡位选择错误扣5分,量程选择错误扣5分,电压数值读取错误扣5分,测量完毕未将挡位开关调至交流电压最大挡或空挡扣3分,未断开万用表电源开关扣2分	
"F"	设备的维护与保养	10	防护用品的保养、定检周期	操作完毕,对防护用品进行保养复位	5	防护用品未清理复位扣5分	
			清理工作现场	清理现场	5	未清理现场扣5分	
质量、安全、工艺纪律、文明生产等综合考核项目				考核时限	不限	每超时5 min扣10分	
				工艺纪律	不限	依据企业有关工艺纪律管理规定执行,每违反一次扣10分	
				劳动保护	不限	依据企业有关劳动保护管理规定执行,每违反一次扣10分	
				文明生产	不限	依据企业有关文明生产管理规定执行,每违反一次扣10分	
				安全生产	不限	依据企业有关安全生产管理规定执行,每违反一次扣10分	

送电、配电线路工（中级工）
技能操作考核框架

一、框架说明

1. 依据《国家职业标准》[注]，以及中国中车确定的"岗位个性服从于职业共性"的原则，提出送电、配电线路工（中级工）技能操作考核框架（以下简称：技能考核框架）。

2. 本职业等级技能操作考核评分采用百分制。即：满分为 100 分，60 分为及格，低于 60 分为不及格。

3. 实施"技能考核框架"时，考核制件（活动）命题可以选用本企业的加工件（活动项目），也可以结合实际另外组织命题。

4. 实施"技能考核框架"时，考核的时间和场地条件等应依据《国家职业标准》，并结合企业实际确定。

5. 实施"技能考核框架"时，其"职业功能"的分类按以下要求确定：

（1）"停送电操作"、"安装检修设备"属于本职业等级技能操作的核心职业活动，其"项目代码"为"E"。

（2）"工艺准备"、"设备维护与保养"属于本职业等级技能操作的辅助性活动，其"项目代码"分别为"D"和"F"。

6. 实施"技能考核框架"时，其"鉴定项目"和"选考数量"按以下要求确定：

（1）按照《国家职业标准》有关技能操作鉴定比重的要求，本职业等级技能操作考核制件的"鉴定项目"应按"D"＋"E"＋"F"组合，其考核配分比例相应为："D"占 20 分，"E"占 70 分（其中：停送电 10 分，安装检修 60 分），"F"占 10 分。

（2）依据中国中车确定的"核心职业活动选取 2/3，并向上取整"的规定，在"E"类鉴定项目——"停送电操作"与"安装检修设备"的全部 6 项中，至少选取 4 项。

（3）依据中国中车确定的"其余'鉴定项目'的数量可以任选"的规定，"D"和"F"类鉴定项目——"工艺准备"、"设备维护与保养"中，至少分别选取 1 项。

（4）依据中国中车确定的"确定'选考数量'时，所涉及'鉴定要素'的数量占比，应不低于对应'鉴定项目'范围内'鉴定要素'总数的 60%，并向上取整"的规定，考核制件的鉴定要素"选考数量"应按以下要求确定：

①在"D"类"鉴定项目"中，在已选定的 1 个或全部鉴定项目中，至少选取已选鉴定项目所对应的全部鉴定要素的 60% 项，并向上保留整数。

②在"E"类"鉴定项目"中，在已选定的 4 个鉴定项目所包含的全部鉴定要素中，至少选取总数的 60% 项，并向上保留整数。

③在"F"类"鉴定项目"中，对应"设备维护与保养"的 4 个鉴定要素，至少选取 3 项。

举例分析：

按照上述"第 6 条"要求,若命题时按最少数量选取,即:在"D"类鉴定项目中的选取了"基本操作"1 项,在"E"类鉴定项目中选取了"停、送电操作"、"安装检修配电线路"、"停电前的准备"、"判断处理设备故障"4 项,在"F"类鉴定项目中选取了"设备的维护与保养"1 项,则:

此考核制件所涉及的"鉴定项目"总数为 6 项,具体包括:"基本操作"、"停、送电操作"、"安装检修配电线路"、"停电前的准备"、"判断处理设备故障"、"设备的维护与保养";

此考核制件所涉及的鉴定要素"选考数量"相应为 16 项,具体包括:"基本操作"鉴定项目包含的全部 4 个鉴定要素中的 3 项,"停、送电操作"、"安装检修配电线路"、"停电前的准备"、"判断处理设备故障"4 个鉴定项目包含的全部 15 个鉴定要素中的 10 项,"设备的维护与保养"鉴定项目包含的全部 4 个鉴定要素中的 3 项。

7. 本职业等级技能操作需要两人及以上共同作业的,可由鉴定组织机构根据"必要、辅助"的原则,结合实际情况确定协助人员的数量。在整个操作过程中,协助人员只能起必要、简单的辅助作用。否则,每违反一次,至少扣减应考者的技能考核总成绩 10 分,直至取消其考试资格。

8. 实施"技能考核框架"时,应同时对应考者在质量、安全、工艺纪律、文明生产等方面行为进行考核。对于在技能操作考核过程中出现的违章作业现象,每违反一项(次)至少扣减技能考核总成绩 10 分,直至取消其考试资格。

注:按照中国中车规定,各《职业技能操作考核框架》的编制依据现行的《国家职业标准》或现行的《行业职业标准》或现行的《中国中车职业标准》的顺序执行。

二、送电、配电线路工(中级工)技能操作鉴定要素细目表

职业功能	鉴定项目				鉴定要素		
	项目代码	名　　称	鉴定比重(%)	选考方式	要素代码	名　　称	重要程度
工艺准备	D	基本操作	20	任选	001	操作双电源线路联络开关	X
					002	用编织法连接导线	X
					003	结扎常用绳扣	Y
					004	停送电及倒闸操作规程	X
		工作前准备			001	能够看懂本变、配电系统一、二次接线控制原理图	X
					002	正确选择使用工具、材料	X
					003	正确穿戴和使用劳动保护用品	X
					004	了解配电设备性能	Y
停送电操作	E	停电前的准备	70	至少选择4项	001	停电票的审核	X
					002	停电票的签收	X
					003	编写停电操作票	X
		停、送电操作			001	停电操作	X
					002	做好停电后的防护工作	X
					003	送电前的检查	X
					004	编写送电操作票	X
					005	送电操作	X

职业功能	鉴定项目				鉴定要素		
	项目代码	名　称	鉴定比重（%）	选考方式	要素代码	名　称	重要程度
安装检修设备	E	安装检修配电线路	70	至少选择4项	001	10 kV 耐张杆备料	X
					002	开关倒闸操作	X
					003	钢芯铝绞线钳压接头	X
					004	更换 6 kV 线路耐张杆悬式绝缘子	X
		安装检修配电变压器			001	油浸式变压器巡视检查内容	X
					002	有载调压变压器电压调节	X
					003	变压器的特性试验	X
		判断处理设备故障			001	处理架空线路两相短路故障	X
					002	抢修配电线路断线事故	X
					003	分析与处理单相接地故障	Y
		使用仪器仪表			001	用钳形电流表测量配电变压器负荷电流	X
					002	用兆欧表测量电力电缆的绝缘电阻	X
					003	高压验电器的使用	X
					004	核相器的使用	X
设备维护与保养	F	设备的维护与保养	10	必选	001	能正确使用维修工具	X
					002	设备操作规程	X
					003	工具的保养、定检周期	X
					004	清理工作现场	Y

送电、配电线路工(中级工)
技能操作考核样题与分析

职 业 名 称：_____

考 核 等 级：_____

存 档 编 号：_____

考核站名称：_____

鉴定责任人：_____

命题责任人：_____

主管负责人：_____

中国中车股份有限公司劳动工资部制

职业技能鉴定技能操作考核制件图示或内容

操作考核规定及说明
1. 操作程序说明 (1)工具、设备准备； (2)登杆； (3)验电； (4)联络开关操作； (5)质量检查。 2. 考核规定说明 如操作违章或未按操作程序执行操作,将停止考核。

职业名称	送电、配电线路工
考核等级	中级工
试题名称	操作双电源线路联络开关
材质等信息	

职业技能鉴定技能操作考核准备单

职业名称	送电、配电线路工
考核等级	中级工
试题名称	操作双电源线路联络开关

一、设备、工、量、卡具准备清单

序号	名称	规格	数量	备注
1	高压验电器	YDQ-6	1个	
2	核相器		1台	
3	绝缘操作棒		1根	
4	脚扣		1副	
5	安全帽		1个	
6	安全带		1副	
7	绝缘鞋		1双	
8	绝缘手套		1副	

二、考场准备

1. 相应的公用设备（带联络开关的直立室外线路电杆）、设备与器具的润滑与冷却等；

2. 相应的场地及安全防范措施；

3. 其他准备。

三、考核内容及要求

1. 考核内容（按考核制件图示及要求制作）

(1)必须穿戴劳动保护用品；

(2)工具、用具准备齐全；

(3)正确使用工具、用具；

(4)按操作双电源线路联络开关的要求进行操作；

(5)符合安全文明生产规定。

2. 考核时限

30 min。

3. 考核评分(表)

工 种			送电、配电线路工	开始时间		
试题名称			操作双电源线路联络开关	结束时间		
序号	项目	配分	评定标准	实测结果	扣分	得分
1	工作前准备	5	漏一项扣1分			
2	检查工具、杆根;向工作负责人了解情况	15	未检查工具、安全用具扣5分;未检查杆根扣5分			
			未向工作负责人了解联络开关的状态及所在杆号的不得分			
3	登杆	10	未得到工作负责人的命令后就登杆,终止操作,该项不及格;登杆未系安全带扣5分,上到合适位置未调整安全带扣5分			
4	核相	20	核对相序时操作失误不得分			
5	拉联络开关	15	拉开动作不迅速扣5分;静触头与刀片之间的净空距离未超过200 mm扣5分;三相刀口不在同样角度上扣5分;拉开顺序错误扣5分			
6	验电	5	高压验电器验电遗漏扣5分			
7	合联络开关	15	绝缘操作棒头不套入开关刀口环内扣5分;刀片未合在正确位置扣10分;合的顺序错误扣5分			
8	验电	5	高压验电器验电遗漏扣5分			
9	现场整理	5	未清理现场扣3分;未收拾工具扣2分			
10	质量检查	5	不能对存在的质量问题进行修复与处理扣5分			
11	考核时限	不限	每超时5 min扣10分			
12	工艺纪律	不限	依据企业有关工艺纪律管理规定执行,每违反一次扣10分			
13	劳动保护	不限	依据企业有关劳动保护管理规定执行,每违反一次扣10分			
14	文明生产	不限	依据企业有关文明生产管理规定执行,每违反一次扣10分			
15	安全生产	不限	依据企业有关安全生产管理规定执行,每违反一次扣10分,有重大安全事故,取消成绩			
				合计		
考评员				专业组长		

职业技能鉴定技能考核制件(内容)分析

职业名称	送电、配电线路工				
考核等级	中级工				
试题名称	操作双电源线路联络开关				
职业标准依据	国家职业标准				
试题中鉴定项目及鉴定要素的分析与确定					
分析事项　＼　鉴定项目分类	基本技能"D"	专业技能"E"	相关技能"F"	合计	数量与占比说明
鉴定项目总数	2	6	1	9	专业技能"E"满足鉴定项目占比高于 2/3 的要求,鉴定要素数量占比满足大于60%的要求
选取的鉴定项目数量	2	4	1	7	
选取的鉴定项目数量占比(%)	100	66	100	78	
对应选取鉴定项目所包含的鉴定要素总数	8	16	4	28	
选取的鉴定要素数量	5	11	4	20	
选取的鉴定要素数量占比(%)	62.5	68.75	100	71.4	

鉴定项目类别	鉴定项目名称	国家职业标准规定比重(%)	《框架》中鉴定要素名称	本命题中具体鉴定要素分解	配分	评分标准	考核难点说明
"D"	工作前准备	20	正确选择使用工具、材料	高压验电器、核相器、绝缘操作棒、脚扣	5	错一处扣1分,选择有误扣5分	
			正确穿戴和使用劳动保护用品	正确穿戴劳动保护用品	5	未正确穿戴劳保用品扣5分	
			操作双电源线路开关	操作双电源线路开关	5	不正确扣5分	
			看懂接线控制原理图	看懂室外供电线路	3	回答不正确扣3分	
			了解配电设备性能	了解双电源开关性能	2	回答不正确扣2分	
"E"	停电前的准备	70	停电票的审核	正确进行停电票的审核	5	不正确不得分	
			停电票的签收	正确进行停电票的签收	5	不正确不得分	
	停、送电操作		编写停电操作票	会编写停电操作票	10	不正确一个扣1分	
			停电操作	正确进行停电操作	5	操作不正确不得分	
			做好停电后的防护工作	正确进行做好停电后的防护工作	5	操作不正确不得分	
			送电前的检查	正确进行送电前的检查	5	不检查不得分	
			编写送电操作票	会编写送电操作票	10	不正确一个扣1分	
			送电操作	正确进行送电操作	5	操作不正确不得分	
	安装检修配电线路		开关倒闸操作	正确进行开关倒闸操作	10	不正确一处扣1分	
	使用仪器仪表		高压验电器的使用	正确使用高压验电器	5	使用错误扣5分	
			核相器的使用	正确使用核相器	5	使用错误扣5分	

鉴定项目类别	鉴定项目名称	国家职业标准规定比重(%)	《框架》中鉴定要素名称	本命题中具体鉴定要素分解	配分	评分标准	考核难点说明
"F"	设备的维护与保养	10	能正确使用维修工具	绝缘操作棒的正确使用、保养定检	3	未正确使用工具扣3分	
			设备操作规程	熟悉设备操作规程	3	回答不正确扣3分	
			工具的保养、定检周期	熟悉工具的保养、定检周期	2	回答不正确扣2分	
			清理工作现场	清理工作现场	2	不清理扣2分	—
质量、安全、工艺纪律、文明生产等综合考核项目				考核时限	不限	每超时5 min扣10分	
				工艺纪律	不限	依据企业有关工艺纪律管理规定执行,每违反一次扣10分	
				劳动保护	不限	依据企业有关劳动保护管理规定执行,每违反一次扣10分	
				文明生产	不限	依据企业有关文明生产管理规定执行,每违反一次扣10分	
				安全生产	不限	依据企业有关安全生产管理规定执行,每违反一次扣10分	

送电、配电线路工(高级工)技能操作考核框架

一、框架说明

1. 依据《国家职业标准》[注],以及中国中车确定的"岗位个性服从于职业共性"的原则,提出送电、配电线路工(高级工)技能操作考核框架(以下简称:技能考核框架)。

2. 本职业等级技能操作考核评分采用百分制。即:满分为 100 分,60 分为及格,低于 60 分为不及格。

3. 实施"技能考核框架"时,考核制件(活动)命题可以选用本企业的加工件(活动项目),也可以结合实际另外组织命题。

4. 实施"技能考核框架"时,考核的时间和场地条件等应依据《国家职业标准》,并结合企业实际确定。

5. 实施"技能考核框架"时,其"职业功能"的分类按以下要求确定:

(1)"停送电操作"、"安装检修设备"、"绘图及编制方案"属于本职业等级技能操作的核心职业活动,其"项目代码"为"E"。

(2)"工艺准备"、"设备维护与保养"属于本职业等级技能操作的辅助性活动,其"项目代码"分别为"D"和"F"。

6. 实施"技能考核框架"时,其"鉴定项目"和"选考数量"按以下要求确定:

(1)按照《国家职业标准》有关技能操作鉴定比重的要求,本职业等级技能操作考核制件的"鉴定项目"应按"D"+"E"+"F"组合,其考核配分比例相应为:"D"占 20 分,"E"占 70 分(其中:停送电 10 分,安装检修 50 分,绘图及编制方案 10 分),"F"占 10 分。

(2)依据中国中车确定的"核心职业活动选取 2/3,并向上取整"的规定,在"E"类鉴定项目——"停送电操作"、"安装检修设备"与"绘图及编制方案"的全部 6 项中,至少选取 4 项。

(3)依据中国中车确定的"其余'鉴定项目'的数量可以任选"的规定,"D"和"F"类鉴定项目——"工艺准备"、"设备维护与保养"中,至少分别选取 1 项。

(4)依据中国中车确定的"确定'选考数量'时,所涉及'鉴定要素'的数量占比,应不低于对应'鉴定项目'范围内'鉴定要素'总数的 60%,并向上取整"的规定,考核制件的鉴定要素"选考数量"应按以下要求确定:

①在"D"类"鉴定项目"中,在已选定的 1 个或全部鉴定项目中,至少选取已选鉴定项目所对应的全部鉴定要素的 60%项,并向上保留整数。

②在"E"类"鉴定项目"中,在已选定的 4 个鉴定项目所包含的全部鉴定要素中,至少选取总数的 60%项,并向上保留整数。

③在"F"类"鉴定项目"中,对应"设备维护与保养"的 4 个鉴定要素,至少选取 3 项。

举例分析:

按照上述"第 6 条"要求,若命题时按最少数量选取,即:在"D"类鉴定项目中的选取了"基本操作"1 项,在"E"类鉴定项目中选取了"停、送电操作"、"安装检修配电线路"、"安装检修配电变压器"、"判断处理设备故障"4 项,在"F"类鉴定项目中选取了"设备的维护与保养"1 项,则:

此考核制件所涉及的"鉴定项目"总数为 6 项,具体包括:"基本操作"、"停、送电操作"、"安装检修配电线路"、"安装检修配电变压器"、"判断处理设备故障"、"设备的维护与保养";

此考核制件所涉及的鉴定要素"选考数量"相应为 17 项,具体包括:"基本操作"鉴定项目包含的全部 3 个鉴定要素中的 3 项,"停、送电操作"、"安装检修配电线路"、"安装检修配电变压器"、"判断处理设备故障"4 个鉴定项目包含的全部 16 个鉴定要素中的 11 项,"设备的维护与保养"鉴定项目包含的全部 3 个鉴定要素中的 3 项。

7. 本职业等级技能操作需要两人及以上共同作业的,可由鉴定组织机构根据"必要、辅助"的原则,结合实际情况确定协助人员的数量。在整个操作过程中,协助人员只能起必要、简单的辅助作用。否则,每违反一次,至少扣减应考者的技能考核总成绩 10 分,直至取消其考试资格。

8. 实施"技能考核框架"时,应同时对应考者在质量、安全、工艺纪律等方面行为进行考核。对于在技能操作考核过程中出现的违章作业现象,每违反一项(次)至少扣减技能考核总成绩 10 分,直至取消其考试资格。

注:按照中国中车规定,各《职业技能操作考核框架》的编制依据现行的《国家职业标准》、或现行的《行业职业标准》、或现行的《中国中车职业标准》的顺序执行。

二、送电、配电线路工(高级工)技能操作鉴定要素细目表

职业功能	鉴定项目				鉴定要素		
	项目代码	名　称	鉴定比重(%)	选考方式	要素代码	名　称	重要程度
工艺准备	D	基本操作	20	任选	001	综保单元基本操作	X
					002	电力电缆终端、中间头制作	X
					003	电能表接线	X
		工作前准备			001	能够看懂各种复杂的高压电气设备原理图,能正确分析施工图纸	X
					002	正确选择使用维护检修工具、材料	X
					003	正确穿戴和使用劳动保护用品	X
停送电操作	E	停电前的准备	70	至少选择4项	001	停电票的审核	X
					002	停电票的签收	X
					003	编写停电操作票	X
		停、送电操作			001	停电操作	X
					002	做好停电后的防护工作	X
					003	送电前的检查	X
					004	编写送电操作票	X
					005	送电操作	X

职业功能	鉴定项目				鉴定要素		
	项目代码	名称	鉴定比重（%）	选考方式	要素代码	名称	重要程度
安装检修设备	E	安装检修配电线路	70	至少选择4项	001	安装氧化锌避雷器	X
					002	安装 10 kV 跌落式熔断器	X
					003	导线接头过热的检查方法	X
					004	配电线路 45°～90°转角杆备料及地面组装	X
					005	用平行四边形法观测导线驰度	X
		安装检修配电变压器			001	变压器耐压试验	X
					002	演示三相变压器连接方法	Y
					003	配电变压器高、低压引线安装	X
		判断处理设备故障			001	分析判断 10 kV 电力电缆接地及短路故障	X
					002	分析与处理配电变压器低压侧三相电压不平衡故障	X
					003	检测处理 10 kV 线路零值绝缘子故障	X
		使用仪器仪表			001	会对经纬仪进行对中整平	X
					002	测高仪测量导线的交叉、跨越距离	X
					003	用电缆故障测试仪查找电缆故障点	X
绘图及编制方案		绘图及编制方案			001	绘制变电站低压系统图	X
					002	编制更换导线工程的施工方案	Y
					003	绘制某配电线路的竣工图	X
设备维护与保养	F	设备的维护与保养	10	必选	001	变压器定期检修保养	X
					002	室外配电线路定期巡视保养	X
					003	防护工具定期检测保养	X

中国中车 CRRC

送电、配电线路工（高级工）
技能操作考核样题与分析

职 业 名 称：＿＿＿＿＿＿＿＿＿＿

考 核 等 级：＿＿＿＿＿＿＿＿＿＿

存 档 编 号：＿＿＿＿＿＿＿＿＿＿

考 核 站 名 称：＿＿＿＿＿＿＿＿＿＿

鉴 定 责 任 人：＿＿＿＿＿＿＿＿＿＿

命 题 责 任 人：＿＿＿＿＿＿＿＿＿＿

主 管 负 责 人：＿＿＿＿＿＿＿＿＿＿

中国中车股份有限公司劳动工资部制

职业技能鉴定技能操作考核制件图示或内容

操作考核规定及说明	

1. 操作程序说明
(1)停电操作;
(2)查找故障;
(3)处理故障;
(4)检测电缆处理情况;
(5)恢复送电。
2. 考核规定说明
如操作违章或未按操作程序执行操作,将停止考核。

职业名称	送电、配电线路工
考核等级	高级工
试题名称	低压电缆短路故障查找并处理
材质等信息	

职业技能鉴定技能操作考核准备单

职业名称	送电、配电线路工
考核等级	高级工
试题名称	低压电缆短路故障查找并处理

一、材料准备

低压五芯铝电缆(16 mm 以上)至少 100 m,低压热缩式电缆中间头 1 套,绝缘胶带、防水胶带各 3～6 卷,铝连接管 5 个(型号按照电缆截面配置),铜接线端子 16 mm 2 个。

二、设备、工、量、卡具准备清单

序号	名称	规格	数量	备注
1	液压式压线钳		1 套	
2	电工刀、钢丝钳、尖嘴钳		各 1 把	
3	电笔		1 个	
4	扳子、螺丝刀		各 1 把	
5	电缆测试仪		1 套	
6	万用表、绝缘摇表		各 1 个	
7	液化气罐		1 个	
8	液化瓦斯喷火器		1 个	
9	电烙铁		1 个	
10	手工锯		1 把	

三、考场准备

1. 相应的公用设备、设备与器具的润滑与冷却等;
2. 相应的场地及安全防范措施;
3. 其他准备。

四、考核内容及要求

1. 考核内容

按考核规定及说明操作。

2. 考核时限

180 min。

3. 考核评分(表)

工　种			送电、配电线路工	开始时间		
试题名称			低压电缆短路故障查找并处理	结束时间		
序号	项目	配分	评定标准	实测结果	扣分	得分
1	正确穿戴劳动保护用品	5	未正确穿戴劳保用品扣5分			
2	工器具材料选择	5	能满足工作要求的需要,并做检查,漏一项扣1分,选择有误扣5分			
3	停电操作	17	未审核停电票扣3分			
			未进行停电票的签收扣2分			
			停电操作票编写顺序不正确扣5分			
			停电操作顺序不正确扣5分			
			停电后不挂标示牌扣2分			
4	查找故障	30	用仪表判断故障类型,仪表使用不当扣5分,故障类型判断不对扣5分			
			查找故障方法不正确扣10分			
			用电缆测试仪测试电缆故障点,电缆故障点测试不准确扣10分			
5	使用仪器仪表	10	电缆故障测试仪使用错误,每一处扣2~5分			
6	电缆中间头制作	10	未按工艺标准制作扣5分,绝缘标准达不到要求扣5分			
7	恢复送电	13	送电前未检查扣3分			
			送电操作票编写顺序不正确扣5分			
			送电操作顺序不正确扣5分			
8	考核时限	不限	每超时5 min扣10分			
9	工艺纪律	不限	依据企业有关工艺纪律管理规定执行,每违反一次扣10分			
10	劳动保护	不限	依据企业有关劳动保护管理规定执行,每违反一次扣10分			
11	文明生产	不限	依据企业有关文明生产管理规定执行,每违反一次扣10分			
12	安全生产	不限	依据企业有关安全生产管理规定执行,每违反一次扣10分			
				合计		
考评员				专业组长		

职业技能鉴定技能考核制件(内容)分析

职业名称	送电、配电线路工
考核等级	高级工
试题名称	低压电缆短路故障查找并处理
职业标准依据	国家职业标准

试题中鉴定项目及鉴定要素的分析与确定

分析事项 \ 鉴定项目分类	基本技能"D"	专业技能"E"	相关技能"F"	合计	数量与占比说明
鉴定项目总数	2	7	1	10	专业技能"E"满足鉴定项目占比高于 2/3 的要求,鉴定要素数量占比满足大于60%的要求
选取的鉴定项目数量	2	4	1	7	
选取的鉴定项目数量占比(%)	100	57	100	70	
对应选取鉴定项目所包含的鉴定要素总数	6	14	3	23	
选取的鉴定要素数量	4	10	2	16	
选取的鉴定要素数量占比(%)	66	71	66	69	

所选取鉴定项目及相应鉴定要素分解与说明

鉴定项目类别	鉴定项目名称	国家职业标准规定比重(%)	《框架》中鉴定要素名称	本命题中具体鉴定要素分解	配分	评分标准	考核难点说明
"D"	基本操作	20	电力电缆终端、中间头制作	电缆中间头制作	10	未按工艺标准制作扣5分,绝缘标准达不到要求扣5分	
	工作前准备		正确选择使用工具、材料	高压验电器、绝缘摇表、万用表	5	漏一项扣1分,选择有误扣5分	
			正确穿戴和使用劳动保护用品	正确穿戴劳动保护用品	5	未正确穿戴劳保用品扣5分	劳保用品穿戴齐全
"E"	停电前的准备	70	停电票的审核	正确进行停电票的审核	3	操作不正确不得分	
			停电票的签收	正确进行停电票的签收	2	操作不正确不得分	
	停、送电操作		编写停电操作票	正确编写停电操作票	5	操作不正确不得分	
			停电操作	正确进行停电操作	5	操作不正确不得分	
			做好停电后的防护工作	做好停电后的防护工作	2	操作不正确不得分	
			送电前的检查	正确进行送电前的检查	3	操作不正确不得分	
			编写送电操作票	正确编写送电操作票	5	操作不正确不得分	
			送电操作	正确进行送电操作	5	操作不正确不得分	
	判断处理设备故障		分析判断电力电缆接地及短路故障	用仪表判断故障类型	10	仪表使用不当扣5分,故障类型判断不对扣5分	
				查找故障方法运用	10	查找故障方法不正确不得分	
				用电缆测试仪准确定位	10	故障点定位不准确不得分	

鉴定项目类别	鉴定项目名称	国家职业标准规定比重(%)	《框架》中鉴定要素名称	本命题中具体鉴定要素分解	配分	评分标准	考核难点说明
"E"	使用仪器仪表	70	用电缆故障测试仪查找电缆故障点	电缆测试仪的正确使用	10	使用错误,每一处扣2~5分	
"F"	设备的维护与保养	10	能正确使用维修工具,工具的保养、定检周期	绝缘操作棒的正确使用、保养定检,熟悉工具的保养、定检周期	10	未正确使用工具扣5分,工具的保养、定检周期不正确扣5分	不允许使用检测过期的仪表及防护用品
质量、安全、工艺纪律、文明生产等综合考核项目				考核时限	不限	每超时5 min扣10分	
				工艺纪律	不限	依据企业有关工艺纪律管理规定执行,每违反一次扣10分	
				劳动保护	不限	依据企业有关劳动保护管理规定执行,每违反一次扣10分	
				文明生产	不限	依据企业有关文明生产管理规定执行,每违反一次扣10分	
				安全生产	不限	依据企业有关安全生产管理规定执行,每违反一次扣10分